KATZEN

RASSEN – HALTUNG – PFLEGE

KATZEN

RASSEN – HALTUNG – PFLEGE

DAVID TAYLOR

FOTOGRAFIEN
DAVE KING · JANE BURTON

London, New York, Melbourne,
München und Delhi

Redaktion Elizabeth Eyres, Elizabeth Nicholson
Gestaltung Martyn Foote, Christian Sevigny
Projektbetreuung Maria Pal
Bildbetreuung Liz Black
Lektorat Simon Tuite
Bildredaktion Joanne Doran
Herstellungsleitung Lauren Britton
Herstellung Kevin Ward
Cheflektorat Deirdre Headon
Chefbildlektorat Lee Griffiths
DTP-Design Louise Waller
Bildrecherche Diana Morris
Bilddatenbank Claire Bowers

Produziert für Dorling Kindersley durch
Sands Publishing Solutions:
Projektbetreuung David & Sylvia Tombesi-Walton
Bildbetreuung Simon Murrell

Covergestaltung Nicola Powling
Coverabbildung vorn Adriano Bacchella/Bruce
Coleman Ltd.
Coverabbildung hinten John Daniels/Ardea
London Ltd.

Für die deutsche Ausgabe:
Programmleitung Monika Schlitzer
Projektbetreuung Regina Franke
Herstellungsleitung Dorothee Whittaker
Herstellung Gerd Wiechcinski

Bibliografische Information Der Deutschen Bibliothek
Die Deutsche Bibliothek verzeichnet diese Publikation
in der Deutschen Nationalbibliografie;
detaillierte bibliografische Daten sind im Internet über
http://dnb.ddb.de abrufbar.

Titel der englischen Originalausgabe:
Ultimate Cat

Übersetzung Feryal Kanbay, Gisela Bulla
Redaktion Feryal Kanbay

ISBN 3-8310-0791-8

Printed and bound in China by Toppan

Besuchen Sie uns im Internet
www.dk.com

Inhalt

Das Wesen der Katze 6

Herkunft und Domestizierung 8

Körperbau der Katze 10

Balanceakte 12

Bewegungen der Katze 14

Die Sinne 16

Das Verhalten 20

Intelligenz und Verständigung 24

Die Rassen 28

Felltypen 30

Augentypen 32

Langhaarkatzen 34

Langhaar Schwarz 36

Langhaar Weiß 38

Langhaar Creme 39

Langhaar Blau 40

Langhaar Rot 42

Langhaar Blaucreme 43

Chinchilla Langhaar 44

Langhaar Cameo 46

Langhaar Smoke 48

Langhaar Bicolor 49

Langhaar Tabby 50

Langhaar Schildpatt 52

Langhaar Schildpatt
    mit Weiß 54

Langhaar Colourpoint 56

Pewter Langhaar 58

Langhaar in Chocolate
    und Lilac 60

Golden Langhaar 62

Birmakatze 64

Ragdoll 66

Balinesische Katze 68

Türkische Van-Katze 70

Türkische Angora 72

Tiffany-Katze 73

Somalikatze 74

Maine Coone 76

Norwegische Waldkatze 78

Sibirische Katze 80

Nebelung 82

Cymric 83

Katzen ohne Stammbaum 84

Kurzhaarkatzen 86

Britisch Kurzhaar Schwarz 88

Britisch Kurzhaar Weiß 90

Britisch Kurzhaar Creme 91
Britisch Kurzhaar Blau 92
Britisch Kurzhaar
    Blaucreme 94
Britisch Kurzhaar Tabby 96
Britisch Kurzhaar
    Schildpatt 98
Britisch Kurzhaar getupft 100
Britisch Kurzhaar Bicolour 102
Britisch Kurzhaar Smoke 104
Britisch Kurzhaar
    mit Tipping 105
Manxkatze 106
Amerikanisch Kurzhaar 108
Amerikanisch Drahthaar 110
Exotisch Kurzhaar 112
Siamkatze 114
Russisch Blau 116
Abessinier 118
Koratkatze 120
Havana 121
Burmakatze 122
Japanese Bobtail 124
Singapura 125
Tonkanese 126

Bombaykatze 128
Snowshoe 129
Foreign Kurzhaar 130
Burmilla 132
Cornish Rex 134
Devon Rex 135
Selkirk Rex 136
Kartäuser 137
Ägyptische Mau 138
Sphinx 139
Bengal 140
Ocicat 142
Scottish Fold 144
Munchkin 146
American Bobtail 148
LaPerm 150
Kurzhaarkatzen ohne
    Stammbaum 152

Richtige Katzenhaltung 154
Ihre neue Katze 156
Grundausstattung 160
Ernährung 162
Eine Katze im Haus 168

Mit einer Katze auf Reisen 170
Fellpflege 174
Die Gesundheit
    einer Katze 178

Fortpflanzung 186
Sexualverhalten 188
Paarung 189
Trächtigkeit 191
Geburt 192
Mütterliches Verhalten 194
Entwicklung der Kätzchen 196
Aufzucht und Pflege 200

Katzen-Shows 202
Vererbung und Züchtung 204
Ausstellungen 206

Die Katze und das Gesetz 210
Nützliche Adressen 210
Register 211
Dank/Bildnachweis 215

Das Wesen der Katze

Die Katze hat viele Jahrtausende gebraucht, um sich zu dem Geschöpf zu entwickeln, das wir heute kennen. Im Gegensatz zu den in Rudeln lebenden hundeartigen Raubtieren führt die Katze ein unabhängiges Einzelgängerdasein. Sie jagt stets allein und geht dabei äußerst geschickt vor, indem sie ihrem Opfer geduldig aus dem Hinterhalt auflauert, um es im geeigneten Moment blitzschnell anzugreifen. Die domestizierte Katze unterscheidet sich in ihrem Jagdverhalten kaum von ihren wild lebenden Verwandten – und so treffen wir bei unserer Hausgenossin die gleichen Charaktereigenschaften an wie bei den Wildkatzen der schottischen Wälder oder den Tigern, welche die Mangrovenwälder von Bangladesh durchstreifen.

Während es in der Natur des Hundes liegt, sich dem menschlichen Freund unterzuordnen, ist die Katze im Verteilen ihrer Gunstbeweise vorsichtiger. Die Freundschaft einer Katze ist nicht weniger zuverlässig als die eines Hundes, nur wohlüberlegter. Hinter dem hübschen Gesicht und dem durchdringenden Katzenblick verbirgt sich immer etwas Unergründliches, ein geheimnisvolles Moment, das auf eine uralte Verbindung mit heiligen Kulten und schwarzen Künsten zurückgeht. Katzen sind wahrhaft magische Wesen.

EINZIGARTIGE WESEN Die Katze ist ein mit Fell umhülltes Rätsel – selbstbeherrscht, unabhängig und unergründlich, zugleich charmant und betörend. Sie gehört keinem Menschen, sondern lebt lediglich bei guten Freunden.

Herkunft und Domestizierung

Die Entstehung der Hauskatze ist eine relativ »junge« Entwicklung. Sie ist im alten Ägypten wohl aus den dort lebenden Falbkatzen hervorgegangen. Die Geschichte der Katzen reicht jedoch Jahrmillionen zurück.

DIE FRÜHEN SÄUGETIERE

Vor etwa 65 bis 70 Millionen Jahren trat gegen Ende des großen Zeitalters der Dinosaurier eine neue, ziemlich unbedeutende Tierklasse in Erscheinung, der zu jener Zeit von jedem Beobachter nur wenig Chancen im evolutionären Wettkampf eingeräumt worden wären. Diese ersten Säugetiere waren klein, kletterten auf Bäume, hatten lange Nasen, fraßen Insekten und waren nicht besonders intelligent.

Im Lauf der Jahrtausende schlugen diese primitiven Säugetiere verschiedene Wege in der Entwicklung ein. Einige wurden zu Pflanzenfressern, andere hingegen bevorzugten ausschließlich Fleischnahrung in Form anderer Tiere. Die letzteren, die fleischfressenden Säugetiere, sind die frühesten Ahnen der Katzen.

DIE EVOLUTION DER CREODONTEN

Die ersten fleischfressenden Säugetiere, die so genannten Creodonten, hatten langgestreckte Körper, kurze Beine und mit Krallen bewehrte Füße. Trotz ihres vergleichsweise sehr kleinen Gehirns besaßen sie bereits 44 Zähne zum Töten und Kauen. Die Creodonten entwickelten sich weiter zu einem ganzen Spektrum von Raubtieren, von denen einige die Größe eines Wolfes oder sogar eines Löwen erreichten. Allerdings führte ihre relativ geringe Intelligenz zu ihrem allmählichen Niedergang, sodass sie schließlich vor zehn Millionen Jahren ganz ausstarben. Zuvor aber war aus einer ihrer Arten eine neue Spezies hervorgegangen, das *Miacis*. Obwohl es nur ein kleiner, scheuer Waldbewohner war, besaß es die wichtigste Trumpfkarte zum Überleben, nämlich ein viel größeres Gehirn. Im Laufe der Zeit entwickelten sich alle modernen Carnivoren (Fleischfresser), einschließlich der hundeartigen wie Hunde, Wölfe und Füchse und der Schleichkatzen wie Mungos, Ginsterkatzen und Zibetkatzen, aus dem Miacis. Die Familie der Katzen stammt wahrscheinlich von der alten Zibetkatzenart ab.

Vor 40 Millionen Jahren trat ein Tier, halb Zibetkatze, halb Katze, namens *Proailurus* auf den Plan. Es hatte lange Beine und einen Schwanz, war aber im Gegensatz zu unseren heutigen Katzen ein Sohlengänger, das heißt, es trat beim Gehen mit der ganzen Sohle auf. Vor 25 Millionen Jahren tauchte die erste, schon fast echte Katze auf, die beinahe wie ein Zehengänger lief, also mit den Zehen auftrat. Dieses Tier mit dem Namen *Pseudoailurus* besaß bereits das Gebiss einer echten Katze mit dolchartigen Eckzähnen.

FAMILIENGESCHICHTE Der Stammbaum der Katze zeigt, wie die moderne Katzenfamilie sich in drei Zweige aufgliedert. Unsere Hauskatze gehört zu der Gruppe der Feliden.

Säugetiere

Herbivora (Pflanzenfresser) ——————— Carnivora (Fleischfresser)

Felidae (Katzen)

Panthera
Panther

Felis
Kleinkatzen

Acinonyx
Gepard

Panthera leo
Löwe

Panthera tigris
Tiger

Panthera pardus
Leopard

Uncia uncia
Schneeleopard

Panthera nebulosa
Nebelparder

Panthera onca
Jaguar

Acinonyx jubatus
Gepard

18 andere
Kleinkatzen

Felis pardalis
Ozelot

Felis silvestris
Waldwildkatze

Felis lynx
Luchs

Felis geoffroyi
Geoffroys Katze

FELIS CATUS
HAUSKATZE

Felis manul
Manul

Felis silvestris ornata
Asiatische Wüstenkatze

Felis silvestris
libyca
Afrikanische
Wildkatze

Felis chaus
Dschungelkatze

DIE VERBREITUNG DER HAUSKATZE

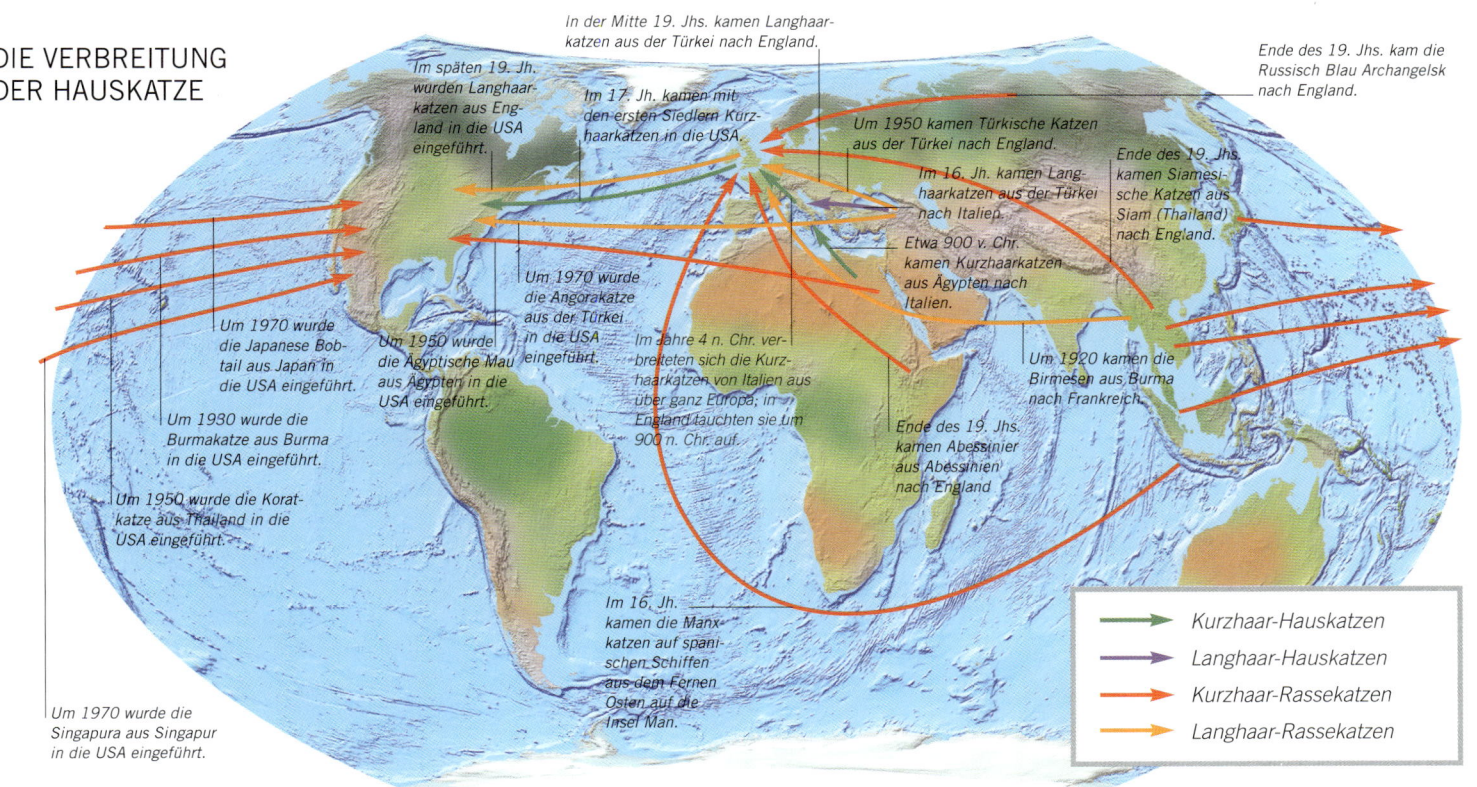

In der Mitte 19. Jhs. kamen Langhaarkatzen aus der Türkei nach England.

Im späten 19. Jh. wurden Langhaarkatzen aus England in die USA eingeführt.

Im 17. Jh. kamen mit den ersten Siedlern Kurzhaarkatzen in die USA.

Um 1950 kamen Türkische Katzen aus der Türkei nach England.

Ende des 19. Jhs. kam die Russisch Blau Archangelsk nach England.

Im 16. Jh. kamen Langhaarkatzen aus der Türkei nach Italien.

Ende des 19. Jhs. kamen Siamesische Katzen aus Siam (Thailand) nach England.

Etwa 900 v. Chr. kamen Kurzhaarkatzen aus Ägypten nach Italien.

Um 1970 wurde die Japanese Bobtail aus Japan in die USA eingeführt.

Um 1970 wurde die Angorakatze aus der Türkei in die USA eingeführt.

Um 1950 wurde die Ägyptische Mau aus Ägypten in die USA eingeführt.

Im Jahre 4 n. Chr. verbreiteten sich die Kurzhaarkatzen von Italien aus über ganz Europa; in England tauchten sie um 900 n. Chr. auf.

Um 1920 kamen die Birmesen aus Burma nach Frankreich.

Um 1930 wurde die Burmakatze aus Burma in die USA eingeführt.

Um 1950 wurde die Koratkatze aus Thailand in die USA eingeführt.

Ende des 19. Jhs. kamen Abessinier aus Abessinien nach England.

Im 16. Jh. kamen die Manxkatzen auf spanischen Schiffen aus dem Fernen Osten auf die Insel Man.

Um 1970 wurde die Singapura aus Singapur in die USA eingeführt.

→ Kurzhaar-Hauskatzen
→ Langhaar-Hauskatzen
→ Kurzhaar-Rassekatzen
→ Langhaar-Rassekatzen

DIE ERSTEN »RICHTIGEN« KATZEN

Vor etwa zwölf Millionen Jahren begannen schließlich die ersten echten Katzen die Erde zu bevölkern. Ihre fossilen Überreste zeigen, dass es bald eine große Anzahl von Feliden gab. Der tuskische Löwe, kleiner als der heutige Löwe und vielleicht näher verwandt mit dem Leoparden, sowie Luchse und große Geparde durchstreiften Norditalien und Mitteleuropa. In China lebten gewaltige Tiger, und durch die Wälder Nordamerikas strichen riesige Leoparden. Aber es gab auch kleinere Arten von Wildkatzen wie etwa den Manul und Martellis Wildkatze. Die letztere ist heute völlig ausgestorben, doch den Manul findet man noch in manchen Gegenden Asiens.

Martellis Wildkatze war über ganz Europa und in einigen Gegenden des Mittleren Ostens verbreitet. Sie starb vor etwa knapp einer Million Jahren aus, war aber vermutlich der direkte Vorläufer der neuzeitlichen kleinen Wildkatzen, aus denen dann später unsere Hauskatzen hervorgehen sollten. Zu ihren Nachkommen gehörte die *Felis silvestris*, die vor 600 000 bis 900 000 Jahren auf der Bildfläche erschien.

Sie verbreitete sich in ganz Europa, Asien und Afrika. Aus ihr entwickelten sich drei Haupttypen, die Waldwildkatze (*Felis silvestris*), die Afrikanische Wildkatze (*Felis silvestris libyca*) und die Asiatische Wüstenkatze (*Felis silvestris ornata*). Man nimmt an, dass die domestizierte Katze hauptsächlich von der Afrikanischen Wildkatze und zu einem kleinen Teil vielleicht auch von der Asiatischen Wüstenkatze abstammt.

DOMESTIZIERUNG

Wie so viele andere Grundfesten der menschlichen Zivilisation scheint auch die Domestizierung der Katze ihren Ursprung im Mittleren Osten zu haben. Knochen der Afrikanischen Wildkatze wurden in den Abfallhaufen der Höhlen prähistorischer Menschen gefunden. Wurden die Katzen von ihnen als Nahrung gejagt oder wurden damals vielleicht schon wilde Kätzchen gezähmt und als Gefährten und zur Bekämpfung der Schädlinge großgezogen, welche die mühsam angelegten Getreidevorräte bedrohten? Es gibt Anzeichen dafür, dass der Mensch die Wildkatzen wegen ihrer Geschicklichkeit bei der Jagd bewunderte und beneidete und vielleicht sogar diese Geschöpfe zu verehren begann, weil er deren Jagdkünste er nur allzu gern nachgeahmt hätte.

Sicher ist, dass die alten Ägypter Katzen sowohl zum Schutz ihrer Getreidelager hielten als auch als Gottheiten verehrten. Die Herkunft der Hauskatze ohne Stammbaum, wie wir sie kennen, lässt sich bis nach Ägypten zurückverfolgen.

Die alten Ägypter verehrten ihre Katzen und betrauerten ihren Tod. Die Katzen wurden mumifiziert und zum Tempel der Katzengöttin Bastet gebracht. Viele dieser Mumien sind

HERKUNFT DER HAUSKATZE Diese Karte zeigt, wie sich die domestizierten Kurzhaarkatzen lange vor Christi Geburt von Ägypten aus über ganz Europa verbreiteten. Die Langhaarkatzen dagegen stammen aus dem Iran und aus Afghanistan.

erhalten geblieben, sodass die modernen Wissenschaftler in der Lage waren, die erste Spezies zahmer Katzen als *Felis libyca* zu identifizieren.

Aus Ägypten brachten phönizische Händler Katzen nach Italien, von dort verbreiteten sie sich langsam über ganz Europa. Im 10. Jahrhundert waren die Hauskatzen zwar bis nach England gekommen, waren dort jedoch noch recht selten. Die ersten Siedler wiederum nahmen die Katzen in die Neue Welt mit.

Die Vorfahren der Langhaarkatzen kommen vermutlich aus noch östlicher gelegenen Ländern. Es ist anzunehmen, dass unsere Langhaarkatze von Wildkatzen im Iran und in Afghanistan abstammt, die sich vielleicht ihrerseits wiederum aus dem langhaarigen Manul Mittelasiens entwickelt haben.

Obwohl Katzen bereits seit mindestens 5 000 Jahren domestiziert sind, ist das Konzept einer selektiven Zucht und der Produktion von Rassekatzen erst Mitte des 19. Jahrhunderts realisiert worden. Domestizierte Hunde sind dagegen seit Jahrhunderten selektiv gezüchtet worden, damit sie eine Vielfalt spezifischer und unterschiedlicher Aufgaben erfüllen.

Der Körperbau der Katze

Katzen sind wie Menschen, Hunde und Pandabären Säugetiere. Sie besitzen die allen Säugetieren eigenen anatomischen Merkmale wie Behaarung und Milch produzierende Brustdrüsen für die Aufzucht der Jungen.

Alle Säugetiere besitzen ein gemeinsames körperliches Grundmuster; deshalb unterscheiden sich Gewebe und Organe der Katzen in Struktur und Funktion im Wesentlichen nicht von denen des Menschen. Aber so wie Menschen aufrechtgehende, allesfressende Primaten mit eindeutigen Spezialisierungen sind, ist der Aufbau des Katzenkörpers seiner Rolle eines vierbeinigen und fleischfressenden Raubtieres angepasst.

Eine erwachsene Katze wiegt zwischen zwei und fünf Kilogramm. Die bisher schwerste Katze war eine 13 Jahre alte weibliche Tabbykatze aus Cumbria in England, die es auf 18 Kilogramm brachte. Die kleinste Wildkatze, die Rostfarben Getupfte (Rusty Spotted) aus Indien und Sri Lanka, erreicht selten ein höheres Gewicht als eineinhalb Kilogramm.

DIE BEWEGLICHKEIT

Die Katze besitzt einen höchst elastischen Körper. Das Rückgrat wird eher von Muskeln als von Bändern, wie es beim Menschen der Fall ist, gestützt, und dadurch ist der Rücken außerordentlich beweglich. Durch die besondere Konstruktion des Schultergelenks kann die Katze ihre Vorderbeine in fast jede Richtung drehen. In der Terminologie des Autosports ausgedrückt, garantiert die »Aufhängung« des Modells Katze ein nahezu perfektes »Fahrverhalten«.

Ein weiterer Faktor, der die Beweglichkeit der Katze steigert, liegt darin, dass ihr Rückgrat aus bis zu 26 Wirbeln mehr besteht als die menschliche Wirbelsäule. Auch fehlt ihr das Schlüsselbein, statt dessen besitzt sie nur einen kleinen Rest von Schlüsselbeingewebe, eingebettet in Schultergürtelmuskulatur. Ein voll ausgeprägtes Schlüsselbein würde die Brust verbreitern und sowohl die Fähigkeit der Katze verringern, sich durch enge Zwischenräume zu zwängen, als auch ihre Schrittlänge vermindern. Das Schlüsselbein erlaubt es dem Menschen, seinen Arm nach auswärts anzuheben. Da diese Bewegung für die Katze nicht erforderlich ist, ist dieser Knochen für sie entbehrlich.

EIN MINIATUR-TIGER Löwen und Tiger strecken und räkeln sich ganz genauso wie unsere Hauskatzen.

ELEGANTE BEWEGUNG Der Katzenkörper ist zu einer unvergleichlich fließenden Bewegung fähig.

AUSGESTRECKT Das geschmeidige und wohlige Sichdehnen einer Katze könnte eine Art konzentrierter Übung sein, die dem Tier in ähnlicher Weise Entspannung bringt wie dem Menschen das isometrische Training.

GESCHICKTE KATZEN Klettern mit gekreuzten Pfoten bei einer typisch athletisch geschickten und erfindungsreichen Katze.

DAS GEHIRN

Wie man sich denken kann, sind die den Sinnesorganen zugeordneten Teile des Katzengehirns gut entwickelt, wie es sich für einen geschickten Jäger gehört, der von seinen Wahrnehmungsmechanismen abhängt. Dagegen sind die für die »Intelligenz« zuständigen Hirnregionen viel einfacher konstruiert, als es etwa bei den Primaten wie dem Affen oder Menschen oder anderen hochintelligenten Tieren wie dem Delphin der Fall ist.

DIE EINGEWEIDE

Die Katze ist als Fleischfresser höher spezialisiert als der Hund. Sie besitzt einen Verdauungstrakt, der ausschließlich auf Fleischnahrung ausgerichtet ist. Deshalb sind die Gedärme der Katze im Verhältnis kürzer als die der Allesfresser Mensch oder Hund. Interessant ist, dass der Darm zahmer Katzen etwas länger ist als der von Wildkatzen, wahrscheinlich weil sich unsere Hauskatzen an abwechslungsreicheres Futter mit etwas weniger Fleisch gewöhnt haben und es auch gern annehmen.

KATZENGEBISS Das auffallendste Merkmal des Raubtiermauls sind die Eck- oder Fangzähne – das gilt auch für das Katzengebiss.

wichtigste Tötungsinstrument. Die kurzen und robusten Kiefer der Katze verleihen ihrem Biss die nötige Kraft. Sie werden von starken Muskeln bewegt, welche in strategisch günstig platzierten, verstärkten Knochengewölben im Schädel verankert sind.

Bemerkenswert an ihrem Schädel ist zudem die gut entwickelte Knochenstruktur, zu der auch große Hörkammern gehören. Diese befähigen eine Katze dazu, so feine Laute wie das Trippeln einer Maus und das Rascheln eines Vogels im Laub zu hören.

KÖRPERFORMEN

Während es domestizierte Hunde in allen Formen und Größen gibt, wurden noch keine Katzen gezüchtet, die besondere anatomische Extreme aufweisen. Wir kennen nur drei grundsätzliche Körperbautypen: den stämmigen, den muskulösen und den schlanken Typus.

Der stämmige Typus ist kräftig gebaut, mit kurzen, dicken Beinen, breiten Schultern, einem massiven Rumpf und einem kurzen, runden Kopf mit abgeflachtem Gesicht. Der muskulöse Typus besitzt mittellange Beine. Schultern und Rumpf sind weder ausgesprochen breit noch schmal, der Kopf ist mittelgroß und sanft gerundet. Die schlanke Katze ist leicht gebaut. Sie hat lange, elegante, schlanke Beine. Schultern und Rumpf sind schmal, der Kopf ist lang, schmal und keilförmig geschnitten.

GEBISS UND SCHÄDEL

Die Katze hat 26 Milchzähne und 30 bleibende Zähne, davon 16 im Oberkiefer und 14 im Unterkiefer. Dazu gehören auch die Eck- oder Fangzähne zum Zubeißen sowie besonders entwickelte klingenartige Backenreißzähne, um das Fleisch in Brocken zu zerlegen. Bei wilden Tieren sind die Fangzähne das

Balanceakte

Katzen besitzen einen ausgezeichneten Gleichgewichtssinn, wie jeder weiß, der einmal Nachbars Kater dabei beobachtet hat, wie er mühelos auf dem Gartenzaun entlang spaziert.

Der Hauptgrund dafür liegt in der Geschwindigkeit der Muskelreaktionen auf außerordentlich schnelle Botschaften, welche von den Augen und den Gleichgewichtsorganen im Innenohr über das Gehirn ausgesendet werden. Die Katze reagiert extrem empfindlich auf jeden Wechsel ihrer Körperlage und teilt Muskeln und Gelenken jede Änderung viel schneller mit als ein Mensch.

DIE AUFGABE DES SCHWANZES

Man nimmt an, dass der Schwanz der Katze dazu dient, die Balance zu halten, etwa so wie die lange Stange beim Seiltänzer. Das Prinzip ist einfach: Wenn eine Katze z.B. auf einer schmalen Mauer oder auf einem Zaun entlanggeht und beschließt, auf der einen Seite hinunterzuspähen, wobei sie ihren Schwerpunkt verlagert, bewegt sie automatisch den Schwanz in die entgegengesetzte Richtung, wodurch der Schwerpunkt ihres Körpers wieder stabilisiert wird, sodass sie nicht hinunterfällt.

Auch wenn die Katze im schnellen Lauf plötzlich die Richtung ändert, dient der Schwanz als Gleichgewicht. Man braucht nur einen Gepard zu beobachten, der hinter einer im Zickzackkurs laufenden Gazelle her ist. Bei jeder Wendung wird der Schwanz entgegengesetzt zur Körperrichtung herumgeschwungen, um so im Bruchteil einer Sekunde am »Wendepunkt« wieder Stabilität zu erlangen. Es erscheint logisch, dass gerade der Gepard, der beste Sprinter unter den Katzen, einen so langen Schwanz hat. Es heißt oft, dass der Schwanz der Katze beim Springen als eine Art Steuer fungiert, aber dennoch können, wie man weiß, auch Katzen mit sehr kurzem Schwanz – wie Luchse und Manxkatzen – außerordentlich gut springen.

BALANCEAKT Die Hauskatze ist ein ebenso guter Balancekünstler wie ihr wilder Vetter, der Leopard.

DIE KUNST DES FALLENS

Wenn eine Katze durch die Luft fällt, übermitteln ihre Augen und spezielle Strukturen im Innenohr Informationen über die Lage des Kopfes in Relation zum Boden. Wenn der Kopf seine Lage verändert oder eine Veränderung der Fallgeschwindigkeit eintritt, werden Kristalle und eine Flüssigkeit im Innenohr davon beeinflusst, und diese Bewegung wird von sensiblen Härchen wahrgenommen. In Tausendstelsekunden empfängt das Gehirn das Signal und entsendet über die Nervenleitungen blitzschnell Befehle an den Kopf, einen rechten Winkel zum Boden einzunehmen. Der

SCHWANZEINSATZ Selbst auf kleinster Standfläche fühlt sich die Katze vollkommen entspannt. Wenn sie sich dabei bewegt, benutzt sie ihren Schwanz zum Ausbalancieren.

übrige Körper richtet sich nach der Lage des Kopfes aus, und die Katze nimmt die perfekte Haltung für eine sichere Landung ein. Der Innenohrmechanismus eines neugeborenen Kätzchens ist bereits bei der Geburt voll ausgebildet, es kann jedoch nicht sehen, weil sich seine Augen noch nicht geöffnet haben. Da für ein perfektes Gleichgewicht eine Kombination von Botschaften, die über Auge und Innenohr vermittelt werden, erforderlich ist, funktioniert

DER KORREKTURREFLEX Serienaufnahmen von einer Katze, die aus geringer Höhe auf ein weiches Kissen fällt, zeigen die Veränderungen der Körperhaltung und die von Augen und Innenohr gesteuerten Vorbereitungen für die Landung.

bei einem Kätzchen der Korrekturreflex erst, sobald sich die Augen geöffnet haben.

Kürzlich fand man heraus, dass Katzen, die von hohen Gebäuden herunterfallen, dabei nicht so schwere Verletzungen erleiden, wie man es erwarten sollte. Entsprechend der »Wahrscheinlichkeitsrechnung« müsste die Verletzungsrate bei Katzen mit der Höhe des Stockwerks ansteigen, aus dem das Tier fällt. Doch das stimmt nur bis zum 7. Stockwerk. Bei Stürzen aus größerer Höhe sinkt die Rate der Knochenbrüche deutlich ab. Der Grund dafür scheint darin zu liegen, dass eine durchschnittlich große Katze nach einer Fallstrecke von etwa fünf Stockwerken ihre Höchstgeschwindigkeit, die so genannte Endgeschwindigkeit eines fallenden Körpers erreicht. An diesem Punkt wird das Innenohrsystem der Katze nicht mehr durch die Beschleunigung stimuliert, und die Geschwindigkeit bleibt konstant. Deshalb entspannt sich die Katze und spreizt die Beine, sodass der Körper und die Gliedmaßen sich den höchsten Luftwiderstand zunutze machen – ähnlich wie ein Fallschirmspringer seinen freien Fall stabilisiert. Entspannte Gliedmaßen brechen nicht so leicht, deshalb kann es, so seltsam es auch klingen mag, einer Katze, die von einem Fensterbrett im 10. Stockwerk fällt, besser ergehen als einer, die nur aus dem 3. Stockwerk stürzt. (Bitte überprüfen Sie meine Aussage nicht durch Experimente mit Ihrer Hauskatze!)

Ich erinnere mich gut an solche Vorfälle, die während meiner Studienzeit in Glasgow passierten. Im Sommer pflegten die Katzen sich auf den schmalen Fenstersimsen der alten Miethäuser zu sonnen, bis die Besitzer die Fenster schlossen und dabei, ohne es zu wissen, die Katzen hinunterstießen. Sie fielen in der Regel aus einer Höhe von zwei bis fünf Stockwerken, und viele überlebten den Sturz und landeten in der richtigen Position. Weil aber Katzen relativ schwache Nackenmuskeln besitzen, konnten sie den Kopf nicht nach hinten halten, so dass das Kinn ziemlich heftig auf dem Boden aufschlug. Zu den häufigsten Verletzungsarten, die ich in diesen Sommertagen zu behandeln hatte, gehörten deshalb die dabei auftretenden Mittellinienfrakturen des Unterkiefers.

SCHNELL GELERNT Ein etwas älteres Kätzchen zeigt bereits die typischen und faszinierenden Bewegungen seiner Spezies.

DIE ERSTEN SCHRITTE Dieses 15 Tage alte Kätzchen ist noch etwas wackelig auf den Beinen. Es hat die Balancefähigkeit seiner Eltern noch nicht erlangt.

Bewegungen der Katze

Ihre Rolle als Jäger einer sich zumeist schnell und gewandt bewegenden Beute verlangt einen spezifische abgestimmten Bewegungsapparat.

Der Körper einer Katze muss ihr rasches Beschleunigen und das blitzschnelle Erreichen einer hohen Geschwindigkeit ermöglichen sowie die Behändigkeit geben, reibungslos den Kurs zu wechseln und mit Veränderungen im Terrain fertig zu werden. Sie muss sich leise fortbewegen und Angriffe mit den Pfoten oder Bisse ausführen, solange sie noch in Bewegung ist. Sie sollte außerdem athletische Sprünge und Sätze machen können. Der Körper der Katze ist so konstruiert, dass er allen diesen Anforderungen bestens gewachsen ist.

EIN VOLLENDETER SPRINGER: Die Katze kauert sich zuerst zusammen, nimmt das Becken zurück und beugt das Hüftgelenk, die Knie und die Fußgelenke.

DER GANG

Weil die Katze als Raubtier ihre Kraft für den entscheidenden Sprung in der Endphase der Jagd aufsparen muss, hat sie gelernt, wie sie zu anderer Zeit Energie einsparen kann. Eine Katze geht z. B. mit minimalem Kraftaufwand. Sie setzt ihre Füße in einem diagonalen Muster auf, dem linken Hinterfuß folgt der rechte Vorderfuß, dann der rechte Hinterfuß und zuletzt der linke Vorderfuß. Die Vorder- und Hinterfüße bewegen sich nicht gleichzeitig, sondern mit einer leichten Phasenverschiebung, wobei der Hinterfuß immer kurz vor dem Vorderfuß auftritt.

Der Schwerpunkt des Körpers ist zum Kopf hin verlagert, wobei die Vordergliedmaßen das Skelett tragen und dadurch sogar ein leichter Verzögerungseffekt ausgeübt wird. Der Anstoß nach vorn geht von den Hinterfüßen aus. Wie bereits erwähnt, sind Katzen Zehengänger, sie treten nur mit den Zehen auf. Das ist – vergleichbar den

Athleten, die auf den Zehen sprinten – zum Laufen ideal.

DAS LAUFEN

Die Katze ist ein Spezialist im Sprinten, eher ein Carl Lewis als ein Sebastian Coe. Wenn sie läuft, sind ihre Gliedmaßen in der Luft total gestreckt. Während die Vorderfüße den Boden berühren, biegt sich die äußerst flexible Wirbelsäule wie ein Bogen, sodass das Hinterteil ohne Unterbrechung seine fließende Vorwärtsbewegung fortsetzen kann. Dieses System befähigt die Katze, ihr Tempo – statt durch eine vermehrte Anzahl von Bodenberührungen mit den Füßen – dadurch zu steigern, dass sie den Rumpf vollkommen streckt und die Schrittweite verlängert. Beim Galopp verschwinden die Verzögerungsmomente, die durch den Kontakt mit dem Boden entstehen, völlig.

HÜFTE, KNIE UND KNÖCHEL Diese Gelenke besitzen wenig oder gar keine Beweglichkeit zur Seite. Sie sind so konstruiert, dass sie die starken Kräfte, die im Körper in nur einer Richtung – nach unten – ausgeübt werden, aushalten.

VORWÄRTS SPRINGEN Wenn sich die Muskeln zusammenziehen, werden die Gelenke der Hüften, Knie und Fußknöchel rasch gestreckt, wodurch sie den Körper blitzartig vorantreiben.

KATZENOLYMPIADE Alle Katzen sind für das Finale in athletischen Wettkämpfen qualifiziert, besonders was das Springen betrifft. Die Goldmedaille geht an den wilden Caracal oder Wüstenluchs, der oft Vögel fängt, indem er ein bis zwei Meter hoch springt und sie mit den Pfoten herunterschlägt. Diese Kätzchen verfügen grundsätzlich über ähnliche Fähigkeiten.

Während Hauskatzen in vollem Lauf mit jedem Satz das Dreifache ihrer Körperlänge »überspringen« können (bei einer Geschwindigkeit von 50 Stundenkilometern), erreicht der Gepard sogar 112 Stundenkilometer und mehr. Es ist interessant, dass der Gepard einzigartige Einkerbungen auf den Zehenballen besitzt, die wie das Profil eines Autoreifens wirken und dem Tier beim Sprinten die notwendige Trittfestigkeit verleihen, insbesondere beim Wechseln der Laufrichtung bei hoher Geschwindigkeit. Andere Katzen einschließlich unserer Hauskatzen, besitzen zwar robuste, aber »profillose« Pfoten.

Die Struktur der Gliedmaßen der Katze mit den langen Fußknochen und den verhältnismäßig kurzen Knochen in der Brustgegend ist speziell dem Laufen angepasst. Das Fehlen des Schlüsselbeins und die schmale Brust erleichtern es der Katze, sich zu biegen und zu drehen, und es verleiht ihr eine größere Schrittweite.

DAS KLETTERN

Die starken Rücken- und Hinterbeinmuskeln der Katze machen sie zu einem erfolgreichen Kletterkünstler. Die vorderen Gliedmaßen wirken wie die Steigeisen eines Bergsteigers wenn sie mit den hakenförmigen, ausgefahrenen Krallen vorgestreckt werden. Sobald sie Halt finden, wird der Körper mit der Kraft der von Krallen bewehrten Hinterbeine schnell nach oben geschoben, zum nächsten Halt. Die meisten Kletterpartien beginnen mit einem Initialsprung, um rasch an Höhe zu gewinnen.

So gut auch Katzen in die Höhe klettern können, beim Abstieg sind sie keine Weltmeister. Die Muskeln der Hinterbeine können nicht dafür eingesetzt werden, das Gewicht des Körpers aufzuhalten, und die Krallen biegen sich jetzt in die falsche Richtung. Deshalb passiert es häufig, dass Katzen auf Bäumen festsitzen oder auf ziemlich unbeholfene Art und Weise mit dem Hinterteil voran aufs Geratewohl herunterrutschen. Nur ihre Krallen bewahren sie dabei vor einer allzu würdelosen Landung.

DAS TRAINING

Katzen bleiben merkwürdigerweise immer in Form, ohne dafür ins Fitnesstraining gehen oder im Park joggen zu müssen. Das genüssliche und ausgiebige Strecken, das sich alle Katzen gönnen, scheint für sie Gymnastik genug zu sein, um in Höchstform zu bleiben.

Das vollkommene Fehlen dieses konventionellen Trainings kann, wenn es mit starker Überfütterung durch unvernünftige Menschen einhergeht, zu Fettleibigkeit führen, aber auch das bringt normalerweise kein Kränkeln und keine Lebensverkürzung mit sich, wie man es von Hunden und ihren Besitzern kennt. Katzen scheinen den Schlüssel zu einem Leben in Muße gefunden zu haben.

GESCHICKTER KLETTERER Hinauf geht es leicht und elegant, aber der Abstieg kann ausgesprochen linkisch wirken.

WEICHE LANDUNG Die schwammartigen Ballen der Füße, die mit fester Haut bedeckt sind, wirken auch als Stoßdämpfer, wenn die Katze landet.

VORBEREITUNG ZUR LANDUNG Der Aufprall bei der Landung wird von den Gelenkknöcheln der Vorder- und Hinterfüße aufgefangen, da sie so angelegt sind, dass es kaum zu einem »Schwanken« nach der Seite kommen kann.

Die Sinne

Raubtiere sind auf ihre scharfen Sinne zum Aufspüren der Beute angewiesen, auch die Hauskatze verfügt noch über die gleichen Wahrnehmungsfähigkeiten wie ein Tiger, der nachts durch den Dschungel streift.

DER GESICHTSSINN

Das Auge der Katze ist in vieler Hinsicht ebenso konstruiert wie das menschliche, doch es gibt einige wichtige Unterschiede, die es dem Tier ermöglichen, Dinge zu tun, die wir nicht tun können.

Sehen in der Nacht

Man sagt oft, dass »Katzen im Dunkeln sehen können«. Das stimmt so nicht. In einem absolut finsteren Raum kann eine Katze nicht besser sehen als Sie oder ich. Sie kann aber noch winzigste Lichtmengen in ihrer Umgebung wahrnehmen. Auch in einer mondlosen Nacht ist der Himmel nie völlig dunkel. Es gibt immer noch schwaches Sternenlicht oder den matten Widerschein in großer Höhe dahinziehender Wolken, und das Katzenauge ist darauf angelegt, solche winzigen Lichtstrahlen zu sammeln und zu nutzen.

Es bedient sich dazu eines ebenso genialen wie logischen Systems, einer Art »Spiegel«, der hinter der lichtempfindlichen Netzhaut liegt.

LICHTREFLEXION Das typische Aufblitzen des Spezialspiegels (Tapetum lucidum) im Katzenauge zur Verbesserung der Nachtsicht. Die unterschiedlich getönten Augen der rechten Katze leuchten bei Nacht in zweierlei Farben auf.

Dieser »Spiegel«, das Tapetum lucidum, besteht aus bis zu 15 Schichten lichtreflektierender Zellen. Schwache Lichtstrahlen fallen ins Auge, gehen hindurch und stimulieren die lichtempfindlichen Zellen der Netzhaut (Zapfen und Stäbchen). Dann gelangen sie auf den Augenhintergrund und werden von dem »Spiegel« reflektiert, sodass sie ein zweites Mal einen Reiz auf Zapfen und Stäbchen ausüben. Diese »doppelte Dosis« vervielfacht die Lichtwirkung und erhöht die Nachtsicht der Feliden außerordentlich.

Wir wissen, dass Hauskatzen noch bei einem Sechstel der Lichtmenge, die der Mensch benötigen würde, deutlich sehen können. Es liegt jedoch auf der Hand, dass dieser »Spiegel«, wie bereits erwähnt, seine Aufgabe nicht mehr erfüllen kann, wenn überhaupt kein Licht vorhanden ist.

Das Glänzen des Spiegels ist übrigens auch die Ursache für das charakteristische goldene oder grüne Aufleuchten der Katzenaugen in der Nacht. (»Tiger! Tiger! Brennendes Licht in den nächtlichen Wäldern!«, diese berühmten Zeilen von William Blake wurden vielleicht von diesem Phänomen inspiriert.) Das menschliche Auge leuchtet in der Nacht nicht: Das rötliche Glühen unserer Pupillen, das man gelegentlich auf Blitzlichtaufnahmen sieht, wird durch die Blutgefäße hinter der Netzhaut hervorgerufen.

Das Gesichtsfeld

Ein weiterer Vorteil für die Katze besteht darin, dass sie einen weiteren Gesichtswinkel hat als wir. Unser Gesichtsfeld beträgt etwa 210 Grad, wobei wir 120 Grad mit beiden Augen erfassen können. Katzen besitzen ein Gesichtsfeld von 285 Grad, wovon 130 Grad mit beiden Augen erfasst werden können.

Das beidäugige Sehvermögen der Katze von 130 Grad ist eine weitere Folge ihrer Anpassung an die Jagd und erlaubt es ihr, Raumtiefe und Entfernung genau zu beurteilen. In der Praxis ist es allerdings so, dass Katzen trotz allem bei der Beurteilung des Abstandes nicht ganz so gut sind wie wir Menschen. Der Mensch gleicht

KATZENAUGEN

HELLES LICHT Bei sehr hellem Licht verengt sich die Pupille der Katze zu einem Spalt.

DÄMMERUNG Wenn es dunkler wird, erweitert sich die Pupille, bis sie bei voller Größe jeden noch so geringen Lichtschimmer aufnehmen kann.

Bei strahlender Mittagssonne | Bei bedecktem Himmel | Mitternacht

VERÄNDERLICHE PUPILLE Die Pupille einer Katze in drei Stadien der Erweiterung bei unterschiedlichen Lichtbedingungen.

sein etwas begrenzteres Gesichtsfeld durch sehr viel umfassendere Augenbewegungen aus, welche ihm durch die größere Weißfläche, die Hornhaut und Auge umschließt, ermöglicht werden.

Wie das Katzenauge arbeitet

Die Pupille des Katzenauges verengt sich, wie die von anderen Säugetieren auch, bei hellem Licht und erweitert sich bei zunehmender Dunkelheit, aber auch die eigentliche Pupillenform variiert bei den verschiedenen Katzenarten. Größere Wildkatzen besitzen im Allgemeinen ovale Pupillen, der Puma hat eine runde Pupille, und nur Mitglieder der Gattung *Felis* (zu der auch die Hauskatze gehört) weisen eine vertikale Spalt-Pupille auf. Der Vorteil einer Spalt-Pupille liegt in ihrer Fähigkeit, sich wirksamer und vollständiger schließen zu können als eine runde Pupille. Das dient dem Schutz der extrem empfindlichen Netzhaut. Zu einem totalen Schließen der Pupille kommt es jedoch nie – an beiden Enden des Spaltes bleibt immer ein winziges Loch geöffnet. Die Stäbchen auf der Netzhaut der Katze verleihen ihr eine gute Nachtsicht und reagieren empfindlich auf geringe Lichtmengen. Die Zäpfchen sorgen für das Auflösungsvermögen. Das Katzenauge enthält mehr Stäbchen und weniger Zäpfchen als das menschliche Auge. Deshalb kann sie bei

Wahrnehmen ist wichtig, denn es ist bewiesen, dass Katzen, mit viel Mühe zwar, darauf trainiert werden können, Farben zu »verstehen«. Im Allgemeinen aber nehmen Katzen Farben nicht bewusst wahr – das ist für ihr normales Dasein nicht wesentlich und spielt keine Rolle beim Jagen einer Maus oder zum Erkennen einer mit ihrem Lieblingsfutter gefüllten Schale.

DER GERUCHSSINN

Katzen besitzen ungefähr 19 Millionen spezialisierte Endfasern von »Riech«-Nerven in der Membran, mit der ihre Nase ausgekleidet ist; Menschen hingegen haben nur fünf Millionen (ein Hund mit langer Nase, wie z.B. ein Foxterrier, besitzt allerdings sogar 147 Millionen). Andererseits nimmt man an, dass Tiger einen nur gering entwickelten oder gar keinen Geruchssinn besitzen – was bei einem Tier, das für seine Jagdfähigkeiten bekannt ist, überrascht.

Die Nase einer Katze reagiert besonders empfindlich auf Gerüche, die Stickstoffverbindungen enthalten. Dadurch ist das Tier in der Lage, Futter abzulehnen, das bereits verdirbt oder ranzig wird und dabei stickstofffreie Chemikalien bildet.

Ein besonderer Riechgenuss für Katzen ist die gewöhnliche Katzenminze (*Nepeta cataria*). Ihre Katze ist deshalb so begeistert von dieser Gartenpflanze, in der sie sich vielleicht sogar gern herumrollt und ekstatisch wälzt, weil die

Pflanze ein ätherisches Öl enthält, das chemisch eng verwandt ist mit einer Substanz, welche von rolligen Katzenweibchen mit dem Urin ausgeschieden wird. Wie man sich denken kann, werden Kater von dieser Katzenminze mehr »angetörnt« als Weibchen oder kastrierte Kater. Eine andere Pflanze, der Baldrian, kann übrigens eine ähnliche Reaktion hervorrufen.

Das Flehmen

Viele Fleischfresser, darunter auch einige Katzenarten, ziehen eine seltsame Grimasse mit gekräuselten Lippen und gerümpfter Nase, die als »Flehmen« bekannt ist. Man nimmt an, dass dadurch einige Gerüche mit einem wenig bekannten, am vorderen Gaumendach liegenden Organ in Verbindung gebracht werden, das aus einer winzigen Tasche besteht, die mit Rezeptorzellen ausgekleidet ist, ähnlich den Geruchsaufnahmezellen der Nase.

Dieses Gebilde, das so genannte Jacobson'sche Organ, scheint sowohl für den Geruch als auch für den Geschmack zuständig zu sein. Beim Menschen existiert es in rudimentärer Form ohne jede Funktion, bei Katzen jedoch hat es durchaus eine, bei domestizierten Tieren allerdings nur noch schwach ausgeprägte Funktion.

FLEHMEN Die charakteristische »Flehm«-Grimasse der Katze bewirkt wahrscheinlich eine Steigerung der Geruchs- und Geschmackssinne.

DIE WIRKUNG VON KATZENMINZE Eine Katze, die in einem Bett von Katzenminze schwelgt, genießt den Geruch, der (überraschenderweise) eine sexuelle Reaktion hervorruft.

schwachem Licht besser sehen, ist aber nicht in der Lage, Details so gut wahrzunehmen wie wir.

Das Katzenauge stellt sich wie das menschliche Auge dadurch auf den Brennpunkt ein, dass es die Form der Linse durch eine unwillkürliche Betätigung winziger Muskeln verändert. Dieser Prozess, bekannt als »Akkomodation«, kann die Linse entweder wölben, um naheliegende Gegenstände in den Brennpunkt zu bringen, oder abflachen, um sich auf entferntere Objekte zu konzentrieren. Menschen und Katzen sind in gleicher Weise fähig, ihre Augen gut auf den Brennpunkt einzustellen.

Das Farbensehen

Bewundert Ihre Katze wirklich die neuen Vorhänge in Lavendeltönen, oder knirscht sie mit den Zähnen, wenn sie das neue schockfarbene T-Shirt Ihres Jüngsten zum erstenmal sieht? Kurz, kann eine Katze Farben sehen? Sie besitzt tatsächlich mindestens zwei, ja möglicherweise sogar drei verschiedene Arten von Zäpfchenzellen, und beim Menschen spielen die Zäpfchen zweifellos eine wichtige Rolle beim Farbensehen.

Wissenschaftler glauben, dass Farben den Katzen absolut nichts bedeuten, obwohl sie sie sehen können! Die Augen unterscheiden zwar Farben, aber das Gehirn wertet sie nicht aus. Diese fast philosophische Unterscheidung zwischen Sehen und

DER DUFT IST WICHTIG Die Wiedererkennung durch den Geruch ist bei Katzen von wesentlich größerer Bedeutung als bei Menschen.

DER GESCHMACK

Katzen sind, wie wir wissen, oft heikle Esser und eher mit einem Feinschmecker als mit einem Vielfrass zu vergleichen. Während Hunde sich ganz bereitwillig mit menschlicher Kost füttern lassen und oft große Vorliebe für einen Keks oder Schokoriegel zwischendurch zeigen, halten Katzen meist nicht viel davon, was bei einem reinen Fleischfresser ja auch nicht weiter verwunderlich ist. Viele Katzen können Zucker nicht verdauen und bekommen Durchfall, wenn sie viel davon fressen. Dass sie sich nichts aus Süßigkeiten machen, ist vielleicht einfach eine natürliche Bremse, um die Aufnahme von Zucker zu vermeiden. Das unterschiedliche Verhalten von Hunden und

Katzen scheint dadurch bedingt zu sein, dass Hunde in den Geschmacksknospen in ihrem Maul Rezeptoren für »Süßes« besitzen, Katzen aber nicht. Früher glaubte man, dass bei Hunden zwar Nervenverbindungen zwischen Zunge und Gehirn bestünden, die »süße« Botschaften übermitteln, bei Katzen dagegen nicht. Heute wissen wir, dass bei domestizierten Katzen doch einige auf »Süßes« ansprechende Nerven existieren, und ihre Zahl scheint im Steigen zu sein! Ich nehme an, dass durch das Züchten von Katzen, die Wohnung und Gewohnheiten ihrer menschlichen Gefährten teilen, der Bestand solcher Strukturen verstärkt wird und dass vielleicht eines Tages alle Hauskatzen nach Sahnebonbons süchtig sein werden!

Die Flachkopfkatze (*Felis planiceps*) hat – um von der Theorie zur Praxis dessen zu kommen, was für ungewöhnliche Dinge Katzen fressen (was später in dem Kapitel über Ernährung noch näher erörtert wird) – eine Vorliebe für Süßkartoffeln. Man nimmt an, dass sie in der Lage ist, die Süße zu schmecken. Mir ist bekannt, dass die Tiger in der Mandschurei im Herbst gern süße Nüsse (mitsamt der Schale), Beeren und Früchte naschen und dass sie in Malaysia ganz wild auf die Frucht des Zibetbaums sind. Viele mir bekannte Hauskatzen, besonders Siamesen und Burmesen, sind ausgesprochene Leckermäuler. Eine meiner eigenen Katzen liebte Rosinen, und eine andere war richtiggehend verrückt nach saftigen Mandarinenscheiben.

Neugeborene Kätzchen besitzen einen gut entwickelten Geschmackssinn, aber wie beim

Menschen wird er mit zunehmendem Alter allmählich schwächer. Ein vorübergehender Geschmacksverlust mit gleichzeitiger Appetitlosigkeit kann bei Katzen mit Erkrankungen der Atemwege einhergehen, so wie auch unsere Geschmacksknospen durch eine Erkältung beeinträchtigt werden.

GUTER GESCHMACKSSINN Als heikle Esser besitzen Katzen einen gut entwickelten Geschmackssinn, der allerdings nicht so weit gefächert ist wie der unsere.

DAS GEHÖR

Der zweitwichtigste Sinn der Katze ist das Gehör. Da sie für die Beweglichkeit der Ohrmuschel 30 Muskeln besitzt, während der Mensch nur sechs hat, kann sie zur Lokalisierung eines Geräusches die Ohren genau in die gewünschte Richtung drehen. Diese Drehung des Ohrs geht bei der Katze wesentlich schneller vor sich als beim Hund.

Das äußere Ohr erfüllt aber weit mehr Aufgaben, als nur wie ein Trichter Schallwellen zu sammeln und sie zum Trommelfell weiterzuleiten. Es besitzt nicht etwa die einfache Form eines runden viktorianischen Hörrohrs, sondern ist unregelmäßig und asymmetrisch. Diese Form bewirkt in Verbindung mit den Ohrbewegungen, dass die Geräusche in unterschiedlicher Qualität empfangen werden, so dass die Katze deren Quelle genau orten kann. Eine Katze besitzt die Fähigkeit, zwischen zwei in einem 5-Grad-Winkel voneinander entfernten Lauten mit einer Sicherheit von etwa 75 Prozent scharf zu unterscheiden.

Der Hörbereich

Sowohl die Katze als auch der Hund haben bei hohen Frequenzen ein viel feineres Gehör als wir. Eine Katze kann Töne wahrnehmen, die bis zu zwei Oktaven über der höchsten Note liegen, die wir hören können, und das ist eine halbe Oktave über der optimalen Aufnahmekapazität eines Hundes! Innerhalb des Hochfrequenzbereiches, in dem man erwartungsgemäß die von kleinen Beutetieren erzeugten hohen Töne antrifft, weist die Katze eine ganz besondere Sensibilität auf. Ihre Fähigkeit, zwischen Noten in diesen Frequenzen scharf zu unterscheiden, ist ausgezeichnet. Sie ist in der Lage, den Unterschied von einem Fünftel- bis zu einem Zehntelton zwischen zwei Noten herauszuhören. Zur genauen Auswertung der Geräusche durch das Ohr und das Gehirn werden sie verstärkt. Dabei spielen die im Katzenschädel gelegenen großen Paukenhöhlen eine wesentliche Rolle.

Die meisten Katzen lernen es ohne jedes Training, bestimmte, von menschlicher Stimme gesprochene Worte zu erkennen. Sie reagieren auf ihren Namen, den Ruf zum Füttern usw., aber ihr Vokabular wird nie so umfangreich, wie das bei Hunden der Fall sein kann.

PERFEKTER JÄGER Der aufmerksame Blick und die gespitzten Ohren eines Jägers, der auf seine scharfen Sinne angewiesen ist.

Gehörverlust

Wie bei den Menschen fordert das Alter auch bei den Katzen seinen Tribut. Ihre Sensibilität für hohe Töne verringert sich im Laufe der Jahre ziemlich rasch. Oft beginnt sie schon mit drei Jahren nachzulassen, und gewöhnlich zeigt sich im Alter von viereinhalb Jahren bereits ein deutlicher Gehörverlust.

Senilität und manche Krankheiten können zur völligen Taubheit einer Katze führen. Infek-

FRÜH ENTWICKELT Ein neugeborenes Kätzchen ist blind und fast taub. In diesem Stadium ist es vor allem auf seinen Tastsinn angewiesen.

tionen des Ohres und Verstopfungen durch Ohrenschmalz können im Allgemeinen durch eine unverzügliche tierärztliche Behandlung schnell beseitigt werden. Weiße Katzen, besonders solche mit blauen Augen, besitzen eine Veranlagung zur Taubheit, die durch eine Genmissbildung in ihrer Erbsubstanz ausgelöst wird, welche zu einer Verkümmerung des Innenohrs führt. Diese Art von Taubheit ist keiner Therapie zugänglich. Meist kommen Katzen mit ihrer Taubheit außerordentlich gut zurecht.

DAS TASTGEFÜHL

Der Tastsinn ist bei unseren kleinen Hausgenossen hoch entwickelt. Über die Funktion ihrer Schnurrhaare ist man sich allerdings noch nicht ganz im Klaren. Offensichtlich haben sie etwas mit dem Tastsinn zu tun, und wenn man sie entfernt, ist die Katze für einige Zeit deutlich beeinträchtigt. Es gibt keinen Beweis für die Annahme,

EMPFINDLICHE HAUT Da die Haut der Katze mit sehr vielen, auf Berührung empfindlich reagierenden Nerven ausgerüstet ist, ist ihr Tastsinn außergewöhnlich gut ausgeprägt.

dass die Schnurrhaare der Katze an jeder Seite so weit herausragen, wie es der maximalen Breite des Tieres entspricht, sodass es in der Lage ist, abzuschätzen, ob es durch eine Öffnung hindurchschlüpfen kann, ohne irgend etwas zu berühren oder ein verräterisches Geräusch zu verursachen, wenn es sich an seine Beute heranschleicht.

Aber in der Dunkelheit wirken die Schnurrhaare mit Sicherheit als ungeheuer sensible und schnell reagierende Antennen. Die Katze benutzt sie, um Dinge zu erkennen, die sie nicht deutlich sehen kann. Nach Ansicht einiger Wissenschaftler reagiert eine Katze mit der Geschwindigkeit und Präzision einer Mausefalle, wenn ihre Schnurrhaare im Dunkeln eine Maus berühren. Andere Wissenschaftler vermu-

ten, dass die Katze einige oder sogar sämtliche Schnurrhaare nach unten stellt, wenn sie nachts im Gelände herumstreift. Sicher ist, dass die kleine Wüstenspringmaus zwei ihrer Schnurrhaare auf diese Weise einsetzt – sie dienen dazu, Steine, Löcher oder andere Unebenheiten auf ihrem Weg auszukundschaften. Selbst bei hoher Geschwindigkeit kann die Wüstenspringmaus, ob sie nun gerade in der Luft oder auf dem Boden ist, Hindernissen aus dem Weg gehen, indem sie im Bruchteil einer Sekunde die Richtung wechselt. Es kann durchaus sein, dass Katzen ihre Schnurrhaare in ähnlicher Weise benutzen.

Das Verhalten bei Erdbeben

Nicht nur ihr Tastsinn ist hochentwickelt, Katzen reagieren auch sehr sensibel auf Vibrationen. Wie einige andere Tierarten können sie vor einem bevorstehenden Erdbeben warnen. Es gibt weit verbreitete Berichte über das seltsame Verhalten von Hauskatzen zehn bis fünfzehn Minuten vor den Katastrophen in Agadir, Skopje, Chile und Alaska in den 1960er-Jahren. Anscheinend können die Tiere schon die allerersten Beben registrieren, die für den Menschen noch nicht wahrzunehmen sind. Die Bauern, die an den Hängen des Ätna leben, halten Katzen als eine Art Frühwarnsystem. Wenn dort ein dösender Kater plötzlich aufspringt und ohne ersichtlichen Grund wie von der Tarantel gestochen zur Tür rast, folgen ihm die menschlichen Hausbewohner Hals über Kopf.

Diese Übersensibilität gegenüber Vibrationen hängt wahrscheinlich auch mit dem weitverbreiteten Glauben zusammen, dass Katzen außersinnliche Wahrnehmungen haben und »Schwingungen« aufnehmen können, die mit den üblichen fünf Sinnen nicht zu erfassen sind. Tatsächlich ist es unmöglich zu entscheiden, ob Katzen in dieser Weise »übersinnlich« veranlagt sind oder nicht, obwohl es andererseits leicht zu erraten ist, wie sie zu diesem Ruf gelangt sind.

Ihre besonders scharfen Sinne machen es der Katze möglich, auf Vorkommnisse zu reagieren, welche das relativ schwerfällige Gehirn des Menschen nicht wahrnimmt. Diese Tatsache spielte, zusammen mit dem unergründlich »wissenden« Blick der Katze, zweifellos eine große Rolle bei der Entstehung des Glaubens, dass sie über übernatürliche Fähigkeiten verfüge und mit fremden Mächten in Kontakt stehe, was viele noch heute glauben.

Ragdoll

Devon Rex

Zweifarbige Langhaarkatze in Schwarz und Weiß

Einfarbige rote Langhaarkatze

SCHNURRHAARE Die Schnurrhaare von Rassekatzen sind ein reines Zugeständnis an die Eitelkeit. Diese spezialisierten Haare haben dennoch auch eine Funktion. Sie steigern den Tastsinn der Katze, obwohl wir nicht genau wissen, auf welche Weise das vor sich geht.

Das Verhalten

*»Die Katze ging ihre eigenen Wege,
und alle Orte waren für sie gleich.«*
Rudyard Kipling

Die Katze ist nicht so gesellig wie ein Hund, und unter den wilden Katzen zeigt nur der Löwe eine größere Neigung, im Verband mit anderen Artgenossen zu leben. Dennoch sind Katzen keine völlig auf sich selbst bezogenen oder gar unsozialen Geschöpfe. Wohl sind sie stolz und zurückhaltend, aber sie besitzen auch die Fähigkeit, mit dem Menschen enge Freundschaft zu schließen. Das gilt nicht nur für die Hauskatze, sondern ebenso für einige ihrer wilden Verwandten wie etwa die Afrikanische Wildkatze. Tiger, Löwen, Leoparden und Panther, die im Zirkus aufgezogen wurden, hängen an ihren Trainern und Betreuern oft mit so viel offensichtlicher Zuneigung wie eine Siamesische Rassekatze. Katzen empfinden füreinander große Zuneigung und, allem Anschein nach, so etwas wie Liebe.

KATZENLIEBE
Katzen zeigen oft
große Zuneigung
zueinander.

DER SCHLAF

Der Alltag einer Katze ist mit den unterschiedlichsten Tätigkeiten ausgefüllt. Doch wie es sich für einen richtigen Jäger gehört, der seine Energie für kurze, plötzlich einsetzende Hochleistungen aufsparen muss, lieben Katzen Ruhe und Entspannung. Mit ihren nur wenige Minuten dauernden »Katzenschläfchen«, die sie immer wieder zwischendurch halten, kommen sie innerhalb von 24 Stunden auf etwa 16 Stunden Schlaf. Katzen sind die größten Schläfer unter den Säugetieren. Sie übertreffen sogar den ziemlich schläfrigen Großen Pandabären, der aber rund 14 Stunden am Tag aktiv ist. Wodurch das große Schlafbedürfnis der Katze bedingt ist, weiß man nicht.

Man muss nicht besonders betonen, dass Katzen ihr Schläfchen genießen und Meister darin sind, den wärmsten und geschütztesten Platz im Garten oder den kuscheligsten Winkel im Haus ausfindig zu machen.

Während sie schlafen, arbeitet ihr Gehirn weiter und registriert und analysiert Reize aus der Umgebung. Im Tiefschlaf bleibt das Gehirn überraschenderweise ebenso aktiv wie im Wachzustand, und die Sinne forschen weiter nach den ersten Anzeichen von Gefahr. Beim ersten Warnsignal weckt das stets alarmbereite Nervensystem der Katze augenblicklich die Muskeln des Körpers. Man hat Versuche angestellt, bei denen jeder äußere Reiz völlig ausgeschaltet und die Katze in einen verdunkelten, schalldichten und geruchsfreien Raum gesteckt wurde. Bei der Aufzeichnung ihrer Hirnstromwellen stellte man dann fest, dass die geistige Tätigkeit allmählich nachließ und bis auf ein Minimum zur reinen Erhaltung der Körperfunktionen absank. Spontane Denkprozesse laufen offensichtlich nicht ab. Wenn die Katze so da liegt, verfasst sie also keine Gedichte, schwelgt nicht in der Erinnerung an vergangene Festmahlzeiten und denkt auch nicht an das junge Katzenweibchen aus dem Nebenhaus. Beim Menschen hingegen lassen sich unter den gleichen Bedingungen völlig andere Resultate nachweisen. Nach zunächst spontanen Gedankengängen beginnt er schließlich an Halluzinationen und anderen geistigen Verirrungen zu leiden.

Das Schlafmuster der Katzen umfasst, wie das unsere auch, Tiefschlaf- und Leichtschlafperioden, wobei der Anteil des Leichtschlafes 70 Pro-

FAMILIENBANDE Obwohl sie nicht so gesellig ist wie der Hund, entwickelt die Katze enge und liebevolle Beziehungen zu Menschen.

zent und der des Tiefschlafes 30 Prozent beträgt. Die Phasen wechseln sich ab. Die Traumfähigkeit findet nachweislich während der Tiefschlafphasen statt. Ihre Katze träumt dann, wenn sich, wie bei Hunden auch, Pfoten und Krallen bewegen, wenn Schnurrhaare und Ohren zucken. Manchmal gibt sie dabei auch deutliche Geräusche von sich.

DER JAGDINSTINKT

Die Katze ist zwar ihrer Natur nach ein Fleisch fressendes Raubtier, aber nicht unbedingt ein geborener Jäger. Ihr Jagdtrieb wird erst durch Wettbewerb und praktische Beispiele geweckt und geschärft, die Geschicklichkeit wird durch Beobachtung und wiederholte Versuche erworben. Katzen sind nicht etwa von Geburt an gute

IMMER SCHLÄFRIG Natürlich sind Katzen Experten in »Katzenschläfchen«.

KATZENANGRIFF Genau wie ein Tiger führt die domestizierte Katze die einzelnen Phasen der felinen Jagd aus: Schleichlauf, Frontalangriff und Sprung.

Vogelfänger, tatsächlich sind sie, bevor sie sich nicht gründlich immer wieder in dieser Kunst geübt haben, ausgesprochene Stümper.

Der Unterricht durch die Mutter und durch andere Katzen ist von großer Bedeutung – ein guter Lehrer hat auch einen guten Schüler. Der Nachwuchs einer nicht jagenden Katze wird sich selten zu guten Jägern entwickeln. Da mag auch ein genetischer Faktor mitspielen. Ursprünglich hat die Katze ihre Jagdtechnik von ihren im Wald lebenden Vorfahren ererbt, für die das Lauern im Hinterhalt lohnender war als die aktive Jagd.

JAGDTECHNIK

Wenn die Katze mit Hilfe ihrer Sinne ein geeignetes Opfer ausgemacht hat, beginnt sie, sich ihm langsam und vorsichtig zu nähern, wobei sie jede noch so winzige Deckung ausnutzt. Wenn sie eine ungeschützte, offene Fläche überqueren muss, rast sie schnell vorwärts, im so genannten »Schleichlauf«, wobei sie den Körper tief am Boden hält, um dessen Umriss zu verkleinern. Der Schleichlauf wird durch Pausen unterbrochen, in denen die Katze innehält und das Opfer aufmerksam beobachtet.

Nach mehreren Anläufen und Pausen erreicht die Katze dann eine gedeckte Stelle in unmittelbarer Nähe der Beute, von der aus der letzte Angriff über eine relativ geringe Entfernung gestartet werden kann. Hier liegt sie dann auf der Lauer: zusammengekauert, die Augen auf die Beute gerichtet, vollführt sie mit den Hinterfüßen tretende Bewegungen im Leerlauf, als ob sie schon Anlauf nähme, und die Schwanzspitze zuckt in fieberhafter Erwartung.

Plötzlich wird der Frontalangriff gestartet. Die Katze durchbricht die Deckung und schießt vorwärts, wobei sie den Körper immer noch ziemlich nah am Boden hält. Sobald sie nahe genug herangekommen ist, richtet sie sich auf und springt auf das Beutetier. Während die Vorderpfoten das Opfer festhalten, steht sie mit den Hinterbeinen fest auf dem Boden.

DAS TÖTEN

Jetzt wird das Opfer getötet. Wenn es anfängt, Widerstand zu leisten, lässt die Katze es manchmal kurz los und wiederholt dann den Frontalangriff, um es besser in den Griff zu bekommen. Sie kann sich aber auch auf die Seite werfen, wobei sie das Beutetier mit den Vorderpfoten festhält, die Hinterpfoten aber vom Boden löst, damit sie sich mit ausgefahrenen Krallen heftig in das Opfer schlagen können.

Der Tötungsbiss einer Katze ist gekonnt – bei der gestreiften Hauskatze ebenso wie beim Tiger im Dschungel. Alle Katzenarten töten ihre Beute meist durch einen Nackenbiss, wobei das Rückenmark durch eine Verrenkung der Halswirbel durchtrennt wird.

Faszinierend ist, dass der Abstand zwischen dem rechten und linken Fangzahn der Katze genauso groß ist wie der Abstand zwischen den Halswirbeln ihrer üblichen Beutetiere. Die Fangzähne einer Hauskatze sind so angeordnet, dass sie einer Maus das Genick mit einem Biss durchtrennen kann, wie auch das Gebiss des Tigers so konstruiert ist, dass er mit seiner Lieblingsbeute Hirsch und Wildschwein genauso verfahren kann.

Die Fangzähne der Katze sind mit speziellen Nerven verbunden, die in Sekundenbruchteilen spüren, ob die Zahnspitzen die perfekte Position über dem Nacken der Beute erreicht haben. Diese Nerven senden dann extrem schnelle Botschaften an das Gehirn, das umgehend antwortet und den Kiefermuskeln den Befehl zum blitzschnellen Schließen gibt, wodurch das Genick durchtrennt wird. Der Nackenbiss einer Katze läuft wie ein brillanter »computergesteuerter« Prozess ab.

WILDKATZE IN KLEINFORMAT Selbst beim Spiel steckt noch viel vom Luchs und Leopard in unserer Hauskatze.

FRÜH ÜBT SICH Dieses heranwachsende Kätzchen fängt an, seine Geschicklichkeit als Jäger an einem Spielzeug zu erproben.

DAS ERLERNEN DER JAGD

Hauskatzenmütter bringen ihren Jungen in mehreren Unterrichtsschritten bei, wie sie ihre Tötungstechnik vervollkommnen können. Zuerst bringt das Weibchen Beutetiere nach Hause, die es bereits getötet hat, und verspeist sie in Gegenwart ihres Nachwuchses. Etwas später dürfen dann die Kätzchen die schon getötete Beute auffressen, und schließlich, wenn sie etwa zweieinhalb Monate alt sind, schleppt sie lebende Beute heran, zeigt sie ihren Jungen und überlässt es ihnen, jene zu töten. Dabei hilft sie ihnen nicht, nur wenn das Beutetier entkommt, fängt sie es ein und bringt es zurück, damit die Jungen es noch einmal versuchen können. Ein ähnliches Verhalten wurde auch bei Geparden und Tigern beobachtet.

Die Kätzchen werden durch den Wettbewerb, der unter den Wurfgeschwistern herrscht und der ihre Erregung und ihren Enthusiasmus steigert, zum ersten tödlichen Nackenbiss angeregt. Der Lernprozess ist schwierig, und wenn die Katze während der Entwicklungszeit keine praktischen Erfahrungen im Beutemachen gesammelt hat, ist es später für sie schwer, wenn nicht unmöglich, das nachzuholen. Ein mit der Hand aufgezogenes Kätzchen, das während seiner Entwicklung nicht rechtzeitig Gelegenheit zum Töten bekommt, wird niemals ein richtiger Killer werden und wenig Interesse an Mäusen oder anderen kleinen Beutetieren zeigen.

Hauskatzen schlagen nach allem, was sich bewegt, die Jagd selbst aber gilt kleinen Lebewesen wie Mäusen, Vögeln und – nicht zu vergessen – Haustieren wie Hamstern.

Ich weiß nicht, ob die Geschichte von dem rötlichgelben Kater, der einen winzigen Chihuahua, der im Nebenhaus lebte, jagte, tötete und auffraß, frei erfunden ist oder nicht.

Es stimmt jedoch sicher nicht, wenn behauptet wird, Katzen seien bessere Jäger, wenn man sie hungern lässt, oder kastrierte Tiere wären schlechtere Mäusefänger als unkastrierte. Kräftige, wohlgenährte Katzen sind oft die besten Wächter für Kornspeicher und Lebensmittelgeschäfte. Was Katzen zu einem guten oder eher mittelmäßigen Mäusefänger, oder einen Menschen zu einem Spitzensportler macht, ist ein angeborenes und wahrscheinlich ererbtes Talent. Die Hauskatze jagt aus Instinkt, nur um des Jagens willen, im Gegensatz zu den größeren Wildkatzen, die nur jagen, um ihren Magen zu füllen.

DER UMGANG MIT EINER JAGENDEN KATZE

Der erfolgreiche Jäger trägt seine Beute stolz nach Hause, und Katzen bilden da keine Ausnahme. Überfließend vor Zufriedenheit, legt sie uns eine tote Maus oder ein junges Kaninchen vor die Tür oder deponiert sie zu unseren Füßen auf den Teppich. Schelten Sie nicht und versuchen Sie nicht, Ihre Katze zu bestrafen, sie zeigt nur ihre Zuneigung gegenüber einem »Familienmitglied«, indem sie ihm ein Geschenk bringt! Bei Wildkatzen ist das eine soziale Handlung, Sie sollten sich durch diese große Anerkennung geehrt fühlen. Versuchen Sie, sich des Geschenks so rasch und hygienisch wie möglich zu entledigen – obwohl es für Ihre Katze nur schwer zu verstehen sein wird, weshalb Sie, den Mäuseschwanz zwischen Zeigefinger und Daumen, zur Mülltonne eilen, anstatt sich hinzusetzen und das Tier zu essen!

Katzen, die durch Übung lernen, Wildvögel zu fangen, können unter den gefiederten Gästen des Gartens schrecklich wüten. Füttern Sie die Vögel an freien Stellen, wo die Katze keine Deckung findet, um sich anzupirschen. Es kann sinnvoll sein, am Halsband der Katze ein Glöckchen zu befestigen, als Warnung für die Vögel, aber ich kenne Katzen, die es fertig bringen, trotzdem weiter Vögel zu fangen. Es gab da eine, die auf drei Beinen losrannte und mit einer Vorderpfote das Glöckchen fest gegen ihre Kehle presste, damit es nicht anschlug.

Hingegen besteht kein Grund zur Beunruhigung, wenn Ihre Katze darauf besteht, Fliegen zu fangen und zu fressen. Das ist nur eine andere Form der Jagd und führt nicht dazu, wie manchmal behauptet wird, dass »Ihre Katze abmagert«. Fliegen können zwar Krankheitserreger und Parasiteneier übertragen, aber die Gefahr ist relativ gering; man braucht sich deshalb nicht zu beunruhigen.

Hauskatzen entwickeln eine große Geschicklichkeit darin, Fische aus flachen Becken zu angeln, wie ich und mein Goldfisch aus eigener bitterer Erfahrung wissen. Einige wildere Arten wie die Fischkatze, die Flachkopfkatze und der Jaguar sind noch weit bessere Fischräuber. Großkatzen wie Löwe und Tiger neigen dazu, ihre Mahlzeit im Liegen zu verzehren, wobei sie sich über die Beute werfen, wahrscheinlich um das Futter vor anderen Räubern zu verstecken, während die domestizierte Katze es vorzieht, dabei manierlich auf dem Hinterteil zu sitzen oder zu stehen.

Frei lebende Hauskatzen, die wieder verwildert sind, bevorzugen eine Nahrung, die derjenigen ihrer Verwandten, der kleinen Wildkatzen, ähnlich ist: kleine Nagetiere, andere Säugetiere bis zur Größe eines Hasen, Vögel bis zur Größe einer Henne, Insekten und, falls erreichbar, Eidechsen.

DAS SPIELEN

Das Spiel ist eine sehr wichtige Betätigung der Katze! Wildkatzen spielen mit ebenso großer Begeisterung wie ihre zahmen Verwandten. Da der Spieltrieb besonders bei Tierarten ausgeprägt ist, deren Junge eine relativ lange Periode der »Kindheit« durchlaufen, gehören Fleischfresser, einschließlich der Katzen, zu den spielfreudigsten Säugetieren. Natürlich spielen die jungen Tiere mehr als die erwachsenen. Es ist unmöglich, die rein spielerische Aktivität, eine Verhaltensform, die einzig und allein der Erholung dient, genau abzugrenzen. Denn zum Katzenspiel gehören natürlich alle Elemente der Generalprobe für die ernst zu nehmenden Fertigkeiten und Verhaltensmuster der Jagd, des Tötens, Kämpfens und Fliehens. Wenn Kätzchen einander jagen, wechseln die Rollen des Verfolgers und des Verfolgten häufig,

JAGDFIEBER Diese Katze, die mit ihrer Trophäe heimkommt, liebt die Jagd um der Jagd willen.

wesentlich schwerere Beute mit den Vorderpranken zu umklammern, sie mit den Hinterfüßen zu bearbeiten und sich mit ihrem Opfer zu überschlagen, ohne es loszulassen. Noch treffender (im wahrsten Sinne des Wortes) ist die Art und Weise, wie Gepardenjungen den typischen Prankenschlag aneinander erproben, mit dem sie später eine Thomsonsche Gazelle schlagen werden.

DER NUTZEN DES SPIELS

Im Spiel erfahren die Jungkatzen durch Übung, Übung und nochmals Übung ihre Außenwelt und deren physikalische Gesetze. Spielerisch lernen sie, wie sie einen Schlag rechtzeitig ansetzen, wie weit sie springen müssen, um auf einem Objekt zu landen, das sich bewegt, wie schnell sie laufen müssen, um ihre Beute zu fangen, und andere nützliche Lektionen dieser Art.

SPIEL UND KAMPF Diese Hauskätzchen, die ihre uralten »Kunststücke« üben, erinnern an zwei junge Löwen beim Ritualkampf.

wobei die Jungen alles Wesentliche für das Leben eines Räubers lernen. Wenn keine Beute erreichbar ist, muss irgendjemand die Rolle der Maus spielen – ebenso wie es bei Kinderspielen wie Räuber und Gendarm oder Cowboy und Indianer geschieht.

Obwohl es beim Spielen sehr heftig und erregt zugehen kann, geht der entscheidende Spielcharakter nie verloren – Bisse und Kratzer werden niemals mit voller Kraft ausgeführt, und es kommt nur sehr selten zu Verletzungen. Da die Endstufe der richtigen Jagd, das Töten, beim Spiel der Kätzchen nicht erreicht wird, werden die verschiedenen Vorphasen des Tötens, das Jagen und Kämpfen, meist endlos wiederholt, wobei ein Tier in rascher Folge die Rolle des Angreifers oder Verteidigers, des Konkurrenten oder der Beute übernimmt.

Niemals jedoch sind bei einem der Mitspieler irgendwelche Anzeichen von Furcht oder Beunruhigung zu erkennen. Tatsächlich ist das ausgelassene Übertreiben vieler Bewegungen ein wichtiges Merkmal des Katzenspiels. Man muss einfach zu dem Schluss zu kommen, dass die Tiere hier nicht nur etwas lernen, sondern auch wirklich Freude und Spaß an ihrem »Sport« haben.

Das Spiel dient sozusagen als Ausgleich, wenn die Katze aus dem einen oder anderen Grund nicht jagen kann.

Deshalb spielt sie manchmal einige Zeit lang »grausam« mit einem lebenden Beutetier, bevor sie es tötet. In der freien Natur jagen Katzen häufig und töten nur manchmal, während für Haustiere das Futter (die erlegte Beute) stets gesichert ist, Gelegenheiten zur Jagd aber Seltenheitswert haben. Deshalb zieht die Katze, wenn ihr doch einmal ein geeignetes Opfer in den Weg kommt, die Jagdphase in die Länge, um einen uralten Trieb und ein angeborenes Jagdverhalten zu befriedigen.

Die Jungen einiger Katzenarten erproben im Spiel gewisse Besonderheiten des Verhaltens im Erwachsenenalter, die für ihre Art typisch sind. Der Nachwuchs der Schwarzfußkatze und des Leoparden z.B. schlägt beim Spielen gerne Purzelbäume. Auf diese Weise erlernen sie die für relativ leichtgewichtige Raubtiere wichtige Technik, ihre

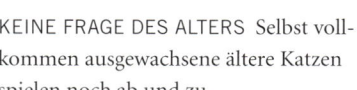

KEINE FRAGE DES ALTERS Selbst vollkommen ausgewachsene ältere Katzen spielen noch ab und zu.

Für erwachsene Hauskatzen – und für im Zoo gehaltene Wildkatzen – ist das Spiel ein willkommener Ausgleich für fehlende Jagdmöglichkeiten und kann durchaus ihre Zufriedenheit und ihr Interesse am Leben steigern. Da diesen Katzentieren regelmäßig Futter zur Verfügung steht, ohne dass für sie die Notwendigkeit einer aufregenden (und in der freien Natur oft erfolglosen) Jagd besteht, äußert sich ihr starker Jagdinstinkt statt dessen in Form des Spiels. Dieses Spielen steigert mit Sicherheit den Appetit des Tieres, und ein sonst eher einförmiges und langweiliges Mahl macht ihm mehr Spaß.

Daraus lässt sich der Schluss ziehen, dass Sie regelmäßig mit Ihrer Katze spielen sollten. Denn das Spiel der Hauskatze ist nicht nur eine Demonstration von Jagdritualen, sondern dient auch dem körperlichen Training und der Ertüchtigung der heranwachsenden Katze.

LERNEN DURCH SPIEL Dieses Kätzchen vollführt einen Scheinangriff – ganz ähnlich wie ein ausgewachsener Tiger in Wirklichkeit.

Intelligenz und Verständigung

Eine Katze ist ein sehr intelligentes Geschöpf – wie es für einen einsamen, auf sich selbst gestellten Jäger auch erforderlich ist.

OPTISCHE TÄUSCHUNG Ebenso wie das menschliche Auge und Gehirn kann auch das der Katze durch perspektivische Tricks getäuscht werden. Dieses kleine Kätzchen sitzt auf einer Glasscheibe, die aufgrund einer Zeichnung, die darunter liegt, wie eine Tischecke wirkt. Es schaut nach unten und bleibt vorsichtig zögernd an der scheinbaren Kante stehen.

Sie muss lernen zu planen, Probleme zu lösen und flexibel zu sein. Es ist reine Zeitvergeudung, den Intelligenzgrad der verschiedenen Tierarten im Vergleich zu diskutieren. Zwar wird es oft versucht, aber welchen Maßstab sollte man an das, was wir »Intelligenz« nennen, anlegen? Es ist bekannt, dass kulturelle Unterschiede sogar die Ergebnisse von »Intelligenztests« zwischen den verschiedenen Gruppen oder Rassen einer einzigen Spezies, des *Homo sapiens*, verzerren. Und nur mit dieser Spezies können wir uns wirklich mit Hilfe der uns gemeinsamen Sprache verständigen!

Eine unvollkommene, aber zumindest objektive Methode besteht darin, das Gewicht des Gehirns mit der Länge der Nervenstränge des Rückenmarks in Relation zu setzen. Damit erfährt man das Verhältnis, in dem die Gehirnmasse zur Körpermasse steht. Beim Menschen beträgt die Relation 50:1, bei einem kleineren Affen 18:1 und bei der Katze 4:1. Aber gibt uns das die Berechtigung zu sagen, dass ein Mensch mehr als zehnmal so intelligent ist wie eine Katze?

LERNEN UND GEDÄCHTNIS

Katzen lernen gut, und für viele Aktivitäten des Lebens ist das Lernen wichtiger als der Instinkt. Das Jagen etwa ist keine Instinkthandlung, sondern wird bei einem Wurf Jungkatzen durch Beobachtung erlernt. Dabei fungiert entweder die Katzenmutter oder ein menschlicher Gefährte als Lehrer.

Diese Lernfähigkeit ermöglicht es z.B. auch, Katzen zu dressieren. Man kann ihnen Kunststückchen beibringen, obwohl sie auf Zwang nicht gut reagieren (auch wenn die Großkatzen im Zirkus früher durch unverantwortlich grausame Methoden »gezähmt« wurden). Leichter lassen sie sich mit Hilfe von Belohnungen dressieren, aber selbst dann zeigen Katzen nicht die gleiche Bereitwilligkeit wie Hunde. Auch wenn man sie noch so reichlich in Form von wohlschmeckenden Leckerbissen belohnt, werden sie nur dann mitarbeiten, wenn sie Lust dazu haben. Katzen sind nicht bestechlich, das gehört zu ihrem eigenwilligen Charakter.

Das Gedächtnis der Katze ist gut entwickelt, und die meisten Hauskatzen lernen nützliche Dinge wie etwa an die Fensterscheibe zu klopfen, um eingelassen zu werden, eine Tür durch einen

GUT AUFGEPASST Diese Katze hat bereits so viel gelernt, dass sie weiß, wo Beute zu finden und wie sie zu fangen ist.

Sprung auf die Klinke zu öffnen, den Weg nach Hause zu finden oder zu kommen, wenn eine vertraute Stimme nach ihnen ruft.

Im Wesentlichen leben Katzen nur für sich. Sie besitzen keine »Arbeitsmoral« wie einige Hunde, Nagetiere und Vögel, und sie strengen sich nur an, um ein bestimmtes Ziel erreichen,

z.B. um an Futter zu gelangen. Ansonsten haben sie eine eher aristokratische Einstellung zum Leben und lernen es früh, nur dann Energie aufzuwenden, wenn es nötig ist.

DER SECHSTE SINN

Besitzen Katzen wirklich einen sechsten Sinn? Das ist oft behauptet worden. Gewiss, es liegt etwas Geheimnisvolles in der Persönlichkeit und im Verhalten der Katzen. Wissen Katzen vielleicht Dinge, die uns verborgen sind, spüren sie Dinge, die wir nicht wahrnehmen?

Ich glaube, dass die natürlichen Sinne der Katze besonders gut funktionieren und Dinge feststellen können, die uns entgehen. Falls eine Katze plötzlich das Fell sträubt, wenn Sie allein mit ihr im Haus sind, bedeutet das nicht, dass sie ein Gespenst gesehen hat, sondern sie reagiert auf Geräusche und Vibrationen, die wir nicht wahrnehmen. Diese Fähigkeit entwickelte sich in erster Linie als Mittel zum Überleben und diente als Frühwarnsystem. Die Umwelt teilt der hochsensiblen Katze infolgedessen weit mehr mit als weniger gut ausgestatteten Geschöpfen, wie wir es sind.

SOZIALVERHALTEN

Obwohl Katzen allein auf die Jagd gehen, sind sie nicht ungesellig. Tatsächlich unterhalten sie vielschichtige soziale Beziehungen zu ihresgleichen. Ferner gibt es eine komplexe Katzengesellschaft, die – im Falle der Hauskatze – zur Infrastruktur der menschlichen Zivilisation gehört.

Es mag zwar unglaublich klingen, aber die Katze kann sich mit ihren Gefährten auf mehrere Arten verständigen, wie auf der gegenüberliegenden Seite zu sehen ist. Die vier wichtigsten Kommunikationsweisen sind dabei:

- **Lautäußerungen:** Das Repertoire der Katze besteht aus kläglichem Maunzen, verführerischem Schnurren, zornigem Schreien und wütendem Fauchen.
- **Körpersprache:** Die verschiedenen Ausdrucksmöglichkeiten des Gesichtes werden verstärkt durch die Fellzeichnung. Körperhaltung und Schwanzstellung werden gleichfalls durch die Fellzeichnung unterstrichen.
- **Berührungen:** Katzen verständigen sich untereinander durch Nasenkontakt, Aneinanderreiben der Körper und gegenseitige Fellpflege.

LAUTÄUSSERUNGEN Dieses kleine Kätzchen will sagen, dass ihm zu wenig Beachtung geschenkt wird. Manche Katzen bringen ihr Verlangen »höflicher« zum Ausdruck als andere.

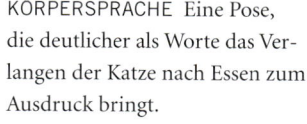

KÖRPERSPRACHE Eine Pose, die deutlicher als Worte das Verlangen der Katze nach Essen zum Ausdruck bringt.

ANEINANDERREIBEN Eine der reizvollsten Methoden der Katzenverständigung ist das sinnliche Aneinanderreiben der Körper, das Liebe und Zuneigung anzeigt.

FREUND ODER FEIND? Der Geruchssinn ist nur einer der Sinne, die angesprochen werden, wenn sich zwei Katzen begegnen. Bei der schwierigen Entscheidung, ob eine neue Bekanntschaft freundlich gesinnt ist oder nicht, benutzt die Katze alle Methoden, die ihr zur Beurteilung zur Verfügung stehen.

EINE KATZE IN VERTEIDIGUNGSHALTUNG Die Katze steht mit gekrümmtem Rücken da und dreht ihren Körper mit der Breitseite meistens dem Angreifer zu. Die Pupillen sind weit geöffnet, die Ohren flach an den Kopf angelegt, der Mund steht offen und lässt die Zähne sehen, das Rückenfell ist gesträubt und der ebenfalls gesträubte Schwanz nach unten gebogen. Die Katze gibt fauchende, zischende Laute von sich.

EINE AGGRESSIVE KATZE Das Tier ist kampfbereit; das signalisieren die gespitzten Ohren, der nach unten gekrümmte Rücken, die zum Schlitz zusammengezogenen Pupillen, die nach vorn gesträubten Schnurrhaare, der aufgerissene Mund mit den zurückgezogenen Lippen und entblößten Zähnen und der leicht aufgeplusterte, nach unten gesenkte und hin und her peitschende Schwanz. Das Fell liegt glatt an, und die Katze gibt knurrende und fauchende Laute von sich.

EINE UNTERWÜRFIGE KATZE Dieses Tier, das mit Sicherheit nicht kampfeslustig ist, zeigt seine Ergebenheit und seine friedlichen Absichten durch seine Haltung an. Es duckt sich eng an den Boden, die Pupillen sind erweitert, die Schnurrhaare und Ohren angelegt. Der Mund kann geöffnet und stumm sein, oder er ist halb geöffnet, und die Katze gibt Mitleid erregende Angstlaute von sich. Das Körperfell ist flach angelegt, und der Schwanz pocht auf den Boden.

- **Geruch:** Mit ihren empfindlichen Nasen können sie andere Katzen durch deren Geruch identifizieren, indem sie am Kopf oder unter dem Schwanz schnuppern, wo sich Duftdrüsen befinden. Sie markieren außerdem ihr Revier mit Duftmarken. Schauen Sie auf Ihren Stadtplan. Er zeigt das Gefüge unserer zivilisierten Gesellschaft – einfache Häuser, große Gebäude, Versammlungsorte, öffentliche Plätze und ein Netzwerk von Straßen. Dieses System hat auch Geltung für die Gesellschaft der Katzen in der Stadt, die unauffällig die von Menschen geschaffenen geographischen Gegebenheiten mitbenutzen. Auch die »Katzenbürger« haben das Gebiet

REVIERKAMPF Bei dieser spannungsgeladenen Begegnung geht es um den Baumstamm, der ganz eindeutig zum Territorium beider Katzen gehört.

KAMPFSPUREN Er mag zwar ein »Topkater« sein, aber sein übel zugerichteter Kopf trägt die Spuren seiner ständigen Kämpfe um die Vorherrschaft.

nach verschiedenen Zwecken aufgeteilt, und ihre Gesellschaft besteht ebenso wie unsere aus verschiedenen Schichten: Topkatzen wohnen in den vornehmen Katzengegenden, proletarische Miezen in anderen.

Wenn Sie Ihre Katze nicht ausschließlich im Haus halten, gehört auch sie zu der Katzengemeinschaft in Ihrer Nachbarschaft und nimmt in der Hierarchie einen bestimmten, wenn auch nicht unbedingt unveränderlichen Rang ein. Sie muss sich, wie alle anderen Mitglieder der Gemeinschaft, an Regeln und Rituale halten, die genau festgelegt sind. Alle Katzen in der Nachbarschaft kennen sich und ihre Rangordnung in der Gemeinschaft. Einem Neuling werden nur dann eine Position und ein Territorium zugestanden, wenn er sich diese tatsächlich erkämpft hat.

DIE HIERARCHIE DER KATZEN

Die Katzengesellschaft ist im Wesentlichen auf der Basis des Matriarchats organisiert. Das unkastrierte Katzenweibchen mit den meisten Jungen rangiert an der Spitze der Hackordnung. Wird es kastriert, sinkt sein sozialer Status. Männchen nehmen nach Machomanier ihren Platz ein – Muskelkraft ersetzt den Verstand. Die bissigsten, rauflustigsten Kater streiten um Macht und Ansehen. Der Kampferfolg bestimmt die gesellschaftliche Stellung eines Katers. Die Organisation ist festgefügt, und nur gelegentlich verliert eine Katze ihren Platz in der Rangordnung an einen Emporkömmling.

Im Gegensatz zu Affen, Hirschen oder Robben legen sich dominante Kater nicht unbedingt einen großen Harem zu. Die Weibchen scheinen sehr »kultiviert« zu sein und erhören nicht automatisch den alle anderen aus dem Felde schlagenden Rowdy. Oft ziehen sie Kater vor, die in der Pyramide der Macht eine niedrige Stellung einnehmen – nach Art der Lady Chatterley! Interessant ist, dass Topkater immer das größte Territorium beherrschen, und es sieht so aus, als ob in der Katzengesellschaft eher »Grundbesitz« als Sex der Schlüssel zu einem hohen sozialen Ansehen ist – so wie früher beim Landadel.

Kastrierte Kater rangieren immer am untersten Ende der sozialen Stufenleiter. Ein intakter Kater verliert seine Stellung innerhalb der Hierarchie, sobald er kastriert worden ist. Nach der Operation sinkt der Hormonspiegel des Testosterons im Blut, und der scharfe männliche Geruch seines Urins schwindet. Im Laufe dieses Prozesses sinkt er Stufe für Stufe im Sozialgefüge.

Nicht, dass kastrierte Kater nicht kämpfen könnten, doch sie büßen oft ihre Kampfeslust ein. Für seine Artgenossen ist der schwächer werdende Geruch des kastrierten

Katers ein deutliches Signal, das vermutlich als Weichlichkeit interpretiert wird. In einer Welt von Mafiosi-Katern muss man den richtigen Geruch haben, wenn man dazugehören will.

REVIERANSPRÜCHE

Katzen sind revierbewusst – sie »besitzen« Territorien. Selbst eine Katze, die nur im Haus lebt, hat ihr Revier – eine bestimmte Ecke im Zimmer oder einen Lieblingsstuhl. Wenn mehrere Katzen in einem Haushalt leben, nehmen die territorialen Rechte allmählich ab, bis alle Katzen gemeinsam das Haus oder die Wohnung besitzen und abwechselnd gegen andere Katzen verteidigen.

Draußen besitzen alle Katzen, gleichgültig wie niedrig ihr Rang in der Gemeinschaft auch sein mag, ein eigenes Territorium. Weibchen und kastrierte Kater haben nur ziemlich kleine Gebiete, die sie aber energischer verteidigen als

RANGORDNUNG Dieser Schlag gegen den Unterkiefer ist der Eröffnungszug in einem Kampf um die Entscheidung, welche Katze in der »Hackordnung« überlegen ist.

KRATZEN Viele Katzenarten, einschließlich der Hauskatze und des
Tigers, markieren ihr Territorium
auch durch Kratzen.

MARKIEREN Diese Katze markiert einen Baumstamm mit Urin. Solch eine »Visitenkarte« kann
gelegentlich auch an Möbeln oder (zu seiner großen
Verlegenheit) selbst am Bein des Besitzers hinterlassen werden.

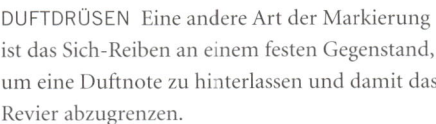

DUFTDRÜSEN Eine andere Art der Markierung
ist das Sich-Reiben an einem festen Gegenstand,
um eine Duftnote zu hinterlassen und damit das
Revier abzugrenzen.

irgendein Kater-Grande mit ausgedehntem
Revier. Das Problem für Topkater besteht darin,
dass die großen Reviere, die sie besitzen, nur
schwer rund um die Uhr zu verteidigen sind,
besonders wenn sie gerade ein Nickerchen
machen. Ein dominanter Kater auf dem Lande,
mit geringer Katzenpopulation, kann 20 oder
mehr Hektar beherrschen, während sein
Territorium in der Großstadt vielleicht nicht
größer als ein Hinterhof wäre. Innerhalb ihres
»Besitzes« hat die Katze, wie ein menschlicher
Grundeigentümer, bestimmte Lieblingsplätze
zum Sonnenbaden, zum Schlafen oder zum
Ausschauhalten.

Das Territorium wird im Wesentlichen auf
dreierlei Art als Besitz gekennzeichnet. Die Katze
kann die Grenzen mit Urin bespritzen. Mit der
zweiten Methode, dem Kratzen, hinterlässt die
Katze sichtbare und süß duftende Markierungen.
Eine dritte Möglichkeit, das Territorium zu markieren, besteht darin, den Kopf an einem festen
Gegenstand zu reiben, wobei der Duft von in der
Haut sitzenden Talgdrüsen übertragen wird.

Wenn Sie umziehen, können Sie Ihrer Katze
helfen, sich in ihrem neuen Gebiet einzugewöh-
nen, indem Sie andere Katzen verjagen und
Kämpfe unterbrechen. Die »Einheimischen«
werden dann bald das Terrain aufgeben, das
nach Meinung der Katzengesellschaft dem
sozialen Rang ihrer Katze entspricht.

ÖFFENTLICHE TERRITORIEN

Außerhalb der privaten Territorien wird das
Gebiet wie eine »Kommune« verwaltet und eingeteilt. Es gibt Jagdgebiete, Treffpunkte und
Niemandsland; das letztere betrifft häufig
Plätze, die gern von Hunden benutzt werden.
Außerdem existiert ein Netzwerk von Fuß-
wegen und Straßen, die alle diese Gebiete miteinander verbinden und an privaten Revieren
entlang führen. Einige davon sind Gemein-
schaftseigentum, andere Fußpfade sind besonderen Katzen vorbehalten. Manche dürfen zu
bestimmten Tagesstunden von der Katze A
benutzt werden und zu anderen Zeiten von den
Katzen B, C usw. Dieses System hilft, Konflikte
zu vermeiden. Auf »Hauptstraßen« herrschen
eigene Verkehrsregeln. So besitzt z.B. jede
Katze, die auf so einem Weg entlanggeht, automatisch und ohne Widerspruch das »Vorfahrts-
recht« vor jeder anderen Katze, die von einem
Seitenweg kommt, und zwar unabhängig vom
sozialen Rang.

Treffpunkte werden von den »Katzenklubs«
benutzt, es gibt kein passenderes Wort dafür.
Dort versammeln sich Kater und Weibchen von
Zeit zu Zeit und hocken, ein bis sechs Meter
voneinander entfernt, friedlich beisammen. Bei
diesen Treffen kann es zwar auch zur Paarung
mit einem Weibchen kommen, das gerade rollig
ist, normalerweise haben diese Versammlungen

aber keine sexuelle Komponente. Warum sich
Katzen auf diese Weise versammeln, wissen wir
nicht. Es scheint sich jedoch um einen wichtigen Teil ihres gesellschaftlichen Lebens zu handeln. Katzenklubs gehören zu den Dingen, die
im Leben einer Katze fehlen, die ständig im
Haus gehalten wird.

FRIEDLICHE KATZENVERSAMMLUNG Hier eine
Gruppe wild lebender Katzen in ihrem »Klubraum«.
Für diese meist friedlich verlaufenden Treffen haben
die Biologen keine Erklärung.

Die Rassen

Die blaublütige Zuchtkatze ist zwar ein Mitglied der Aristokratie, ihr Stammbaum reicht allerdings kaum mehr als 100 Jahre zurück, und ihre Ahnen waren noch allesamt von niederer Herkunft. Weltweit sind über 100 verschiedene Rassen und Farbschattierungen der *Felis catus* offiziell anerkannt.

Obwohl es darunter einige »natürliche« Rassen gibt, die ursprünglich in einem bestimmten Land heimisch waren, sind die meisten das Ergebnis sorgsam geplanter Züchtungen, welche mit einer Auswahl der bestgeratenen Exemplare von Haus- und Straßenkatzen begannen.

Einige Rassen verdanken ihr Entstehen einem reinen Zufall, genetischen Mutationen, die plötzlich in einem »konventionellen« Wurf auftraten; nach den Evolutionsgesetzen der natürlichen Auslese wären diese Katzen wegen der mit der Mutation verbundenen Nachteile vermutlich zugrunde gegangen, wenn nicht der Mensch sie aus rein ästhetischen Gründen aufgezogen hätte. Dass es nicht länger als 100 Jahre gedauert hat, das ganze Spektrum der Katzenaristokratie zu entwickeln, liegt an der relativ kurzen Trächtigkeitsdauer, dem raschen Heranwachsen und den oft zahlenmäßig großen Würfen bei Katzen. Heute legen nationale Verbände die Standards fest, nach denen Zuchtkatzen in ihrem Land beurteilt werden, und registrieren die Jungen.

KATZENRASSEN Anders als bei vielen Hunderassen, welche durch künstliche Selektion entstanden mit dem Ziel, verschiedene Aufgaben zu übernehmen, wurden die Formen, Farben und Musterungen bei Katzen aus rein ästhetischen Gründen gezüchtet.

Felltypen

Das Fell schmückt die Katze und schützt sie gleichzeitig vor der Witterung. In der freien Natur dient die Farbe des Katzenfells der Tarnung und ist der natürlichen Umgebung angepasst wie der Felltyp auch – je rauer das Klima, desto dichter das Fell. Zufällige Farbmutationen und selektive Züchtungen führten zu der Vielfalt von Fellarten bei den modernen Zuchtkatzen.

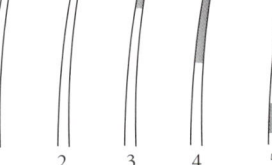

TIPPING

Die Länge der Haarspitzenfärbung kann unterschiedlich sein und bis zur Haarwurzel reichen. Die Bänderung einzelner Haare nennt man Ticking.

1. Ohne Tipping
2. Muschelschimmer
3. Schattiert
4. Rauchfarben
5. Ticking

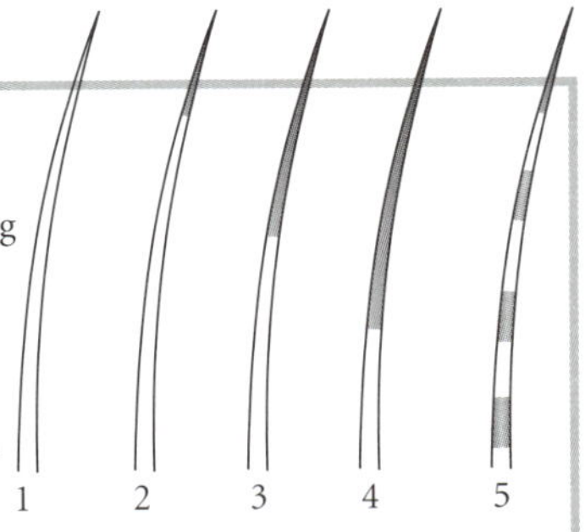

1   2   3   4   5

FELLARTEN

Das Fell einer Katze besteht aus drei verschiedenen Haartypen: Oberfell oder Leithaare (grau), Grannenhaare (blau) und weicher, lockiger Unterwolle (rosa)

Cornish Rex: Sehr kurze, gekräuselte Grannenhaare und eine entsprechende Unterwolle von gleicher Länge.

Devon Rex: Leit- und Grannenhaare sowie das Unterfell sind sehr kurz und gekräuselt.

Amerikanisch Drahthaar: Das Fell besitzt Leithaare, Grannenhaare und Unterwolle; alle Haare sind stark gekräuselt oder sogar eingerollt.

Perser: Ein dichtes Fell mit sehr langen Leithaaren (bis zu 12,5 cm), dicke Unterwolle.

Maine Coon: Lange Leithaare und Unterwolle wie bei den Langhaarkatzen, aber zottig und unregelmäßig.

Angora: Leithaare und Unterwolle sind sehr lang, aber feiner und nicht so dicht wie bei der Perserkatze.

Britisch Kurzhaar: Die Leithaare sind etwa 4,5 cm lang, Grannenhaare treten nur spärlich auf.

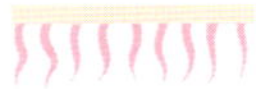

Sphinx: Fast unbehaart, keine Leit- oder Grannenhaare, nur wenig Unterwolle auf Gesicht, Schwanz und Beinen.

LANGHAARFELL Das Langhaarfell wirkt sehr üppig, weist mehr Vielfalt an Form und Struktur auf und es ist herrlich zum Anfassen. Andererseits erfordert es tägliches Bürsten und regelmäßige Pflege.

DRAHTHAARFELL Jedes einzelne Haar einer Amerikanischen Drahthaarkatze, einschließlich der Schnurrhaare, ist gekräuselt und drahtig. Dadurch entsteht insgesamt ein raues und schwungvolles Aussehen.

FELLMUSTER Die Hauskatze ist ebenso wie die Wildkatze ursprünglich getigert oder gestromt (Tabby), aber durch selektive Zucht ist eine große Anzahl von einfarbigen Tieren entstanden, außerdem kamen viele neue Farbkombinationen hinzu. Hier nur eine kleine Auswahl der möglichen Fellmuster:

Kartäuser

Angora

Russian Blue

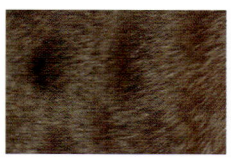
Lilac-point Siamese

Ocicat

Abyssinian (Usual)

Foreign Lilac Shorthair

Abyssinian (Sorrel)

Tonkinese

Pewter Longhair

British Red Tabby Shorthair

Korat

Bombay

Nebelung

Exotic Colourpoint Shorthair

Somali

British Silver Spotted Shorthair

Black Smoke Longhair

Maine Coon

Cornish Rex

Blue Longhair

British Black-and-White Bicolour Shorthair

British Tortoiseshell-and-White Shorthair

Blue-Cream Longhair

KURZHAARFELL Das Fell von Kurzhaarkatzen besteht aus Haaren, die kaum ausfallen, selten matt werden oder verfilzen. Es braucht auch weniger Pflege als das Fell von langhaarigen Rassen.

NACKTES »FELL« Die Sphinxkatze trägt kein Fell, ist aber auch nicht ganz nackt. Sie besitzt ein feines flaumiges Haarkleid.

Augentypen

Die Farbe des Katzenauges ist genetisch bedingt. Sie wird in der Iris produziert, deren Pigmentzellen schwarze, braune oder gelbliche Farbstoffpartikel enthalten. Ist kein Pigment vorhanden, wie bei Albinokatzen, so ist die Iris rosarot. Diese Färbung entsteht durch die Blutgefäße. Blaue Augen verdanken ihre Farbe nicht etwa blauem Pigment, sondern dem reflektierten Licht, das durch eine zart schwarzpigmentierte Schicht in der Iris »gestreut« wird. Ebenso entstehen grüne Augen durch die Streuung reflektierten blauen Lichts, das schließlich durch eine Schicht von gelblichem Pigment dringt.

AUGENFARBEN Die große Vielfalt an Augenfarben, welche man bei Katzen antrifft, hängt von der Menge des Pigments und dem Grad der Lichtstreuung ab. Unten sehen Sie einige der vielen möglichen Variationen.

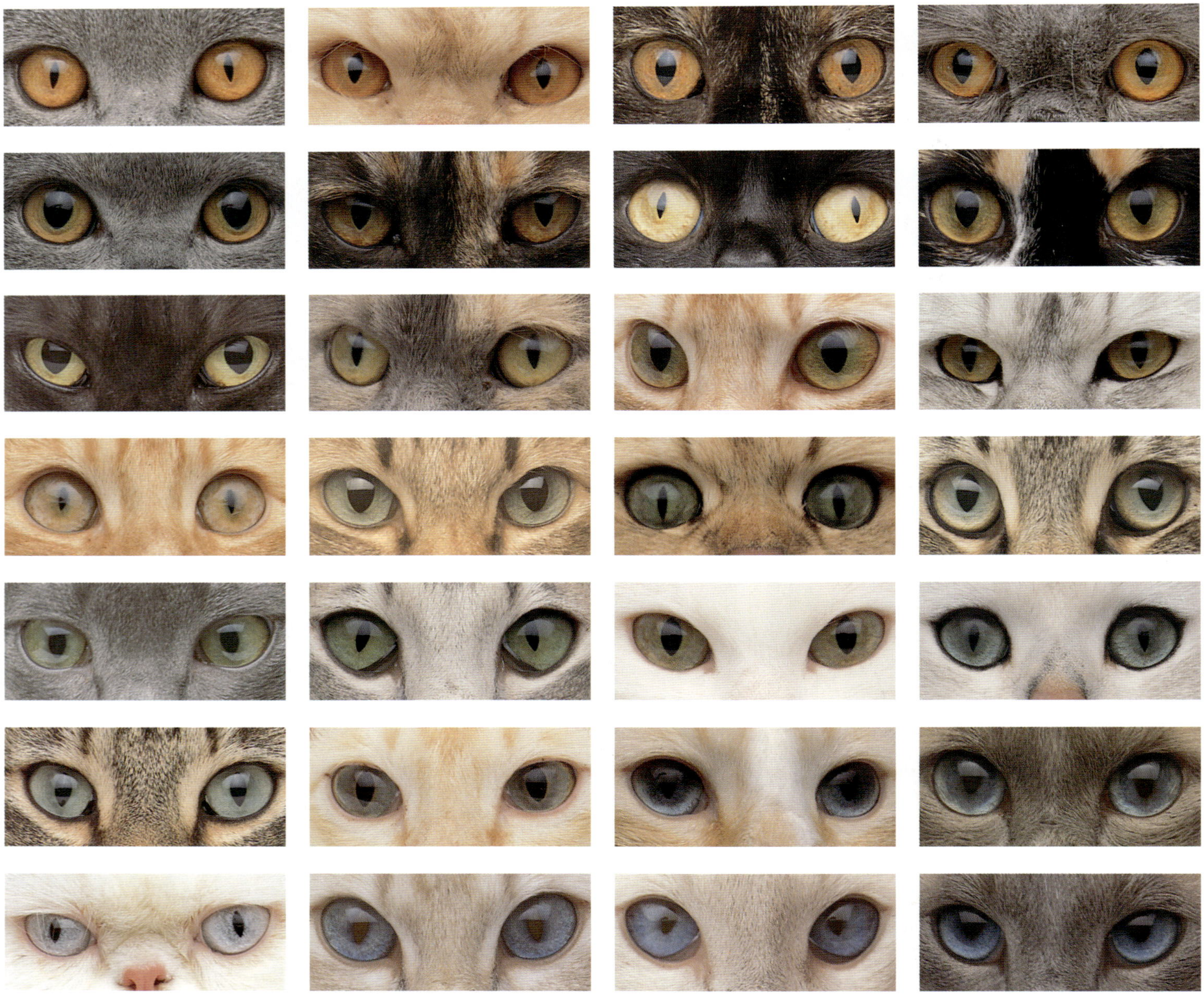

AUGENFORMEN Bei Katzen gibt es drei Haupttypen der Augenform, die durch die Form und den Verlauf der Umrandung der Augenlieder charakterisiert sind. Die Augen können rund, mandelförmig oder schräg sein.

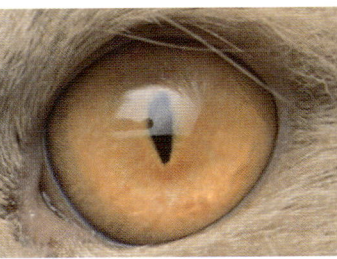

rund

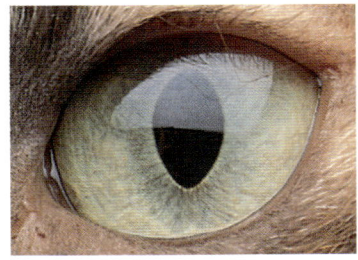

mandelförmig

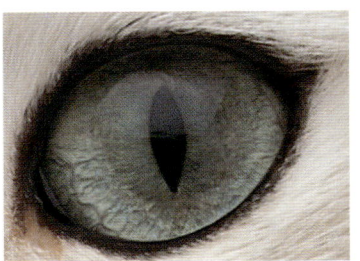

schräg

SEHVERMÖGEN IN DER NACHT Trotz der volkstümlichen Meinung können Katzen im Dunkeln natürlich nicht sehen. Sie können jedoch bei Dunkelheit die Pupillen extrem weit stellen und das Licht in ihrer Umgebung optimal nutzen.

Langhaarkatzen

Die meisten Katzenarten sind mit einem kurzen oder halblangen Fell ausgestattet (die Pallaskatze oder Manul ist unter den Wildkatzen die langhaarigste), und fast alle europäischen Hauskatzen waren ursprünglich kurzhaarig. Langhaarkatzen könnten sich vielleicht in kalten Ländern, wie etwa Russland, entwickelt haben, wo ein langes Fell notwendig war, wahrscheinlicher aber ist, dass sie durch spontane Mutationen entstanden sind, deren Fortbestand dann durch entsprechende Kreuzungen gesichert wurde.

Ende des 16. Jahrhunderts kamen sie nach Europa; verschiedenen Berichten zufolge brachte der italienische Weltreisende Pietro della Valle sie aus Kleinasien mit. Die meisten der heutigen Langhaar-Zuchtkatzen stammen jedoch von Katzen ab, die erst gegen Ende des 19. Jahrhunderts aus der Türkei und Persien (heute Iran) nach England gebracht wurden.

Die meisten Langhaarkatzen gehören dem exotisch wirkenden Langhaartypus an, der als Perser bekannt ist. In den USA wurden diese Katzen früher in sieben Gruppen eingeteilt: Solid Colour, Silver und Golden, Shaded und Smoke, Tabby, Particolour (bunt), Bicolour (zweifarbig) und Colourpoint. In Australien und Neuseeland wurden sie früher als Perser mit unterschiedlicher Farbbezeichnung klassifiziert. In England aber nennt man sie alle Langhaarkatzen, und jeder Farbschlag wird als eigenständige Rasse eingestuft.

Alle Langhaarkatzen vom Persertypus haben einen gedrungenen, kräftigen und rundlichen Körper mit einem runden Gesicht und Kopf, einer kurzen Nase, großen, runden Augen und kurzen, dicken Beinen. Sie besitzen außerdem ein ungewöhnlich dichtes, üppiges Fell. Man nennt es Doppelfell, weil es aus zwei ver-

schiedenen Haartypen besteht – einem langen, weichen, wolligen Unterfell und dünnen, längeren Leithaaren, die bei einigen Show-Katzen manchmal bis zu 12 cm lang sind. Es gibt aber auch Langhaarkatzen, die nicht dem Persertypus angehören. Diese Katzen sind verschiedener Abstammung, die meisten kommen aus kalten Klimazonen, in denen ein langes Fell nützlich ist. Im Ganzen gesehen ist ihr Fell nicht so wollig und dicht wie das der Langhaarkatzen vom Persertypus, was den Vorzug hat, dass es die Fellpflege vereinfacht. Sie unterscheiden sich auch noch in anderer Hinsicht: Sie sind schlanker, Körper und Beine sind länger, und ihre Gesichter sind kleiner. Zu diesen Langhaarkatzen gehören z.B. die Balinesen, die Angorakatzen, die Norwegische Waldkatze und die Maine Coon.

Obwohl das Fell der Langhaarkatze »ihr Stolz und ihre Freude« und oft besonders lang um den Nacken herum ist, wo es eine hübsche Halskrause bildet, besitzt diese Haarfülle einen wesentlichen Nachteil. Die meisten Langhaarkatzen verlieren ganzjährig Fellhaare, die Tiere brauchen daher eine regelmäßige tägliche Fellpflege, um Verfilzungen und Verknotungen im Haar zu vermeiden.

Langhaar Schwarz
(Perser Schwarz)

Obwohl diese Rasse eine lange Vorgeschichte hat, die bis ins 16. Jahrhundert zurückreicht, ist die schwarze Langhaarkatze ziemlich selten. Weil es äußerst schwierig ist, ein reines, von keinem Rost- oder Rauchton verfälschtes Schwarz zu erzielen, werden die wirklich guten Exemplare hoch geschätzt. Das Fell verlangt besondere Pflege und Aufmerksamkeit: Feuchtigkeit kann dem Fell eine bräunliche Tönung verleihen, und zuviel Sonne führt leicht dazu, dass es ausgebleicht wirkt.

GESCHICHTE
Früher zeigten schwarze Langhaarkatzen häufig Angora-Merkmale, die heute mit Erfolg weggezüchtet worden sind. Der Zweite Weltkrieg unterbrach zwar die Zuchtprogramme in Europa, aber nicht in den USA, wo eine Schwarze Perser dreimal zur Katze des Jahres gewählt wurde.

CHARAKTER
Schwarze Langhaarkatzen sind treue und anhängliche Gefährten, können Fremden gegenüber aber misstrauisch sein. Sie sollen lebhafter sein als die rein-weißen Exemplare.

VARIANTEN
Von dieser Rasse gibt es keine Varianten.

REGELMÄSSIGE PFLEGE
Um das Fell einer Schwarzen Langhaar in einer so makellosen Verfassung zu halten, muss der Besitzer es hingebungsvoll pflegen.

AUGEN Sie sollten groß und rund sein, von dunklem Orange oder glänzendem Kupferton.

OHREN Klein, mit runden Spitzen und Ohrbüscheln.

GESICHTSMERKMALE

KÖRPER Kurz und stämmig, mit einer niedrigen Körperhaltung. Ziemlich breite Schultern. Tief angesetzte Brust.

SCHWANZ Kurz und flauschig. Er wird gerade oder nach unten gehalten.

BEINE Kräftig, kurz und dick.

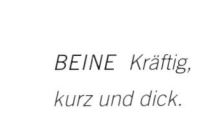

LANGHAAR SCHWARZ Diese natürlich entstandene Rasse – ein echtes Original – gehört zu den ältesten Zuchtkatzen.

KOPF Rund und breit, mit einer Stupsnase, die einen schwarzen Nasenspiegel haben sollte.

FELL Das Fell muss wie glänzende Kohle aussehen, ohne ein einziges weißes Haar, ohne Rosttöne oder Markierung. Junge Katzen dürfen anfangs vorübergehend Schattierungen oder weiße Tupfer aufweisen, die jedoch nach etwa acht Monaten verschwinden sollten. Volle Nackenkrause.

PFOTEN Die Pfoten sollten groß und rund sein, in Großbritannien mir schwarzen Ballen, in den USA mit schwarzen oder braunen.

Langhaar Weiß
(Perser Weiß)

Für ihre begeisterten Anhänger verkörpert die Weiße Langhaar alle Vorzüge dieses Typus: blendende Schönheit, edler Gesichtsausdruck, ein Fell, das sich seidig anfühlt, und ein angenehmer, ruhiger Charakter. Außerdem benötigt sie, abgesehen von der täglichen Fellpflege, keine besondere Betreuung.

OHREN *Sie sollten hübsch und klein sein, mit abgerundeten Spitzen, weit voneinander entfernt stehen und tief am Kopf ansetzen.*

AUGEN *Groß, rund und weit geschnitten. Die Farbe sollte entweder ein glänzendes Blau, Orange oder Kupfer sein. Beide Augen sollten die gleiche Farbintensität besitzen.*

GESICHTSMERKMALE

GESCHICHTE
Obwohl reinweiße Katzen des Angoratyps bereits im 16. Jahrhundert nach Europa eingeführt wurden, stammt die moderne Weiße Langhaar aus der viktorianischen Zeit. Sie wurde durch die Kreuzung von Angora- und Perserkatzen entwickelt. Die Züchtung wurde erstmalig 1903 in London gezeigt und hat seitdem ständig an Beliebtheit gewonnen, besonders in den USA.

CHARAKTER
Weiße Langhaar sind selbstbewusste Katzen, die großen Wert auf ihr Äußeres legen und sich regelmäßig putzen. Sie sind ruhig und anhänglich – ein wunderbares Haustier für Leute, die sie nur im Haus halten.

VARIANTEN
Diese Katzen können blaue, orangefarbene oder verschiedenfarbige Augen (ein blaues und ein orangefarbenes) haben. Die blauäugige Katze hat eine genetische Neigung zu Taubheit. Bei Katzen mit verschiedenfarbigen Augen kann auf der Seite des blauen Auges Taubheit auftreten.

SCHWANZ *Er sollte kurz und buschig sein, ohne Krümmung, und in der Regel etwas unterhalb der Rückenlinie ansetzen.*

KOPF *Er sollte kurz und breit sein, mit einer Stupsnase und einem rosa Nasenspiegel.*

FELL *Das Fell ist dicht und seidig und sollte am Hals eine üppige Krause bilden. Die Farbe sollte ein schimmerndes, reines Weiß sein.*

KÖRPER *Typisch ist ein kräftiger, gedrungener Körperbau.*

PFOTEN *Die Pfoten sollten lang und rund sein, mit rosa Ballen.*

BEINE *Kräftig, kurz und dick.*

LANGHAAR WEISS MIT BLAUEN UND ORANGEFARBENEN AUGEN Die Varianten sowohl langhaariger als auch kurzhaariger weißer Katzen werden durch die Augenfarben bestimmt.

Langhaar Creme
(Perser Creme)

Bevor das in den Standards modifiziert wurde, lief dieses bildschöne Geschöpf unter der Bezeichnung Devonshire Cream.

OHREN Klein, mit runden Spitzen.

AUGEN Groß und rund, in einem schönen, satten Kupferton.

KOPF Breit und rund, mit einer Stupsnase. Volle Wangen. Rosa Nasenspiegel.

GESICHTSMERKMALE

GESCHICHTE

Die erste Langhaar Creme stammt wahrscheinlich von einer Spielart der frühen Angorakatze in gebrochenem Weiß ab. Später entstanden durch unbeabsichtigte Paarungen mit blauen und roten Langhaarkatzen und mit Schildpattkatzen und roten Tabbys hellere Exemplare, die von den englischen Züchtern nicht ernst genommen wurden. Sie gaben ihnen den Spitznamen »verdorbene Orangen«, was dadurch zustande kam, dass rote Lang-haarkatzen als orangefarben bezeichnet werden. Amerikanische Züchter waren so klug, die cremefarbenen Katzen nicht auszusondern, und fingen an, diesen Farbschlag weiterzuentwickeln. In Großbritannien begann man erst in den 1920er-Jahren mit der Zucht.

CHARAKTER

Eine ausgeglichene und freundliche Katze.

VARIANTEN

Es gibt keine Varianten.

EINE UNGEWÖHNLICHE LANGHAARKATZE

Die cremefarbenen Langhaarkatzen sind seltener als die meisten Langhaarrassen, wahrscheinlich weil sie zu kleinen Würfen neigen.

FELL Das Fell ist dicht und seidig. Die amerikanischen Standards verlangen einen braungelben Cremeton, in Großbritannien variieren die Schattierungen von Buttermilch über Schlagsahne bis zu hellem Honig.

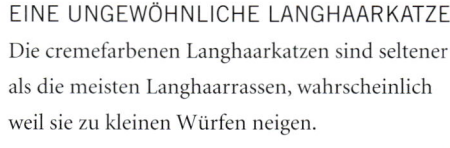

SCHWANZ Kurz und buschig.

KÖRPER Stämmig, rundlich.

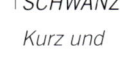

BEINE Kräftig und kurz.

PFOTEN Die Pfoten sind groß und rund und sollten rosa Ballen haben.

Langhaar Blau
(Perser Blau)

Von allen Langhaarkatzen hat sich die blaue stets gleich-
bleibender Beliebtheit erfreut. 1899 wurden 100 Exemplare dieser Rasse bei der Katzenausstellung in London gezeigt,
und heute gibt es in England Spezialausstellungen, die ausschließlich diesem Typus vorbehalten sind. Eine sorgfältige Zucht hat dazu
geführt, dass die Blaue Langhaar den Standard in Reinform
repräsentiert, der für Langhaarkatzen vom Persertypus aufgestellt wurde. Infolgedessen wird sie häufig dazu benutzt,
den Typus anderer Farbschläge zu verbessern.

GRÖSSERE KATER Bei den
blauen Langhaarkatzen ist der Kater
meist größer als das Weibchen.

GESCHICHTE
Obwohl blaue Langhaarkatzen bereits im
Italien der Renaissance bekannt waren, entstand die moderne Variante erst gegen Ende
des 19. Jahrhunderts, wahrscheinlich durch
Kreuzung zwischen schwarzen und weißen
Langhaarkatzen. Die ersten Exemplare besaßen
noch eine Tabby-Zeichnung. Die Gründung
der Blue Persian Society im Jahre 1901 verhalf
dieser Rasse zu hohem Ansehen, das durch die
Schirmherrschaft der Königin Victoria noch
wuchs.

CHARAKTER
Die Blaue Langhaar besitzt den wohlverdienten
Ruf, ruhig, rücksichtsvoll und vor allem
liebenswürdig zu sein.

VARIANTEN
Es gibt keine Varianten.

SCHWANZ Kurz und
flauschig. Der Schwanz
wird normalerweise
ausgestreckt und tief
getragen.

KEIN ECHTES BLAU Das »Blau«, das
dieser Züchtung den Namen gibt, ist tatsächlich eher ein verdünntes Schwarz, das
treffender als Blaugrau zu bezeichnen ist.

OHREN Klein, mit runden Spitzen und Büscheln.

KOPF Das für diesen Langhaartypus typische abgeflachte Gesicht ist im Profil deutlich zu erkennen.

GESICHTSMERKMALE

AUGEN Groß und rund, kupfer- oder orangefarben.

KOPF Breit und rund, mit einer Stupsnase.

KÖRPER Stämmig und gedrungen.

FELL Üppig, dicht und seidig. Jede Schattierung in Blau wird anerkannt, wobei die helleren Töne bevorzugt werden. Das Fell sollte keine weißen Haare oder Markierungen aufweisen.

BEINE Kurz und dick. Die Vorderbeine besitzen ein wesentlich kürzeres Fell als die Hinterbeine.

PFOTEN Die Pfoten sollten groß und rund sein, mit blauen Ballen.

Langhaar Rot (Perser Rot)

Einem vollkommenen Exemplar dieser atemberauben-den, feuerfarbenen Katze begegnet man nur selten. Die meisten besitzen einige Tabby-Markierungen, besonders im Gesicht, an den Beinen und am Schwanz. An anderen Stellen hilft das lange Fell, Zeichnungen zu kaschieren. Innerhalb eines Wurfs kann es sowohl reinrote Kätzchen als auch rotgestromte Exemplare geben.

GESCHICHTE

Die Orangefarbenen, wie man die roten Langhaarkatzen ursprünglich nannte, wurden schon im Jahre 1895 in England ausgestellt. Zu Beginn der 1930er-Jahre brachte ein deutscher Züchter einige ausgezeichnete Exemplare dieser Rasse her-vor, aber unglücklicherweise wurde seine Zucht während des Zweiten Weltkriegs vernichtet. Während der 1940er-Jahre war diese Rasse in England selten, eine Wiederbelebung des Interesses und die selektive Zucht haben der roten Lang-haarkatze jedoch eine ständige Präsenz bei Ausstellungen gesichert.

CHARAKTER

Die artige und freundliche Rote Langhaar ist ein außerordentlich dekorativer und zugleich angenehmer Gefährte.

VARIANTEN

Manchmal gibt es in einem sonst normalen Wurf von roten Langhaarkatzen Kätzchen mit Pekinesengesich-tern und rotgestromte Tiere als spontane Mutationen.

OHREN Klein, mit runden Spitzen; zarte Ohrbüschel.

AUGEN Groß, rund und von einer glän-zenden Kupferfarbe.

KOPF Breit und rund, mit Stupsnase. Der Nasenspiegel sollte ziegel-rot sein. Lippen und Kinn sollten dieselbe Farbe besitzen wie das Fell.

GESICHTSMERKMALE

SELTENE ERSCHEINUNG

Eine der am schwierigsten für Ausstellungen zu züchtende Rassekatze; makellose Exem-plare der roten Langhaar besitzen Seltenheitswert.

KÖRPER Kräftig und gedrungen.

FELL Das Fell ist seidig und üppig und sollte einen tieforangenen Farbton haben, ohne Schattierungen und ohne Tabby-Abzeichen.

PFOTEN Die Pfoten sind groß und rund, mit ziegelroten Ballen.

BEINE Kurz und dicht behaart.

SCHWANZ Kurz und flauschig. Er wird im Allgemeinen gerade und tief getragen.

Langhaar Blaucreme (Perser Blaucreme)

Das Fell, eine hübsche Mischung von Sprenkelungen in Creme und hellem Blaugrau, hat dieser Zucht eine ungeheure Beliebtheit eingetragen. Die Art der Vererbung der Farbgene führt dazu, dass Langhaarkater in Blaucreme selten und fast immer unfruchtbar sind.

OHREN Klein, mit runden Spitzen. Ohrbüschel.

AUGEN Groß und rund, die Farbe sollte ein tiefer, glänzender Kupfer- oder Orangeton sein.

GESICHTSMERKMALE

GESCHICHTE

Als Ergebnis der Paarung von blauen mit cremefarbenen Perserkatzen traten bereits in den ersten Jahren der Katzenzucht immer wieder blaucremefarbene Kätzchen auf. Diese wurden jedoch in Großbritannien erst in den 1930er-Jahren offiziell anerkannt.

CHARAKTER

Die Blaucreme gilt als eine Langhaarkatze, die lebhafter ist als viele andere, aber trotzdem ebenso anhänglich und freundlich.

VARIANTEN

Es gibt keine anderen Spielarten, obwohl der Standard in den USA anders definiert ist. Während in England eine sanfte Vermischung der beiden Farben erwünscht ist, sollten Blau und Creme in den USA klar voneinander abgegrenzte Flecken bilden.

SCHWANZ Kurz und buschig, im Allgemeinen ohne Krümmung und unterhalb der Rückenlinie angesetzt.

KÖRPER Sehr kräftig und gedrungen.

KOPF Breit und rund, mit einer Stupsnase. Blauer Nasenspiegel.

FELL Seidiges, dichtes Fell. Das Fell sollte eine zart schattierte Mischung von Blau und Creme in Pastelltönen aufweisen.

BEINE Kurz und dick.

PERFEKTES EXEMPLAR Die besten Exemplare dieser Zucht besitzen einen Körperbau, der nahezu perfekt den gedrungenen Langhaartypus zum Ausdruck bringt.

PFOTEN Die Pfoten sind groß und rund, die Farbe der Ballen sollte blau sein. Büschel zwischen den Zehen.

Chinchilla Langhaar
(Chinchilla-Perser)

Im Gegensatz zu den gleichnamigen Nagetieren aus Südamerika, die ein dunkles Unterfell mit weißem Tipping besitzen, ist die Farbgebung bei diesen Katzen genau umgekehrt. Ihr üppiges Fell verlangt eine sorgfältige Pflege, damit es ideal zur Geltung kommt.

GESCHICHTE

Die Chinchilla gehört zu den ersten vom Menschen erzielten Varianten und erhielt bereits auf der Ausstellung im Crystal Palace in London 1894 eine eigene Klasse zugebilligt. Man nimmt an, dass sie durch Kreuzung einer Reihe von Langhaarkatzen entstanden ist, wobei in erster Linie an die Silber-Tabbys zu denken ist. Anfänglich war sie wesentlich dunkler, häufig lavendelfarben getönt und viel kräftiger gezeichnet als heute. Das Streben nach einer helleren Tönung schwächte den europäischen Bestand, der im Zweiten Weltkrieg noch weiter dezimiert wurde. Amerikanische Katzen wurden zur Verbesserung der Rasse importiert, die heute stark und gesund ist.

CHARAKTER

Chinchillas sind temperamentvoller als andere Langhaarkatzen, besitzen aber im Allgemeinen die gleiche zutrauliche und ruhige Veranlagung.

VARIANTEN

Es gibt noch einen weiteren Farbschlag, die Silberschattierte Langhaar (Perser Silberschattiert).

AUGEN Groß und rund. Die Farbe sollte smaragdgrün sein oder blaugrün, die Umrandung schwarz oder dunkelbraun.

OHREN Klein, mit runden Spitzen; Ohrbüschel.

KOPF Kurz und breit, mit einer ziegelroten Stupsnase, die schwarz oder dunkelbraun umrandet ist.

GESICHTSMERKMALE

VOLKSTÜMLICHER NAME
Wegen ihres Fells, das den Glanz von kostbarem Metall besitzt, wird diese Rasse in den USA volkstümlich als Silberperser bezeichnet.

SCHWANZ Kurz und buschig, er wird normalerweise gerade ausgestreckt getragen, Ansatz unterhalb der Rückenlinie.

FELL Das Fell ist dicht und seidig. Die Farbe sollte schneeweiß sein, mit schwarzem Tipping.

KÖRPER Weniger kräftig, als es für Langhaarkatzen typisch ist, mit einem feineren Knochenbau.

BEINE *Kurz, dick und behaart.*

PFOTEN *Große und runde Pfoten mit Ballen, die schwarz oder dunkelbraun sind.*

DAS AUSSEHEN TÄUSCHT Zarter im Erscheinungsbild als die typische Perserkatze, ist die Chinchilla trotzdem robust und ausdauernd – wie diese typische Spielpose zeigt.

LANGHAAR SILBERSCHATTIERT Dieser Farbschlag ist schwerer zu züchten als die Chinchilla, weil der Standard ein kräftigeres, dunkleres Tipping verlangt, das vom Gesicht über die Flanken bis zum Schwanz herabreichen sollte.

Langhaar Cameo (Perser Cameo)

Der Reiz der Cameo kommt, wie bei der Chinchilla, vom Kontrast zwischen dem weißen Unterfell und den an der Spitze in Rot, Creme, Tabby oder Schildpatt gefärbten Leithaaren (Tipping).

GESCHICHTE

In den 1950er-Jahren wurde in den USA ein Zuchtprogramm für Cameos mit halblangem Fell und cremefarbenen Haarspitzen aufgestellt. Ursprünglich wurden Cameos durch Kreuzung von rauch- und schildpattfarbenen Langhaarkatzen gezüchtet, heute gibt es aber auch weitere Farbschläge.

CHARAKTER

Sehr ruhig und freundlich.

VARIANTEN

Die unterschiedliche Intensität des Tippings sorgt für abwechslungsreiche und aufregende Fellfarben. Die Farbschläge in Shell (muschelfarben) besitzen nur eine ganz leichte Spitzenfärbung auf den Leithaaren, was dem Fell einen zarten Hauch verleiht. Schattierte Cameos haben längere Farbspitzen, die sich schimmernd gegen das Weiß abheben. Farbschläge in Smoke (rauchfarben) haben so lange Farbspitzen, dass man die weiße Unterwolle nur sehen kann, wenn sich die Katze bewegt.

FELL Das Fell ist seidig, dick und dicht. Die Farbe muss weiß (Unterfell) mit cremefarbener Spitzenfärbung sein.

KÖRPER Ein ausgesprochen untersetzter Typ.

SCHWANZ Kurz und buschig. Er wird gerade ausgestreckt und gewöhnlich unterhalb der Rückenlinie getragen.

BEINE Kurz und fest.

FARBSCHLÄGE	MERKMALE	AUGEN
Shell Cameo in Rot	Kurze rote Haarspitzen	Kupfer
Schattierte Cameo in Rot	Längere rote Haarspitzen	Kupfer
Smoke Cameo in Rot	Lange rote Haarspitzen	Kupfer
Shell Cameo in Creme	Kurze Haarspitzen in Creme	Kupfer
Schattierte Cameo in Creme	Längere Haarspitzen in Creme	Kupfer
Smoke Cameo in Creme	Lange Haarspitzen in Creme	Kupfer
Blaucreme Cameo	Gemischtes Tipping in zwei Farben	Kupfer
Schildpatt Cameo	Haarspitzen in Schwarz, Rot und Creme	Kupfer
Tabby Cameo	Haarspitzen in Rot und Creme	Kupfer

SCHATTIERTE CAMEO IN CREME Die beinahe übereinstimmende Fell- und Augenfärbung der schattierten Creme Cameo bilden eine unwiderstehliche Kombination. Wie bei allen Varianten sollte der dunkelste Farbton der Gesichtsmaske, dem Rücken sowie den Beinen und Füßen vorbehalten sein.

KOPF Rund und breit, mit einer Stupsnase, die einen rosa Nasenspiegel haben sollte. Ein festes Kinn. Volle Halskrause.

OHREN Klein, mit runden Spitzen; Ohrbüschel.

AUGEN Groß und rund. Die Farbe sollte ein tiefer Orange- oder ein glänzender Kupferton sein.

GESICHTSMERKMALE

PFOTEN Die Pfoten sind groß und rund, mit Ballen, die rosa sein sollten.

LANGHAAR SCHILDPATT CAMEO Eine Mischung aus schwarzen, roten und cremefarbenen Haarspitzen verleiht der Schildpatt Cameo ein schönes, üppig wirkendes Fell.

Langhaar Smoke
(Perser Smoke)

Wie es in der Definition des britischen Standards heißt, handelt es sich um eine schöne »Katze der Kontraste«. Intensives Tipping lässt das Fell einfarbig wirken, doch wenn sich die Katze bewegt, scheint die helle Unterwolle kurz durch und verleiht dem Fell einen reizvollen Schimmer. Es ist eine Zeit raubende Arbeit, das Fell in optimalem Zustand zu halten, Vorbereitungen für eine Ausstellung können Wochen in Anspruch nehmen.

GESCHICHTE

Die Perser Smoke, die wahrscheinlich durch zufällige Paarungen zwischen schwarzen, blauen und weißen Langhaarkatzen und Chinchilla-Persern entstanden ist, wird bereits bei den Registrierungen von 1860 erwähnt und erschien auf den ersten Katzenausstellungen. Ihre Anzahl nahm dann aber rasch ab, 1912 wurden nur noch 18 Exemplare verzeichnet, und gegen Ende des Zweiten Weltkrieges war die Rasse fast ausgestorben. In den 1960er-Jahren entwickelte sich ein neues Interesse an diesen Katzen, und obwohl sie noch immer selten sind, ist die Zukunft dieser Züchtung nun zweifellos gesichert.

CHARAKTER

»Smoky« besitzt den ausgeglichenen, gutartigen und sanften Charakter, der für die meisten Langhaarkatzen typisch ist.

VARIANTEN

In Großbritannien und den USA werden nur die Farbschläge mit schwarzem und blauem Tipping anerkannt. Es gibt Varianten mit Tipping in Schildpatt, Chocolate, Lilac und Blaucreme. Alle haben orange- oder kupferfarbene Augen.

OHREN Klein, mit runden Spitzen; Silberne Ohrbüschel

AUGEN Groß und rund, kupfer- oder orangefarben.

KOPF Rund und breit, mit einer kurzen Nase; schwarzer Nasenspiegel.

GESICHTSMERKMALE

LANGHAAR SMOKE IN SCHWARZ Erst wenn ein Kätzchen einige Monate alt ist, kann man beurteilen, ob es sich zu einem solch schönen Exemplar entwickeln wird. Bis dahin kann man die reinschwarzen und rauchfarbenen Kätzchen in einem Wurf kaum voneinander unterscheiden. Zu den reizvollsten Vorzügen der schwarzen Langhaar-Smoke gehört der Kontrast zwischen der silbernen Nackenkrause und dem dunklen Kopf. Wenn man sie auf eine Ausstellung vorbereitet, hält man die Smoke besser von hellem Sonnenlicht fern, um zu vermeiden, dass das Fell ausbleicht.

KÖRPER Kräftig und untersetzt. Er ist etwas leichter, als das für Langhaarkatzen üblich ist.

FELL Das Fell ist seidig, dick und dicht. Die Unterwolle sollte milchweiß sein, mit einem schwarzen Tipping, das in England bis zu den Haarwurzeln reicht; in den USA sollen die Haarwurzeln weiß sein.

SCHWANZ Kurz und buschig.

BEINE Kurz und dick. Sie sollten reinschwarz sein.

PFOTEN Die Pfoten sind groß und rund, die Ballen sollten schwarz sein.

Langhaar Bicolor (Perser Bicolor)

Weiß zusammen mit einer anderen Farbe stellt eine klassische Kombination dar, aber trotz der zahlreichen zweifarbigen Hauskatzen ist diese Langhaarrasse etwas ganz Besonderes.

GESCHICHTE

Zweifarbige Langhaarkatzen erhielten erst in den späten 1960er-Jahren eine eigene Klasse zugeteilt. Der ursprüngliche Standard verlangte, dass die Farbverteilung streng symmetrisch sein musste. Das erwies sich als so schwierig, dass die Bedingungen dahingehend erleichtert wurden, jede Art der Farbverteilung zu erlauben.

CHARAKTER

Die zweifarbige Langhaar ist ein friedlicher, liebevoller Charmeur.

VARIANTEN

Diese schönen Katzen können jede Farbe plus Weiß aufweisen, allgemein anerkannt sind Schwarz mit Weiß, Blau mit Weiß, Rot mit Weiß sowie Creme mit Weiß. In den USA ist auch die zweifarbige Persische Van-Katze eine anerkannte Variante. Die Farbverteilung an Schwanz und Kopf erinnert an die Türkische Katze.

OHREN Klein, mit runder Spitze; Ohrbüschel.

AUGEN Groß und rund, orange- oder kupferfarben.

KOPF Rund und breit, mit einer Stupsnase. Der Nasenspiegel sollte entweder rosa sein oder zu den farbigen Fellpartien passen.

GESICHTSMERKMALE

LANGHAAR BICOLOR SCHWARZ MIT WEISS Ursprünglich sollte die Bicolor-Katze in Schwarz mit Weiß die symmetrisch verteilten Abzeichen des Holländer-Kaninchens aufweisen. Der Standard wurde jedoch geändert, da diese Forderungen praktisch nicht zu erfüllen waren.

FELL Das Fell ist dicht, seidig und üppig, die Farbpartien sollten in sich einheitlich und gleichmäßig verteilt sein.

LANGHAAR BICOLOR CREME MIT WEISS
Wie bei allen Zweifarbigen sollte das Weiß im Fell dieser ziemlich neuen Variante höchstens die Hälfte des gesamten Pelzkleides ausmachen, während die Farbpartien bis zu zwei Drittel einnehmen sollten.

KÖRPER Fest und untersetzt.

SCHWANZ Kurz und buschig.

PFOTEN Die Pfoten sind groß und rund.

BEINE Kurz und dick.

Langhaar Tabby
(Perser gestromt oder getigert)

Obwohl viel seltener als die entsprechende Kurz-
haarrasse, ist die gestromte Langhaarkatze dennoch
ein »Oldtimer«; sie erschien bereits gegen Ende des
17. Jahrhunderts erstmals in Europa.

GESCHICHTE
Die heutige gestromte Langhaarkatze trat zum erstenmal in der
zweiten Hälfte des 19. Jahrhunderts in Erscheinung.

CHARAKTER
Einige Besitzer halten die Tabby für eigenwilliger, als es
sonst für Langhaarkatzen typisch ist, sie zeigt dennoch
eine ausgeglichene Wesensart.

VARIANTEN
Der klassische Typus trägt eine Zeichnung in
Schmetterlingsform über den Schultern, drei
Streifen entlang des Rückgrats sowie eine
austernförmige Spirale auf jeder Flanke
sowie schmale »Halsbänder« über der Brust.
Schwanz und Beine sollten geringelt, der Bauch
gefleckt sein, und die Stirn sollte ein typisches
»M« schmücken. Das Tigermuster ist weniger
großflächig, mit mehr Streifen und ohne Spiralen
an den Flanken. Eine gefleckte Tabby ist in den USA
anerkannt. Die Farben Braun, Rot und Silber werden
von allen Verbänden anerkannt, aber die neuen Farbschläge (siehe Tabelle) sind noch nicht weltweit akzeptiert.

FARBSCHLÄGE	FELL	AUGEN
Rot-Tabby	Tief kupfern mit roter Zeichnung	Kupfer oder orange
Braun-Tabby	Dunkelbraun mit schwarzer Zeichnung	Kupfer oder orange
Silber-Tabby	Silbergrau mit schwarzer Zeichnung	Kupfer, grün oder haselnussfarben
Blau-Tabby	Elfenbein mit schieferblau	Kupfer
Creme-Tabby	Creme mit Dunkelcreme	Kupfer
Cameo-Tabby	Weiß mit roter Zeichnung	Kupfer
Gefleckte Tabby	Silbern o. a. gezeichnet, Flecken in Rot oder Creme	Kupfer oder haselnussfarben
Chocolate-Tabby	Bronze mit schokoladen-brauner Zeichnung	Kupfer oder haselnussfarben
Lilac-Tabby	Beige mit lila Zeichnung	Kupfer oder haselnussfarben

FELL Das Fell ist dicht und seidig.
Die klassische Tabby-Zeichnung
sollte schieferblau sein auf einem
Untergrund in bläulichem Elfen-
beinton. Die Zeichnung an den
Flanken sollte symmetrisch sein.

KLASSISCHE LANGHAAR
BRAUN-TABBY »Brownies«
sind vermutlich der älteste Farbschlag der Langhaar-Tabbys,
aber sie sind noch immer die
seltenste Variante.

SCHWANZ Kurz und buschig. Die
Ringmarkierungen auf dem Schwanz werden
von dem feinen, langen Haar abgedeckt.

OHREN *Klein, mit runden Spitzen. Ohrbüschel.*

AUGEN *Groß, rund, orange- oder kupferfarben.*

KOPF *Rund und breit, mit einer kurzen Nase. Intensiv rosaroter Nasenspiegel.*

GESICHTSMERKMALE
Klassische Langhaar Blau-Tabby

PFOTEN *Die Pfoten sind groß und rund, mit Ballen, die rosarot sein sollten.*

KÖRPER *Kräftig und untersetzt.*

BEINE *Kurz und dick.*

KLASSISCHE LANGHAAR SILBER-TABBY Die Silber-Tabby, die bei vielen als die am schwierigsten zu züchtende Katze überhaupt gilt, gehört zugleich zu den schönsten Katzen.

KLASSISCHE LANGHAAR BLAU-TABBY Die dunkle, schieferblaue Zeichnung dieses Farbschlags macht es dem Uneingeweihten schwer, sie von einer Braun-Tabby zu unterscheiden – bis man das Fell teilt und der bläulich-graue Untergrund zum Vorschein kommt.

Langhaar Schildpatt

(Perser Schildpatt)

Schildpattkatzen sind fast immer weiblich. Sie stehen im Mittelpunkt einer Debatte darüber, wie schwierig ihre Züchtung ist: Amerikanische Züchter betrachten sie zwar nicht als besonders problematisch, in England hingegen tut man sich schwer, die erwünschte Mischung von roten, cremefarbenen und schwarzen Flecken zu erzielen.

GESCHICHTE

Langhaarkatzen mit Schildpatt-Zeichnung wurden zuerst gegen Ende des 19. Jahrhunderts erwähnt und tauchten erstmals auf den Katzenausstellungen zu Beginn des 20. Jahrhunderts auf. Sie entstanden wahrscheinlich aus zufälligen Paarungen zwischen schwarze Langhaarkatzen mit kurzhaarigen Schildpattkatzen.

CHARAKTER

Die Schildpattkatze ist anhänglich, sanft und ruhig und steht im Ruf, ihren Kätzchen eine besonders gute Mutter zu sein.

VARIANTEN

Langhaar Schildpatt in Shell und schattiert werden in den USA zu der Gruppe der schattierten Katzen zusammengefasst, in England sind sie als Cameos bekannt.

MISCHLING MIT STAMMBAUM Weil es unmöglich ist, gleichartige Tiere miteinander zu paaren, entsteht die Schildpattkatze durch Blutzufuhr von einer Vielzahl anderer Zuchtkatzen. Das hat zu einem untersetzten Körperbau geführt, der ein schönes Beispiel für den Typus der Langhaarkatzen (Perserkatzen) ist.

AMERIKANISCH LANGHAAR SCHILDPATT Die amerikanischen Standards verlangen eine schwarze Katze mit einem nicht scheckig wirkenden Muster in Rot und Creme. Als wünschenswert gilt auf beiden Seiten des Atlantiks eine rote oder cremefarbene Blesse im Gesicht, die von der Nase zur Stirn verläuft.

PFOTEN Die Pfoten sind groß und rund, mit rosa oder schwarzen Ballen. Büschel zwischen den Zehen.

BEINE Kurz und dick.

OHREN Klein, mit runder Spitze. Betonte Ohrbüschel.

AUGEN Groß, rund und glänzend, kupfer- oder orangefarben.

KOPF Rund und breit, mit einer kurzen Nase, die einen rosa oder schwarzen Nasenspiegel haben sollte.

FELL Das Fell sollte seidig, sehr dick und dicht sein. Die roten, cremefarbenen und schwarzen Flecken sollten sich gut voneinander abgrenzen und gleichmäßig verteilt sein.

KÖRPER Sehr untersetzt und stämmig.

GESICHTSMERKMALE

SCHWANZ Kurz und sehr buschig.

WIE DIE KURZHAARFORM Wie ihr kurzhaariges Pendant trägt auch diese Zuchtkatze den liebevollen Spitznamen »Tortie«.

DIE KUNST DER FARBGEBUNG Eine so schöne Farbverteilung, wie diese Schildpatt sie aufweist, scheint ein Unternehmen mit wechselndem Erfolg zu sein. Manche Züchter meinen, dass Paarungen mit schwarzen oder cremefarbenen Katern gute Resultate hervorbringen können.

Langhaar Schildpatt mit Weiß

(Perser Schildpatt mit Weiß)

In den USA ist diese Langhaarkatze unter dem Namen Calico bekannt wegen ihrer auffälligen Farbflecken, die an bedruckte Baumwolle erinnern. Ihr Fell weist zusätzlich zu den schwarzen, roten und cremefarbenen auch noch weiße Flecken auf. Da diese Rasse nur Weibchen hervorbringt, ist die Schildpatt mit Weiß nicht leicht zu züchten.

GESCHICHTE

Obwohl der Ursprung der Schildpatt mit Weiß im Dunkeln liegt, entwickelte sie sich wahrscheinlich durch Paarungen zwischen Langhaarkatzen und kurzhaarigen Schildpattkatzen ohne Stammbaum. Sie wurden in der Mitte der 1950er-Jahre zur Klasse der Champions zugelassen. Gute Exemplare werden heute durch Paarung von Zuchtweibchen mit zweifarbigen Katern gezüchtet, die von einer Mutter in Schildpatt mit Weiß abstammen.

CHARAKTER

Es handelt sich um eine ruhige, gutartige und außerordentlich freundliche Katze.

VARIANTEN

Der US-Standard für die Schildpatt mit Weiß unterscheidet sich vom britischen. Er verlangt eine weiße Katze mit farbigen Flecken, wobei das Weiß sich auf die unteren Körperpartien konzentrieren soll. Die englische Katze hat weniger Weiß im Fell und ihre Farbflecken sind gleichmäßiger verteilt. In beiden Ländern ist die Blau-Schildpatt mit Weiß, auch Dilute Calico genannt, eine erst kürzlich anerkannte Farbvariante, die immer öfter auf Ausstellungen zu sehen ist. Für diese Katze gilt der gleiche Standard wie für die Schildpatt mit Weiß, die Flecken sind jedoch blau und cremefarben, statt schwarz und rot.

KOPF Ein erwünschtes Merkmal ist eine cremefarbene oder weiße Blesse im Gesicht.

BEINE Kurz und dick.

GLEICHMÄSSIGE FARBVERTEILUNG
Zwei Ansichten von einer Blau-Schildpatt mit Weiß zeigen deutlich die zufällige, jedoch mehr oder weniger gleichmäßige Verteilung der Farbpartien.

OHREN Klein, mit runden Spitzen; dichte Ohrbüschel.

AUGEN Groß und rund, entweder in Tieforange oder in Kupfer.

KOPF Rund und breit, mit einer kurzen Nase und rosa Nasenspiegel. Volle Wangen.

GESICHTSMERKMALE

LANGHAAR SCHILDPATT MIT WEISS Die ungeheure Beliebtheit dieser Zuchtkatze ist nicht schwer zu verstehen: Die leuchtenden Farbspritzer in Rot, Creme und Schwarz schaffen im Kontrast zum Weiß einen ganz besonderen Reiz. Wie bei der Blau-Schildpatt mit Weiß ist eine Blesse im Gesicht erwünscht. Die Pfotenballen und der Nasenspiegel sind hier aber verschiedenfarbig.

KÖRPER Stämmig und gedrungen.

SCHWANZ Kurz und buschig.

FELL Das Fell ist dicht und seidig. Es soll nicht so schnell verfilzen wie das anderer Langhaarkatzen. Die Farbe stellt eine Mischung aus blauen, cremefarbenen und weißen Flecken dar. Streifen oder Tabby-Abzeichen sollten nicht auftreten.

PFOTEN Die Pfoten sollten groß und rund sein und rosa Ballen haben.

LANGHAAR BLAU-SCHILDPATT MIT WEISS Eine abgeschwächte Schildpatt mit Weiß ist ein Farbschlag, der oft im selben Wurf mit vorkommt.

Langhaar Colourpoint (Perser Colourpoint)

Die Langhaar Colourpoint vereinigt die luxuriöse Kultiviertheit der Langhaarkatzen vom Persertypus mit der Haltung, dem guten Aussehen und den Markierungen der kurzhaarigen Siamkatze. Sie besitzt stets glänzende, saphirblaue Augen sowie Maske, Ohren, Beine, Füße und Schwanz (»Points«) in einer Farbe, die sich von der des übrigen Körpers unterscheidet.

GESCHICHTE

Experimentierende Züchter in Schweden und den USA brachten während der 1920er-Jahre die ersten Colourpoint-Katzen hervor, aber erst nach einer Reihe sorgfältig geplanter Kreuzungen zwischen Langhaarkatzen und Siamesen entstand gegen Ende der 1940er-Jahre die heute bekannte Katze.

CHARAKTER

Die Colourpoint vereinigt die besten Eigenschaften zweier Welten: Sie besitzt die sanfte Art der Langhaarkatze, kann aber auch so lebhaft sein wie eine Siamesin, ohne das so demonstrativ zur Schau zu tragen.

VARIANTEN

Bei den Markierungen sind alle Farben möglich, was eine große Anzahl von Farbschlägen ergibt. Aber nicht alle sind anerkannt. Die bekanntesten sind in der folgenden Tabelle aufgeführt.

FARBSCHLÄGE	FELL	ABZEICHNUNG
Seal	Warmer Cremeton	Dunkles Sealbraun
Blau	Bläuliches Weiß	Schieferblau
Chocolate	Elfenbein	Warmes Braun
Lilac	Magnolienfarben	Rosa überhauchtes Grau
Rot	Cremiges Weiß	Orange oder Rot
Creme	Cremiges Weiß	Lederfarben
Schildpatt	Warmer Cremeton	Mischung von Rot und Creme
Blau-Creme	Bläulich oder Cremeweiß	Blau und Creme gesprenkelt
Lilac-Creme	Magnolienfarben	Rosa überhauchtes Grau mit Creme
Chocolate-Schildpatt	Elfenbein	Schokoladenbraun, gemustert in Rot und/oder Creme
Tabby	Elfenbein	Tabby-Abzeichen in Seal, Chocolate, Lilac, Rot oder Blau

LANGHAAR SEAL-POINT COLOURPOINT
Die Seal-Point war eine der ersten Varianten der Colourpoint, die gezüchtet wurden.

KÖRPER
Stämmig und gedrungen.

OHREN Klein, mit runden Spitzen, weit auseinander stehend.

AUGEN Groß, rund und glänzend, in Saphirblau.

KOPF Rund und breit, mit vollen Wangen und einer kurzen Nase. Nasenspiegel und Markierungen haben die gleiche Farbe.

GESICHTSMERKMALE
Langhaar Seal-Point Colourpoint

SCHWANZ Er sollte kurz und üppig sein.

FELL Das Fell ist dicht, üppig und fühlt sich seidig an. Die Farbe sollte ein warmer Cremeton sein, mit dunklen sealbraunen Markierungen.

LANGHAAR BLUE-POINT COLOURPOINT
Schieferblaue Markierungen bringen das Fell dieser Variante in einem kalten, bläulichen Weiß perfekt zur Geltung.

BEINE Kurz, dick und kräftig.

PFOTEN Die Pfoten sind groß und rund, mit sealbraunen Ballen. Lange Fellbüschel zwischen den Zehen.

LANGHAAR SEAL TABBY-POINT COLOURPOINT
Einer der neueren Farbschläge. Diese Katze ist das Zuchtergebnis der Kreuzung von Langhaar Braun-Tabby mit Seal-Point Colourpoint.

Pewter Langhaar

Die Augen in leuchtendem Orange oder einem glänzenden Kupferton unterscheiden diese Rassekatze von der silberschattierten Variante der Chinchilla, mit der sie oft verwechselt wird. Sie besitzt ein ebenso schönes Fell, sanft schattiert, mit schwarzem Tipping an Kopf und Rücken, den Flanken, Beinen und dem Schwanz, was den »Zinneffekt« (*pewter* = Zinn) hervorruft.

GESCHICHTE
Die Pewter Langhaar entstand durch Kreuzungen zwischen Chinchillas, blauen und schwarzen Langhaarkatzen.

CHARAKTER
Es handelt sich um eine ungewöhnlich anhängliche und ausgeglichene Katze.

VARIANTEN
Es gibt keine Varianten.

OHREN Klein, mit runden Spitzen und Ohrbüscheln. Der Zwischenraum zwischen beiden Ohren ist beträchtlich.

AUGEN Sehr groß und rund, schwarz umrandet, entweder orange- oder kupferfarben.

KOPF Rund und breit, mit einer Stupsnase; ziegelroter Nasenspiegel.

GESICHTSMERKMALE

FELL Seidig, dick und dicht. Die Farbe: Weiß mit einem zarten, schwarzen Tipping.

PASSENDER NAME Das mit schwarzem Tipping versehene Fell dieser Rasse ist mit »Pewter« (Zinn) treffend bezeichnet.

KÖRPER Stämmig und gedrungen.

ATTRAKTIVE ERSCHEINUNG Ständig werden neue Langhaarkatzen entwickelt; die Pewter ist sicherlich eine der attraktivsten unter ihnen. Auf den ersten Blick mag sie wie die silberschattierte Chinchilla aussehen, aber die orange- oder kupferfarbenen Augen sind ein Unterscheidungsmerkmal, durch das die Rasse zweifelsfrei zu identifizieren ist.

BEINE Kurz und dick. Kürzere Haare an den Vorderbeinen.

VERSTECKTE KÖRPERFORM Durch das dicke, üppige Fell und die volle Halskrause der Pewter ist es praktisch unmöglich, den untersetzten Körper der Katze auszumachen, wenn sie liegt.

SCHWANZ Kurz und buschig. Die Leithaare des Schwanzes weisen ein zartes, schwarzes Tipping auf.

SHOW-STANDARD Eine Pewter, die für Ausstellungen vorgesehen ist, sollte im Idealfall eine volle Halskrause besitzen, die bis tief zwischen die Vorderpfoten hinabreicht.

PFOTEN Die Pfoten sind groß und rund, mit ziegelroten Ballen.

Langhaar in Chocolate und Lilac

(Perser Chocolate und Lilac)

Dieses wunderschöne Paar stellt einen Triumph der selektiven Zucht dar. Wegen ihrer dekorativen Wirkung sind sie die Lieblingskatzen der Innenarchitekten: Die warmen Brauntöne der Chocolate und das rosa überhauchte Taubengrau der Lilac bilden eine reizvolle Ergänzung der Farbpalette jeder Inneneinrichtung.

LANGHAAR CHOCOLATE Diese Katze, ein Nebenprodukt der Colourpoint-Zucht, sollte ein üppiges mittel- bis dunkelbraunes schokoladenfarbenes Fell haben, eine braune Nase und braune Pfotenballen sowie orange- oder kupferfarbene Augen.

GESCHICHTE

Die Züchter hatten nie ernstlich in Erwägung gezogen, eine schokoladenfarbene Langhaarkatze zu entwickeln, bis schließlich bei den Zuchtprogrammen für Colourpoints in einigen Würfen einfarbige Kätzchen vorkamen. Die ersten Exemplare besaßen ein Fell, das dazu neigte, matt zu werden und auszubleichen, blasse Augen, Nasen, die eher zu lang waren, und zu große Ohren. Es dauerte einige Jahre, bis die Farbe sich stabilisierte, der Gesamttypus sich verbesserte, und ein Standard aufgestellt werden konnte. Die Langhaar Lilac, die durch Zufuhr blauer Gene in die Zuchtlinie entwickelt wurde, ist noch immer relativ selten. Anfangs wurden diese Katzen in den USA als einfarbige Himalayans oder Kashmirs kategorisiert, aber heute werden diese Namen in den meisten Verbänden nicht mehr gebraucht.

CHARAKTER

Da sie von ihren Colourpoint-Vorfahren etwas siamesisches Blut geerbt haben, sind die Chocolates und Lilacs im Allgemeinen etwas lebhafter und neugieriger, als es sonst für Langhaarkatzen typisch ist.

VARIANTEN

Es gibt keine Varianten der Langhaar Chocolate und Lilac.

PFOTEN Die Pfoten sind groß und rund, rosa Pfotenballen.

OHREN Klein, mit runden Spitzen und weit auseinander stehend; Ohrbüschel.

AUGEN Groß und rund, die Farbe sollte Orange oder Kupfer sein.

KOPF Rund und breit, mit einer Stupsnase. Volle Wangen. Rosa Nasenspiegel.

GESICHTSMERKMALE

ZUCHTERFOLGE Anfangs hatten die Züchter zwar Schwierigkeiten, den erwünschten gedrungenen Körperbau bei der Chocolate zu erzielen, doch diese Probleme sind jetzt gelöst. Die Entwicklung einer Lilac von gutem Typus, wenn auch nicht unbedingt von guter Farbe, war dagegen ein vergleichsweise einfaches Unterfangen.

FELL Das Fell sollte seidig, üppig und dick sein, die Farbe ein rosa überhauchtes Taubengrau oder Blasslila. Es sollte keine Spur einer hellen Unterwolle zu sehen sein.

LANGHAAR LILAC Die Lilac ist ein Beispiel für eine erst kürzlich entwickelte Langhaarkatze und zeigt sehr schön die ästhetischen Möglichkeiten einer »künstlichen« Variante.

KÖRPER Untersetzt, stämmig und kräftig.

BEINE Kurz und dick.

SCHWANZ Kurz und buschig.

Golden Langhaar

In ihrem Bestreben nach noch schöneren Variationen schufen Katzenzüchter gegen Ende des 20. Jahrhunderts die Golden Langhaar. Die Haarspitzen ihres Fells sind gleichmäßig schwarz oder braun getippt, sodass ein schöner Goldeffekt entsteht.

GESCHICHTE

Die Golden Chinchilla und die Goldschattierte waren Nebenprodukte aus dem Chinchilla-Zuchtprogramm. Oft als »Brownies« bezeichnet, tauchten sie regelmäßig in den Würfen von Silberkatzen auf und wurden meist als Hauskatzen fortgegeben. Erst vor ungefähr zehn Jahren erreichten sie den Status von Ausstellungskatzen.

CHARAKTER

Die neuen Varianten der Langhaarkatzen besitzen die gleiche sanfte und anhängliche Veranlagung, die für diesen Typus charakteristisch ist.

VARIANTEN

Es gibt zwei Varianten der Golden Langhaar: Chinchilla und Shaded (schattiert).

GOLDEN CHINCHILLA LANGHAAR Wie alle Varianten der Chinchilla verlangt auch die goldfarbene viel Pflege, wenn das Fell in Bestform vorgeführt werden soll.

KOPF Rund und breit, mit einer Stupsnase; rosafarbener Nasenspiegel.

KÖRPER Untersetzt und stämmig.

BEINE Kurz, dick und dicht behaart.

PFOTEN Die Pfoten sind rund und groß. Sealbraune Pfotenballen.

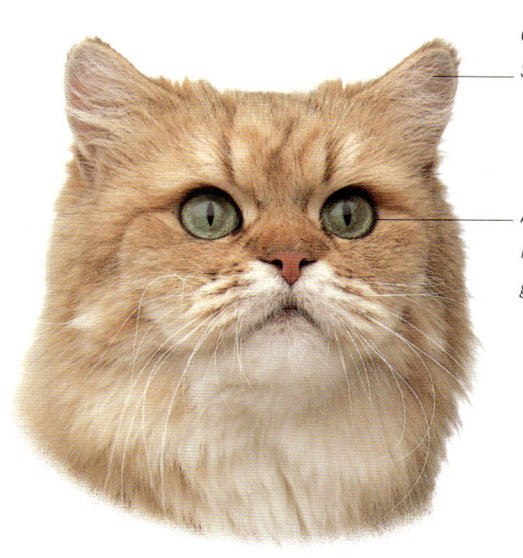

OHREN *Klein, mit runder Spitze; Ohrbüschel.*

AUGEN *Groß und rund, grün oder blau-grün, braun umrandet.*

GESICHTSMERKMALE

CHINCHILLA SILVER LANGHAARKÄTZCHEN Die Grundfarbe dieser Katze ist eher Weiß als Creme, ebenfalls mit zart schwarz gefärbten Haarspitzen. Dadurch entsteht eine der schönsten, fast ätherisch wirkenden Erscheinungen unter allen Langhaarkatzen.

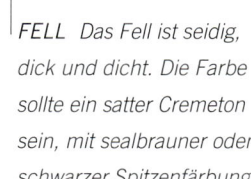

SCHWANZ *Kurz und buschig.*

FELL *Das Fell ist seidig, dick und dicht. Die Farbe sollte ein satter Cremeton sein, mit sealbrauner oder schwarzer Spitzenfärbung.*

GOLDSCHATTIERTE LANGHAARKATZEN Ein langes, seidiges Fell mit schwarzem Tipping über einer Unterwolle in warmem Cremeton ist eine wunderschöne Kombination, die diese Katzen in der Gunst des Publikums immer mehr steigen lässt.

Birmakatze

Die »heilige Katze von Burma«, wie die Birmakatze gern genannt wird, hat einen länger gestreckten Körperbau und ein kleineres Gesicht als eine typische Langhaarkatze und Markierungen, die an eine Siamkatze erinnern und ihr so eine orientalische Aura verleihen.

GESCHICHTE

Angeblich aus den Tempeln von Burma stammend, ist die Geschichte der jüngeren Vergangenheit dieser Katze fast ebenso interessant. Im Jahre 1914 sandte Priester Major Gordon Russell, der ihnen zur Flucht aus Tibet verholfen hatte, zwei dieser Katzen als Geschenk nach Frankreich. Das Weibchen dieses Paares bekam dann Junge und trug wahrscheinlich dazu bei, diese Rasse im Westen zu begründen. Birmakatzen wurden bei Ausstellungen in Frankreich 1925 anerkannt, in Großbritannien 1966 und in den USA ein Jahr später.

CHARAKTER

Die freundliche, gesittete und sanfte Birmakatze liebt das Familienleben und verträgt sich auch gut mit anderen Tieren.

VARIANTEN

Die ursprüngliche »heilige« Sealpoint sowie Blue-, Chocolate-, Lilac-, Cream-, Red-, Tortie (Schildpatt)- und Tabby-Point.

BIRMA BLUE-POINT
Es gibt eine Legende über die Entstehung de Birmakatze. Vor der Geburt Buddhas wurde ein heiliger Burmatempel, in dem reinweiße Tempelkatzen lebten, angegriffen, wobei der Oberpriester einen Herzschlag erlitt und starb. Seine Lieblingskatze sprang auf den Kopf des alten Mannes und wurde auf der Stelle verwandelt: Ihr Fell nahm eine goldene Färbung an, mit »Points« in der Farbe der burmesischen Erde, und die Augen wurden blau. Wo die Pfoten der Katze den Priester berührten, blieb das Fell weiß – ein Symbol der Tugend. Ermutigt durch dieses Wunder, waren die übrigen Priester in der Lage, die Angreifer zu vertreiben. Die Entwicklung der Blue-Point war das Ergebnis einer modernen selektiven Züchtung.

SCHWANZ Von mittlerer Länge und buschig, aber länger und dünner als bei den meisten Langhaarkatzen.

PFOTEN Die Vorderpfoten sind groß und rund und haben weiße »Handschuhe«. Die beiden Hinterpfoten sollten weiße »Söckchen« haben, die sich bandförmig an den Hinterbeinen entlang spitz nach oben ziehen.

BEINE Von mittlerer Länge und dicht behaart.

LANGHAARIGE SIAMKATZE? Die Färbung und die Zeichnungen der Birma verleihen ihr das Aussehen einer langhaarigen Siamkatze.

BIRMA SEAL-POINT Der sanft goldene Farbton des (Rücken-)Fells verleiht dieser Variante ein besonders vornehmes Erscheinungsbild.

FELL Mittellang und seidig. Der englische Standard fordert eine gold-beige Farbe mit blaugrauen Abzeichen, während diese Katzen in den USA bläulich weiß sind und tiefblaue Augen haben.

BLUE-POINT- UND SEAL-POINT-KÄTZCHEN Eine reizenderes Bild kann man sich kaum vorstellen.

KÖRPER Kräftig gebaut, lang gestreckt, aber doch noch ziemlich untersetzt, weder schlank noch rundlich.

OHREN Sie sollten mittelgroß sein, mit abgerundeten Spitzen, und die Breite der Basis sollte in etwa ihrer Höhe entsprechen.

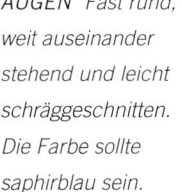

AUGEN Fast rund, weit auseinander stehend und leicht schräggeschnitten. Die Farbe sollte saphirblau sein.

GESICHTSMERKMALE

KOPF Sanft gerundet und breit, mit vollen Wangen und einer halblangen Nase. Der US-Standard verlangt, dass die Nase »griechisch« ist, also gerade, und dass die Stirn leicht gewölbt ist und nach hinten abgeschrägt verläuft, mit einer kleinen ebenen Fläche genau vor den Ohren.

FARBSCHLÄGE	KÖRPER	ABZEICHEN
Seal-Point	Beige-Gold	Sealbraun
Chocolate-Point	Elfenbein	Chocolate
Blue-Point	Beige-Gold	Blaugrau
Lilac-Point	Milchweiß	Rosa überhauchtes Grau

Ragdoll

Die Ragdoll ist eine Katze der
Kontraste: Sie besitzt den
großen, imponierenden
Körperbau der Birmakatze,
aber wenn man sie auf-
nimmt, entspannt sie alle
Muskeln und wird so schlaff wie
eine Stoffpuppe (*ragdoll*). Sie soll
eine besonders hohe Toleranzschwelle
gegenüber Schmerzen besitzen, die sie von
den ersten Ragdollkatzen geerbt hätte, welche von
einer langhaarigen Katzenmutter geboren wurden,
die bei einem Autounfall verletzt worden war. Allerdings
vertreten viele Züchter die Meinung, dass ihrer Erfahrung
nach die Schmerzschwelle der Ragdoll sich nicht von der anderer
Rassen unterscheidet.

GESCHICHTE
Der Geburtsort der Ragdoll war das Kalifornien
der 1960er-Jahre, und wir verdanken sie im Grunde
den Bemühungen einer einzigen Frau. Außerhalb
der USA, wo die Ragdolls 1965 anerkannt wurden,
sind sie ziemlich selten. Erst kürzlich wurden sie
bei Ausstellungen in Großbritannien zugelassen.

CHARAKTER
Die Ragdoll ist eine Katze, die außergewöhnlich
tolerant ist gegenüber den Schwächen und Marot-
ten anderer und rasch sehr anhänglich wird.

VARIANTEN
Es gibt drei anerkannte Farbschläge der Ragdoll:
Die Zweifarbige hat einen hellen Körper. Brust,
Bauch und Beine sind weiß, Gesichtsmaske, Ohren
und Schwanz dunkel. Die Colourpoint hat einen
hellen Körper mit dunkleren Abzeichen, und die
»Mitted« (Behandschuhte) hat eine weiße Brust,
einen weißen Latz, ein weißes Kinn und weiße
»Handschuhe« an den Vorderpfoten, sonst unterscheidet sie sich nicht von der Colourpoint. Die
anerkannten Farbschläge sind Seal-Point, Chocolate-Point, Blue-Point und Lilac-Point.

OHREN Mittelgroß, mit abgerundeten Spitzen. Die Ohren
sind nach vorn gestellt.

AUGEN Groß und oval,
weit auseinander stehend.
Die Farbe sollte Blau sein.

GESICHTSMERKMALE

SCHWANZ Lang
und flauschig.

KÖRPER Ähnlich wie bei der
Birma: lang gestreckt, muskulös und
stämmig. Ein kräftiges Hinterteil.

ZWEIFARBIGES RAGDOLLKÄTZCHEN
Ragdollkätzchen entwickeln sich langsam;
es kann drei Jahre dauern, bis die Schattierung des Fells und die Farben der Abzeichen voll entwickelt sind.

RAGDOLL SEAL-POINT COLOURPOINT Trotz des Ursprungs ihres Namens haben physiologische Tests keine Unterschiede zwischen der Ragdoll und anderen Katzenrassen ans Licht gebracht.

KOPF Keilförmig, mit einer kurzen Nase. Volle Wangen. Volles rundes Kinn. Die Maske ist von dunklem Sealbraun und bildet einen deutlichen Kontrast zur Körperfarbe.

CHOCOLATE-POINT »MITTED« RAGDOLLKÄTZ-CHEN Selbst in diesem frühen Alter kann man die weißen »Handschuhe« und »Söckchen« schon deutlich erkennen.

FELL Lang, voll und seidig. Die Körperfarbe sollte ein blasses Rehbraun sein, mit dunklen Abzeichen in Sealbraun. An der Brust und in der Magengegend ist das Fell besonders lang. Das Fell verfilzt weniger leicht als bei anderen Langhaarkatzen und teilt sich, wenn die Katze sich bewegt.

BEINE Mittellang. Die Vorderbeine sind etwas kürzer als die Hinterbeine.

PFOTEN Die Pfoten sind groß und rund, die Ballen dunkelbraun oder schwarz.

ZWEIFARBIGE RAGDOLL MIT SEAL-POINTS Ohren, Schwanz und Maske sind bei diesem Farbschlag dunkel sealbraun und kontrastieren mit dem Rehbraun und dem hellen Cremeton des übrigen Körpers. Das umgekehrte weiße »V« auf der Stirn ist für zweifarbige Katzen typisch.

Balinesische Katze

Wenn diese Katze mit erhobenem Schwanz herum-
spaziert und dabei graziös mit ihm hin und her wippt,
ist das durchaus vergleichbar mit den Bewegungen
einer balinesischen Tänzerin. Ihre natürliche Eleganz
ist auf ihren siamesischen Ursprung zurückzuführen:
Sie besitzt den gleichen langen, schlanken Körper, den
keilförmigen Kopf und die blauen Augen. Man kann sie
tatsächlich als langhaarige Siamkatzen ansehen, obwohl ihr
Fell kürzer ist als das der meisten Langhaarkatzen.

*OHREN Breiter
Ansatz, groß und
zugespitzt.*

*KOPF Er besitzt eine
längliche, zugespitzte
Keilform, mit einer
langen, geraden Nase.
Nasenspiegel in Laven-
delrosa. Ausgeprägte
Tabby-Merkmale an den
»Points«.*

GESICHTSMERKMALE

GESCHICHTE

Aller Wahrscheinlichkeit nach stammen die Balinesen von
siamesischen Eltern mit einem mutierten Gen für Lang-
haarigkeit ab. Sie tauchten um 1950 herum erstmals in
den USA auf und wurden 1970 von allen Verbänden in
den USA für die Championklasse zugelassen. In England
hat die Balinesische Katze begeisterte Anhänger und wird
jetzt gezüchtet.

CHARAKTER

Balinesische Katzen haben den Ruf, weniger laut und
ungestüm zu sein als die Siamesen, aber eine ausgeprägte
Neigung zu besitzen, sehr viel mit ihrem Nachwuchs zu
spielen. Im Allgemeinen lieben sie menschliche Gesellschaft.

VARIANTEN

Alle Farbschläge der Siamkatzen werden auch bei den
Balinesen anerkannt. Andere Farbvarianten als Seal-Point,
Chocolate-Point, Blue-Point und Lilac-Point sind bei eini-
gen amerikanischen Verbänden als Javanesen bekannt.

BALINESE LILAC TABBY-POINT
Dieser Farbschlag ist in den USA als Frost
Lynx-Point (etwa Eis-Luchs-Point) bekannt,
ein Name, welcher die Farbgebung vielleicht
am besten trifft.

*FELL Das Fell ist fein und seidig,
mit einer Neigung, sich an den
längsten Haarpartien zu wellen.
Es gibt kein weiches Unterfell.
Maske, Ohren, Beine, Schwanz
und Füße sollten gräulich rosa
sein und einen Kontrast zur
milchweißen Körperfarbe bilden.*

*SCHWANZ Lang und dünn,
mit einer fein zulaufenden
Spitze. Das Schwanzfell sollte
sich wie eine Feder spreizen.*

BALINESE BLUE-POINT Pfoten und
Nasenspiegel sind schieferblau und bilden zusammen
mit den blauen Abzeichen einen aufregenden Kontrast
zum blauweißen Körper dieses Farbschlags.

AUGEN Mittelgroß und mandelförmig. Die Farbe sollte saphirblau sein.

KÖRPER Mittelgroß und leicht gebaut, aber doch kräftig und muskulös. Der Körper weist lange, sich verjüngende Linien auf.

PFOTEN Die Pfoten sind zierlich, schmal und oval. Pfotenballen in Lavendelrosa.

BEINE Lang und schlank. Die Vorderbeine sind kürzer als die Hinterbeine.

CHOCOLATE TABBY-POINT BALINESENKÄTZCHEN Ein beliebter Farbschlag einer beliebten Rasse.

Türkische Van-Katze

Diese durch natürliche Evolution entstandene Rasse, die oft als »Türkische Schwimmkatze« bezeichnet wird, soll besonders gern im Wasser spielen. Ihr Name bezieht sich auf das durch seine geographische Lage isolierte Gebiet um den Van-See im Südosten der Türkei, wo sie vor einigen 100 Jahren domestiziert wurde. Sie ähnelt der türkischen Angorakatze, besitzt aber einen kräftigeren Körperbau, und man erkennt sie sofort an ihrer charakteristischen Fellzeichnung.

GESCHICHTE

Zwei Türkische Van-Katzen wurden in den 1950er-Jahren nach England gebracht, von einem Paar, das beeindruckt war von der Erscheinung dieser Tiere, die es im Urlaub in der Türkei entdeckte. Es stellte sich heraus, dass die beiden Leute in korrekter Weise mit den Katzen weitergezüchtet hatten, und nach einem langsamen Anlauf und der Einführung weiterer Katzen dieser Art aus der Türkei wurde die Rasse 1969 anerkannt. Die Beliebtheit dieser Zucht hat in jüngster Zeit zugenommen, besonders in den USA und in Australien, wo sie jetzt für Ausstellungen qualifiziert wurde.

CHARAKTER

Die anhängliche, lebhafte und hochintelligente Türkische Van-Katze ist ein wunderbarer Gefährte.

VARIANTEN

Abgesehen vom ursprünglichen Farbschlag in Kastanienbraun mit Weiß werden jetzt Türkische Van-Katzen in Creme mit Weiß, Schwarz mit Weiß sowie in Schildpatt mit Weiß gezüchtet.

EINZIGARTIGE ZEICHNUNG Keine andere Katze besitzt solche Markierungen wie die Türkische Van-Katze. Das weiße, einem Daumenabdruck gleichende Zeichen auf der Stirn soll nach Ansicht der Türken den Namen Allahs symbolisieren.

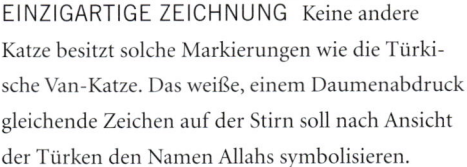

KÖRPER Mittelgroß, lang und muskulös.

FELL Das Fell ist seidig und lang und sollte kalkweiß mit kastanienbraunen Markierungen an Gesicht und Schwanz sein. Kein wolliges Unterfell.

SCHWANZ Lang und voll behaart.

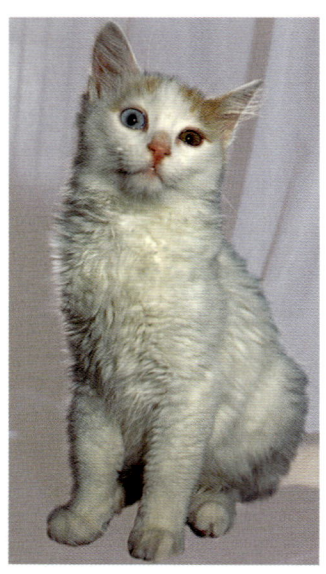

TÜRKISCHE VAN-KATZE KASTANIEN-BRAUN MIT WEISS UND VERSCHIE-DENFARBIGEN AUGEN Die Türkische Van-Katze besitzt normalerweise bernsteinfarbene Augen, es treten aber auch Tiere mit verschiedenfarbigen Augen auf. Sie können zur Taubheit neigen, wie es bei anderen Katzen mit blauen oder verschiedenfarbigen Augen der Fall ist.

TÜRKISCHE VAN-KATZE CREME MIT WEISS Diese neue Variante ist noch ziemlich selten und wird zweifellos an Zahl zunehmen, sobald ihre zart schattierten Markierungen von weiteren Katzenliebhabern geschätzt werden.

OHREN Groß, spitz und mit Ohrbüscheln; die Innenseite der Ohren sollte muschelrosa sein.

AUGEN Groß und rund, von heller Bernsteinfarbe.

KOPF Kurz und keilförmig, mit einer langen Nase. Der Nasenspiegel sollte rosa sein.

GESICHTSMERKMALE

TÜRKISCHE VAN-KATZE KASTANIENBRAUN MIT WEISS Wie es zu einer Katze passt, die aus einem Gebiet kommt, in dem es im Winter extrem kalt ist, im Sommer aber heiß, haart die Türkische Van-Katze in der warmen Jahreszeit beträchtlich und sieht dann praktisch wie eine Kurzhaarkatze aus.

BEINE Mittellang und muskulös.

PFOTEN Die Pfoten sind klein, wohlgeformt und rund, mit Ballen, die rosarot sein sollten.

Türkische Angora

Die Türkische Angora heißt in Großbritannien (seit Juni 2003) und in den USA Orientalische Langhaar. Bei FIFé wird sie als Javanese und bei einigen Katzenverbänden als Mandarin aufgeführt. Diese schöne Katze hat eine ehrwürdige Herkunft.

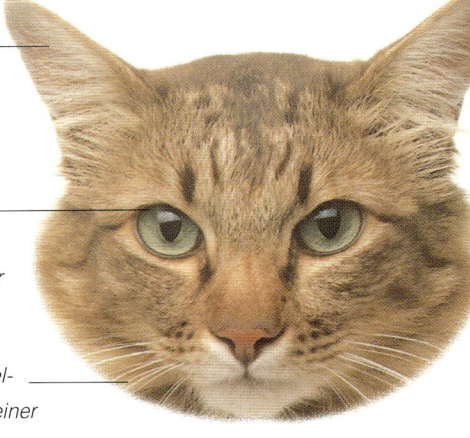

OHREN Groß, breit am Ansatz, oben spitz zulaufend; Ohrbüschel.

AUGEN Mittelgroß bis groß, mandelförmig und schräggeschnitten. Sie sollten grün oder haselnussbraun sein.

KOPF Klein bis mittelgroß, keilförmig, mit einer langen Nase.

GESICHTSMERKMALE

GESCHICHTE

Türkische Sultane sandten im 16. Jahrhundert Exemplare dieser Katze als Geschenke an Adelige in Frankreich und England, aber gegen Ende des 19. Jahrhunderts kamen diese aus der Mode und wurden von den neuen Langhaarkatzen und den ursprünglichen Perserkatzen verdrängt. Glücklicherweise rettete sie der Zoo in Ankara vor dem Aussterben, die Angorakatze wurde zu so etwas wie einer geschützten Art. In den frühen 1960er-Jahren kaufte ein amerikanisches Paar zwei dieser Katzen von dem Zoo und baute eine Zucht in den USA auf, wo diese Rasse jetzt sehr beliebt ist.

CHARAKTER

Die sanfte, freundliche und intelligente Angorakatze liebt Späße und ist sehr verspielt.

VARIANTEN

Die ersten amerikanischen Angorakatzen waren reinweiß und neigten, wie alle Katzen dieser Farbe, zur Taubheit. Heute sind die meisten Farbschläge anerkannt, einige der bekanntesten werden in unserer Tabelle aufgeführt.

FARBSCHLÄGE	FELL	AUGEN
Weiß	Reinweiß	Orange, Blau oder verschiedenfarbig
Schwarz	Kohlschwarz	Orange
Blau	Blaugrau	Orange
Rauchschwarz	Weiß mit schwarzem Tipping	Orange
Rauchblau	Weiß mit blauem Tipping	Orange
Silber-Tabby	Silber, schwarze Abzeichnung	Orange oder Grün
Rot-Tabby	Rot, dunkelrote Abzeichen	Orange
Braun-Tabby	Braun, schwarze Abzeichen	Orange
Blau-Tabby	Bläuliches Elfenbein, blaue Abzeichen	Orange
Calico	Weiß, schwarz und rot gefleckt	Orange
Zweifarbig	Schwarz, Blau, Rot oder Creme mit Weiß	Orange

ANGORA CHOCOLATE-TABBY Angorakatzen wurden in Großbritannien »künstlich« aus Zuchtprogrammen entwickelt, die lieber siamesisches Blut verwandten, als türkische Katzen zu importieren. Damit züchteten sie eine britische Variante, die zwar so aussieht wie die echte Angorakatze, aber eine eher quengelnde Stimme besitzt.

FELL Das Fell ist halblang, sehr fein und seidig und neigt dazu, sich zu wellen. Das Tier sollte eine gutentwickelte, üppige Halskrause haben. Die Katze haart während der Wintermonate.

KÖRPER Mittelgroß, geschmeidig und athletisch.

BEINE Lang und schlank. Die Vorderbeine sind kürzer als die Hinterbeine.

SCHWANZ Lang und spitz zulaufend, die Katze trägt ihn häufig schön gebogen.

PFOTEN Die Pfoten sind klein, zierlich und rund.

Tiffany-Katze

Eigentlich eine langhaarige Burmakatze, vereinigt die Tiffany elegant den modifizierten Körperbau einer Foreign oder Orientalisch Langhaar mit einem üppigen, langen, seidigen Fell.

GESCHICHTE

Die Tiffany, ein Nachkomme schokoladenbrauner Katzen unbekannter Herkunft, ist immer noch eine seltene und weitgehend unbekannte Rasse. Sie unterscheidet sich deutlich von Tiffanie, einer halblanghaarigen Rasse, die ein Kreuzungsprodukt zwischen Burma und Chinchilla-Perser ist.

CHARAKTER

Als Ergebnis einer Kreuzung besitzt die Tiffany eine ganze Reihe von ererbten Eigenschaften: Sie vereinigt die typische Sanftheit einer Langhaarkatze mit der lebhafteren und neugierigeren Persönlichkeit, die für Kurzhaarkatzen charakteristisch ist.

VARIANTEN

Eine Reihe von Farbschlägen sind anerkannt, darunter Chocolate, Blue, Cinnamon, Fawn und Lilac, sowohl einfarbig als auch Tabbys (getigert, getupft). Die bekannteste Tiffany/Chantilly-Färbung ist jedoch Chocolate.

OHREN Mittelgroß. Sie sollten an der Spitze sanft gerundet sein und weit auseinander stehen.

AUGEN Rund bis leicht schräg geschnitten und weit auseinander stehend. Die Farbe sollte ein schöner Goldton sein.

KOPF Gerundet, mit einer ziemlich kurzen Nase und einem stark gerundeten Kinn.

GESICHTSMERKMALE

TIFFANY-KATZE Abgesehen von der Länge des Fells, sollten alle anderen Rassenmerkmale die gleichen sein wie bei der Burmakatze.

ENTWICKLUNG DER FELLFARBE
Tiffany-Kätzchen werden mit einer Farbe geboren, die als »Milchkaffee« bezeichnet wird. Das dunklere Fell der erwachsenen Katze entwickelt sich erst allmählich und ist im Allgemeinen etwas heller als das der Burmakatze.

FELL Das Fell ist lang und seidig und sollte von einem warmen, zobelbraunen Farbton sein.

KÖRPER Mittelgroß, muskulöser und gerundeter als bei einer Siamkatze.

SCHWANZ Mittellang und buschig.

BEINE Im Verhältnis zum Körper lang und schlank.

PFOTEN Die Pfoten sind oval bis rund; braune Pfotenballen

Somalikatze

Die Somalikatze sieht »wild« aus, so, als sei sie gerade aus dem Wald gekommen. Sie ist die langhaarige Version der Abessinierkatze mit üppigem und leicht struppigem Fell, das aber nicht wollig wirkt. Während die Fellhaare der Abessinierkatze zwei oder drei Farbbänder besitzen, welche das Ticking bilden, haben die längeren Fellhaare der Somalikatze zehn oder mehr Bänder, was eine besondere Farbdichte bewirkt.

GESCHICHTE

Das Langhaar-Gen wurde möglicherweise schon während der 1930er-Jahre in die abessinische Zuchtlinie eingeführt, aber Somalikatzen wurden erst in den 1960er-Jahren durch nordamerikanische Züchter entwickelt. 1972 wurde ein Zuchtverein gegründet, und 1978 erkannten alle führenden amerikanischen Verbänden die Somalikatze an. Die Züchtung ist heute in ganz Europa verbreitet. Sie ist besonders erfolgreich in Australien, wo Somalikatzen fast unter Ausschluss von Abessiniern gezüchtet werden.

CHARAKTER

Somalikatzen sind hochintelligent, gutmütig und spielfreudig. Sie mögen ein wenig scheuer sein als die Abessinier, sind aber ebenso wie diese ungeeignet für ein Leben, das sich nur innerhalb des Hauses abspielt.

VARIANTEN

Die beiden häufigsten Farbschläge sind die normale oder wildfarbene Somalikatze mit goldbraunem Fell, einem Ticking in dunklerem Braun oder Schwarz sowie die Sorrel (rote Somalikatze), die ein Fell in warmem Kupferton besitzt, mit einem Ticking in Schokoladenbraun. Die Silber Sorrel, die nach dem vorläufigen Standard ein Oberfell haben sollte, das dem der Somali Sorrel entspricht, und dazu ein helles Unterfell ist eine noch relativ junge Variante der Somalikatze.

SOMALI SILBER SORREL Die Silber Sorrel, ein ganz neuer und noch weitgehend unbekannter Farbschlag, hat bereits viel Aufmerksamkeit erregt.

SOMALI WILDFARBEN Dieser Farbschlag besitzt ein tief goldbraunes Fell mit schwarzer Spitzenfärbung. Eine dunkler schattierte Linie sollte über Rückgrat und Schwanz verlaufen und dort in einer schwarzen Spitze enden. Charakteristisch sind die beiden kurzen, vertikalen Linien über jedem Auge.

FELL Das Fell ist halblang, dicht, seidig und fein. Das Unterfell sollte hell sein mit schokoladenbraunem Ticking, um einen silbrigen Pfirsich-Effekt zu erzeugen. Das Fell verfilzt nicht. Am Bauch ist das Fell länger.

PFOTEN Die Pfoten sind klein und oval, die Ballen sollten rosa sein. Büschel zwischen den Zehen.

SCHWANZ Lang und dick im Ansatz und am Ende leicht zugespitzt. Der Schwanz sollte voll und buschig sein.

AUGEN Groß und mandelförmig. Die Farben: Bernsteinfarben, Haselnussbraun oder Grün.

OHREN Groß, weit auseinander stehend und spitz zulaufend; Ohrbüschel.

KOPF Gemäßigt keilförmig, mit einer mittelgroßen Nase. Rosa Nasenspiegel.

GESICHTSMERKMALE

KÖRPER Ein orientalischer Typus, mittellang, etwas größer als die Abessinier und nicht so feinknochig wie die Siam.

SOMALI SORREL Die Körperfarbe der roten Somalikatze sollte so intensiv wie möglich sein, mit einem schokoladenbraunen Ticking.

FELLENTWICKLUNG Wie bei allen Farbschlägen der Somalikatze kann auch das Fell der Silber Sorrel bis zu zwei Jahren brauchen, um sein ausgereiftes Ticking zu erreichen.

BEINE Lang und schlank. Das schokoladenbraune Ticking sollte sich auch über die Hinterbeine ausdehnen.

Maine Coon

Die Maine Coon ist sowohl die älteste als auch die größte Katzenrasse Amerikas. Es ist gut möglich, dass sie im damals noch jungen Staat Maine frei herumstreifte und dabei Vergleiche mit dem einheimischen Waschbären, dem »Racoon«, der ähnlich wie der Tabby-Typus der Maine-Coon-Katze aussieht, auf sich zog. Das strenge Klima von Neuengland trug zur Entwicklung des dicken Fells der Maine Coon bei, ein Merkmal, das sie mit der Norwegischen Waldkatze teilt, die ebenfalls aus einer kalten Klimazone stammt.

GESCHICHTE
Die ersten Vorfahren der Maine Coon waren wahrscheinlich robuste amerikanische Bauernkatzen und langhaarige Katzen, die von Europa nach Maine mitgebracht wurden. Die Rasse wurde erstmals auf der Katzenausstellung von 1860 in New York gezeigt, wurde dann 1861 registriert und gewann in der Madison Square Garden Show von 1895 den ersten Preis. Als jedoch die Perserkatze in die USA eingeführt wurde, nahm ihre Beliebtheit ab, und erst in den 50er Jahren des 20. Jahrhunderts lebte sie wieder auf. Der 1953 gegründete Central Maine Coon Cat Club war unmittelbar am Wiederaufleben der Rasse beteiligt, das einen weiteren Impuls durch die Gründung der Maine-Coon-Züchter- und -Liebhaber-Vereinigung im Jahre 1976 erhielt. Im selben Jahr wurde die Zucht in den USA offiziell anerkannt.

CHARAKTER
Die Maine Coon besitzt zwei einzigartige Merkmale: Sie ist daran gewöhnt, auf hartem Untergrund zu schlafen. Man findet sie zusammengerollt in den seltsamsten Stellungen und an den seltsamsten Plätzen. Außerdem ist sie bekannt für den entzückenden, feinen Zirplaut, den sie von sich gibt. Maine-Coon-Katzen sind zärtliche, gesellige Haustiere.

VARIANTEN
Außer in Chocolate, Lilac und den Farbvarianten der Siamesen wird die Maine Coon in allen Farben und Farbkombinationen gezüchtet.

MAINE COON BRAUN-TABBY Einer phantasievollen Überlieferung zufolge soll die Maine-Coon-Katze vom amerikanischen Waschbären abstammen, in der nüchternen Realität jedoch ist ein solcher Vorfahre eine genetische Unmöglichkeit.

KOPF Ziemlich lang, aber im Verhältnis zum Körper klein. Er sollte keilförmig sein, mit einer mittellangen Nase. Hohe Backenknochen. Festes Kinn. Rosa Nasenspiegel.

PFOTEN Die Pfoten sind groß und rund. Die Farbe der Pfotenballen sollte der Farbe des Fells entsprechen.

BEINE Mittellang und kräftig.

OHREN *Groß und spitz zu-*
laufend; sie stehen weit aus-
einander und sind hoch am
Kopf angesetzt; Ohrbüschel.

AUGEN *Sie sollten groß*
und leicht schräg geschnitten
sein und weit auseinander
stehen. Die Farben: Grün,
Gold oder Kupfer.

GESICHTSMERKMALE

MAINE COON SCHILD-
PATT MIT WEISS Ein
attraktives Beispiel von
über 30 verschiedenen
Farbschlägen dieser Zucht.

FELL *Das Fell ist dick und zottig, dabei von einer Seidigkeit,*
die sein Aussehen Lügen straft. Die Farbe sollte kupferbraun
mit schwarzen Markierungen sein. Das Fell ist nicht so lang wie
bei anderen Langhaarkatzen und außerdem ungleichmäßiger.

KÖRPER *Sehr groß, lang und*
muskulös. Das Gewicht liegt
zwischen ungefähr drei und sechs
Kilo, allerdings wurden auch schon
schwerere Tiere verzeichnet. Die
Form des Körperumrisses wirkt fast
rechteckig. Das Fell ist relativ leicht
zu pflegen.

MAINE COON WEISS Bei die-
sem Farbschlag sind sowohl goldfarbene als auch blaue oder zwei
verschiedenfarbige Augen erlaubt.

SCHWANZ *Er sollte so lang wie der Körper sein, mit einem*
breiten Ansatz und einem stumpf verlaufenden Ende. Das
Schwanzfell ist lang und wallend, am Schwanzende fedrig.

Norwegische Waldkatze

Eine norwegische Legende beschreibt die diese Katze als geheimnisvolles, verzaubertes Tier, und vielleicht wirkt keine andere Katzenrasse so wild und so sehr wie ein nur zeitweiliger Besucher am häuslichen Herd. Bei dieser Katze besteht kein Zweifel: Sie gehört zu einer alten, natürlich entstandenen Rasse, die robust, ausdauernd und dem kalten skandinavischen Winter gut angepasst ist. Das auffälligste Merkmal dieser Anpassung ist das Doppelfell, das Wind und Schnee fernhält, die Wärme speichert und nach einer Durchnässung in etwa 15 Minuten trocknet.

NORWEGISCHE WALDKATZE IN TABBY Tabbys neigen zu einem dickeren Fell als andere Varianten dieser Rasse, aber wie auch bei allen Norwegischen Waldkatzen verfilzt das Fell überraschenderweise kaum.

GESCHICHTE

Das einzige, was wir mit Sicherheit über die Norwegische Waldkatze wissen, ist, dass es sich um eine alte Züchtung handelt. Zu ihren Verwandten könnten Kurzhaarkatzen gehören, die von den Wikingern aus England mitgebracht wurden, und Langhaarkatzen, die Kreuzfahrer mit nach Hause brachten, und die sich dann mit Bauern- und wildlebenden Katzen paarten. Sie ähnelt der Maine Coon. Andererseits kann jedoch nur die »Norsk Skaukatt«, wie sie in ihrem Heimatland genannt wird, die Trollkatze aus den skandinavischen Märchen sein. Sie wurde in Norwegen 1930 anerkannt und 1938 zum erstenmal ausgestellt. Eine Zeitlang war es nicht erlaubt, diese Katze zu exportieren. Aus diesem Grund blieb diese Zucht außerhalb des eigenen Landes lange unbekannt. Heute jedoch hat sie sich auf internationaler Ebene profiliert und es wurden Zuchtstandards für sie aufgestellt.

KÖRPER Robust und muskulös, von mittlerer Länge und quadratisch wirkend.

CHARAKTER

»Wegies« lieben den Menschen und können sehr viel Zuneigung verlangen, dafür belohnen sie ihn mit ihrer intelligenten, freundlichen und spielfreudigen Gesellschaft. Gewöhnt an das Leben im Freien, wo sie geschickte, rasche Jäger sind, können sie sich trotzdem voll Zufriedenheit an das Leben im Haus anpassen, solange man ihnen genug Raum bietet.

VARIANTEN

Bei der Norwegischen Waldkatze sind alle Fellfarben und Muster mit oder ohne Weiß zulässig.

PFOTEN Groß, mit starken Pfoten. Die Farbe der Pfotenballen entspricht der Fellfarbe. Spezielle Krallen ermöglichen das Klettern auf Felsen und Bäumen.

BEINE Lang und kräftig. Die Hinterbeine sind etwas länger als die Vorderbeine.

OHREN Lang, hoch oben am Kopf angesetzt und spitz zulaufend; Ohrbüschel.

KOPF Dreieckig, mit einer langen, breiten, geraden Nase. Ein starkes Kinn. Die Farbe des Nasenspiegels entspricht der Fellfarbe. Lange, weit vorstehende Schnurrhaare.

AUGEN Groß, mandelförmig und weit auseinander stehend.

GESICHTSMERKMALE

FELL Das Doppelfell besteht aus langen, Wasser abweisenden Leithaaren über dicker Unterwolle. Die Farbe ist blau mit durchscheinendem Weiß. Die üppige Halskrause wird im Sommer meistens »abgeworfen«. Wolliges Unterfell.

NORWEGISCHE WALDKATZE RAUCHBLAU
Diese Katzenrasse besitzt die erstaunliche Eigenschaft, dass sie in einer Spirallinie mit dem Kopf voraus von Bäumen herunterklettern kann.

SCHWANZ Wallend und ebenso lang wie der Körper.

Sibirische Katze

Denken Sie bei Sibirien nicht an Straflager und eisige Tundra, sondern an etwas wirklich Schönes – und zwar an diese hübsche Katze. Diese große, kräftig gebaute und sehr hübsche Halblanghaarkatze ähnelt der Maine Coone und der Norwegischen Waldkatze.

GESCHICHTE

Über die Herkunft dieser in Russland heimischen Rasse ist wenig bekannt. Sie wurde vor nicht allzu langer Zeit von Katzenliebhabern entdeckt und in den frühen 90er-Jahren des 20. Jahrhunderts in die USA eingeführt. Diese noch seltene Rasse erfreut sich hier einer immer größer werdenden Beliebtheit bei Katzenfreunden. Sonst trifft man sie außerhalb Russlands kaum an. Die Rasse wird von einigen großen Katzenverbänden wie CFA, TICA und FIFé anerkannt.

CHARAKTER

Die zutrauliche und fröhliche Sibirische Katze liebt es, sich zu „unterhalten", aber nicht durch Jaulen wie bei Siamesen, sondern durch eine Art von Zwitschern ähnlich wie bei Pumajungen.

VARIANTEN

Diese Rasse kommt in vielen Farben vor, wobei die Braun-Tabby die häufigste ist.

BRAUN-TABBY (GETUPFT) MIT WEISS Die Sibirische Katze ist eine Halblanghaarrasse und die Nationalkatze Russlands. Ihr üppiges, dichtes Winterfell eignet sich für ein Leben in der Steppe.

KOPF Leicht keilförmig mit rundlichem Umriss; lange, kräftige Schnurrhaare.

SCHWANZ Mittellang und dicht behaart, an der Basis breit, an der Spitze stumpf.

BEINE Mittellang und mit dickem, ziemlich dichtem Fell bedeckt.

PFOTEN Groß und rund, mit Haarbüscheln zwischen den Zehen.

BRAUN-TABBY MIT WEISS Es heißt, diese Katzen lebten einst in russisch-orthodoxen Klöstern, patrouillierten auf den Dachbalken und hielten Ausschau nach ungebetenen Gästen. Dann schlugen sie Alarm durch laute Rufe.

TABBY ROTSCHATTIERT UND WEISS Die Sibirische Katze entwickelt sich sehr langsam und braucht bis zu fünf Jahre, bis sie ihre volle Größe und ihr prächtiges Aussehen erreicht hat.

OHREN Mittelgroß und seitlich abstehend, an der Basis breit. Die Spitzen sind gerundet und weisen Luchspinsel auf, die Innenseiten sind deutlich behaart.

AUGEN Groß, oval und weit auseinander stehend, in Grün, Gold, Haselnuss oder Kupfer. Weiße Sibirische Katzen haben blaue oder verschiedenfarbige, die mit Abzeichen blaue Augen.

GESICHTSMERKMALE
Sibirische Katze Tabby braungetupft und Weiß

FELL Halblang mit längeren Haaren am Hinterteil, Schwanz und an der Halskrause. Das Fell fühlt sich angenehm glatt an, da das Deckhaar Wasser abweisend und leicht fettig ist, und es wird nicht matt.

KÖRPER Mittelgroß bis groß, kräftig und muskulös.

Nebelung

Das blaue Haarkleid mit silberner Spitzenfärbung verleiht dieser Rasse einen schimmernden Glanz. Das Licht wird von den Leithaaren reflektiert und erzeugt so die Wirkung eines weißen Nebelschleiers; dem Wort Nebel verdankt die Katze auch ihren Namen. Erst wenn man das Fell gegen den Strich bürstet, erkennt man das Blau der Haarschäfte.

GESCHICHTE

Diese seltene Rasse ist eine moderne Neuzüchtung der halblanghaarigen Russisch Blau, die erstmals 1871 bei der Katzenausstellung im Kristallpalast in London vorgestellt wurden. Bis heute wird sie außerhalb Russlands, der USA, Deutschlands und der Niederlande selten angetroffen. Das Interesse an dieser Rasse erwachte in den 1980er-Jahren in den USA durch die zufällige Paarung einer schwarzen Kurz-haarkatze mit einem Kater der Rasse Russisch Blau. Einige der Kätzchen aus den ersten Würfen entwickelten ein schönes, langhaariges, seidig blaues Fell. Der Zuchtstandard dieser neuen Rasse entspricht – mit Ausnahme der Haar-länge – exakt dem der Russisch Blau. Dennoch wird sie von vielen Katzenverbänden nicht anerkannt.

CHARAKTER

Diese Katzen sind freundlich, sanft und ziemlich zurückhal-tend, Fremden gegenüber anfangs vorsichtig, aber beson-ders treu und liebevoll, wenn sie Sie richtig kennengelernt haben. Auch wenn sie keine ausgesprochenen Schmuse-katzen sind, brauchen sie Liebe und Aufmerksamkeit. In Haushalten, deren Mitglieder viel außer Haus sind, sollte eine Nebelung eine andere Katze zur Gesellschaft haben, damit sie sich wohl fühlt; denn sie mag das Alleinsein nicht.

VARIANTEN

Es gibt keine Varianten dieser Rasse.

OHREN *Ziemlich groß und spitz zulaufend.*

AUGEN *Grün (Kätzchen haben anfangs oft gelbe Augen) und weit ausein-ander stehend.*

GESICHTSMERKMALE

LANGHAARIGE RUSSISCH BLAU
Die Rasse Nebelung vereint das herrlich schimmernde Blaugrau der Russisch Blau und ein längeres, viel üppigeres Fell in sich.

KOPF *Leicht keilförmige, ziemlich spitz zulaufende Form.*

FELL *Mittellang, doppel-lagig, weich, seidig und von feiner Textur.*

SCHWANZ *Lang und üppig behaart.*

KÖRPER *Relativ lang und schlank, geschmeidig und kräftig.*

BEINE *Lang, muskulös, aber elegant, mit länger behaarten »Hosen« an den Hinterbeinen.*

PFOTEN *Zier-lich und rund.*

Cymric

Cymric bedeutet auf walisisch »walisisch«. Aber trotz des Namens hat diese Rasse nichts mit Wales zu tun, sondern es handelt sich um eine relativ neue Züchtung aus Kanada, die auch als Halblanghaarige Manx bezeichnet wird.

GESCHICHTE

Die ersten Katzen dieser Rasse sah man in Kanada in den 1960er-Jahren des letzten Jahrhunderts als spontane langhaarige Mutanten in Würfen von Manxkatzen. Diese Mutanten wurden miteinander verpaart und bekamen weiterhin langhaarige Nachkommen. Cymric kann, wie manche Katzenverbände es tun, einfach als eine Variante der schwanzlosen Manx mit einem halblangen, weichen, dicken Fell angesehen werden. Nur wenige Organisationen, darunter auch der australische Katzenverband, erkennen Cymric als eigenständige Rasse an.

CHARAKTER

Cymric-Katzen sind freundliche, scharfsinnige Tiere, die sich sowohl im Haus als auch im Freien wohl fühlen. Sie sind meist sehr zutraulich und sie vertragen sich gut mit anderen Katzen und mit Hunden.

VARIANTEN

Alle Musterungen und Färbungen sind zugelassen.

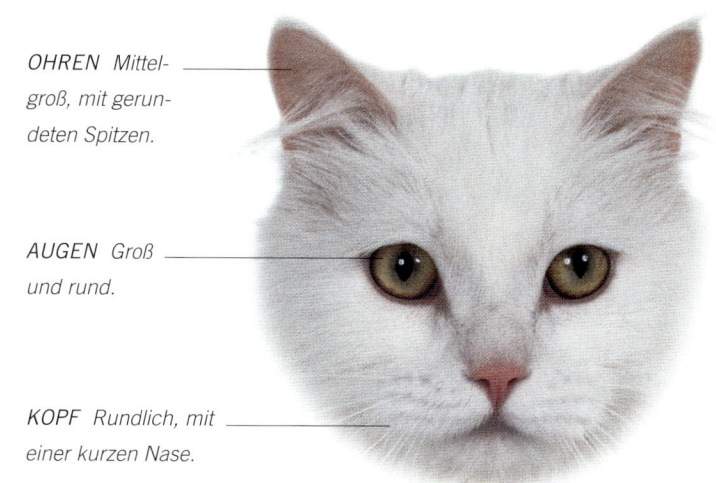

OHREN Mittelgroß, mit gerundeten Spitzen.

AUGEN Groß und rund.

KOPF Rundlich, mit einer kurzen Nase.

GESICHTSMERKMALE

BESONDERS ANHÄNGLICH Die Cymric-Katze baut oft eine starke Bindung zu einem bestimmtem Mitglied der Familie auf.

KÖRPER Mittelgroß und muskulös.

SCHWANZ Möglichst ohne Andeutung eines Schwanzes.

FELL Mittellang bis lang, doppelt mit dichtem Unterhaar und glattem Deckhaar. Es wird nicht matt.

BEINE Kurz und stämmig, hinten deutlich länger als vorne.

PFOTEN Groß und rund.

Katzen ohne Stammbaum

Langhaarkatzen ohne Stammbaum sind weit verbreitet. Wie die bekannteren Kurzhaarkatzen ohne Stammbaum sollte man sie keinesfalls als »Zweite Wahl« nach den edlen Ausstellungsexemplaren betrachten – sie mögen vielleicht nicht so berühmte Eltern haben, aber sie besitzen denselben, angeborenen »Katzen-Charme«.

ZWEIFARBIGE LANGHAARKATZE OHNE STAMMBAUM

GESCHICHTE

Langhaarkatzen entstanden wahrscheinlich infolge einer spontanen Mutation in isolierten, vermutlich kalten Gebieten, wodurch dieses Merkmal bei einer Rassenvermischung erhalten bleiben konnte. Die modernen Langhaarkatzen stammen meistens von türkischen oder persischen Katzen ab, die Ende des 19. Jahrhunderts nach England gebracht wurden. Langhaarkatzen ohne Stammbaum können das Ergebnis einer Kreuzung zwischen Langhaarkatzen oder von Paarungen zwischen Langhaar- und Kurzhaarkatzen sein.

CHARAKTER

Wie alle Katzen besitzt auch die Langhaar ohne Stammbaum eine eigene, unverwechselbare Persönlichkeit, die von dem Erbgut, der Kindheit und der sozialen Umgebung geprägt wurde. In der Regel ist sie fügsamer als ihre kurzhaarigen Verwandten.

VARIANTEN

Es gibt natürlich eine unbegrenzte Anzahl von Varianten.

KÖRPER Stark und stämmig.

LANGHAAR-TABBY OHNE STAMMBAUM Wie die Kurzhaarkatzen ohne Stammbaum besitzen die gekreuzten Langhaarkatzen mit großer Wahrscheinlichkeit eher Tabby-Merkmale als irgendwelche anderen, weil diese zum grundlegenden Fellmuster der Katze gehören. Die Felllänge lässt die Abzeichen weniger deutlich hervortreten, aber eine Tabby ist trotzdem immer unverwechselbar.

SCHWANZ Mittellang und flauschig.

OHREN *Mittelgroß, mit abgerundeten Spitzen.*

KOPF *Mittelgroß, rund, mit einer mittellangen Nase. Das charakteristische »M« auf der Stirn. Roter Nasenspiegel.*

FELL *Lang, dick und seidig.*

AUGEN *Groß und rund.*

GESICHTSMERKMALE

BEINE *Mittellang und dick.*

PFOTEN *Die Pfoten sind groß und rund.*

LANGHAAR-TABBY MIT WEISS OHNE STAMMBAUM
Ebenso attraktiv wie eine Rassekatze.

LANGHAAR-SMOKE OHNE STAMMBAUM Trotz undefinierbarer Farbe eine außerordentlich schöne Katze.

Kurzhaarkatzen

Kurzes Fell ist sowohl bei wilden als auch bei domestizierten Katzen üblicher als langes. Das liegt hauptsächlich daran, dass die Gene für kurzes Haar gegenüber denen für langes Haar dominant sind. Außerdem kann sich langes Haar im Freien, ob es sich nun um einen Leoparden handelt oder um einen heimatlosen Kater in der Großstadt, bei der Pirsch oder beim Lauern im Hinterhalt irgendwo verhaken oder den Feinden eine Möglichkeit bieten, sich daran festzukrallen.

Ferner würde das Fell ohne einen aufmerksamen Besitzer, der es pflegt, verfilzen und leicht zur Ursache von Hautkrankheiten werden. Das sind erhebliche Nachteile, die in der natürlichen Evolution berücksichtigt wurden. Darüber hinaus behindert kurzes Fell die Tiere nicht, und es ist einfach zu pflegen – Wunden können leicht versorgt werden, und Parasiten finden nicht so gute Nistplätze vor wie in langem Fell. Es reicht, das Fell zweimal in der Woche zu bürsten, die meisten Kurzhaarkatzen können ihr Fell sehr gut selbst pflegen.

Es gibt drei Hauptkategorien von Kurzhaarkatzen: die Britisch Kurzhaar, die Amerikanisch Kurzhaar und die Foreign oder Orientalisch Kurzhaar.

Die Britisch Kurzhaar ist eine stämmige Katze mit einem starken, muskulösen Körper auf kurzen Beinen und einem kurzen, dichten Fell. Sie hat einen breiten, runden Kopf mit einer kurzen, geraden Nase und großen, runden Augen. Die europäische Kurzhaar wird mit ihr gleichgesetzt.

Die Amerikanisch Kurzhaar entwickelte sich aus der Britisch und Europäisch Kurzhaar, die von den ersten Siedlern in die USA mitgenommen wurden. Sie stellt eine eigene Katzenrasse dar, größer und schlanker als der englische Typus, mit etwas längeren Beinen, einem länglicheren Kopf mit einem geradegeschnittenen Mund, einer mittellangen Nase und großen, runden Augen. Im Fall der Orientalisch Kurzhaar spricht die Bezeichnung »Orientalisch« nicht unbedingt für eine exotische Abstammung (einige dieser Katzen kommen allerdings aus dem Fernen Osten). Sie bezieht sich vielmehr auf eine Vielzahl von Züchtungen mit dem gleichen Körperbau, der jedoch deutliche Unterschiede zu dem der rundlichen Britisch und Amerikanisch Kurzhaar aufweisen kann.

Das Aussehen der Foreign oder Orientalisch Kurzhaar unterscheidet sich stark von dem der rundlichen und kräftigen Britisch und Amerikanisch Kurzhaar. Dieser Katzentypus hat einen keilförmigen Kopf mit schräg geschnittenen Augen, großen, spitzen Ohren, einen geschmeidigen, schlanken Körper mit langen Beinen und ein sehr feines, kurzes Fell.

Zu dieser Kategorie gehört als bekanntestes Beispiel die Siamkatze, ebenso die Koratkatze und die Havannakatze. In einigen Ländern, einschließlich der USA, sind diese Katzen als Orientalisch Kurzhaar oder auch als Orientalischer Typus bekannt, während es in anderen Ländern – vornehmlich in England, Australien und Neuseeland – von bestimmten Farbschlägen und Fellmustern abhängt, ob eine Katze als Foreign oder Orientalisch Kurzhaar eingestuft wird.

Britisch Kurzhaar Schwarz

Mehr als jede andere Katze war die schwarze Kurzhaarkatze jahrhundertelang Grund für Furcht, Aberglauben und Verehrung – abwechselnd verteufelt als Unglücksbote oder herbeigewünscht als Glücksbringer. Tatsächlich wurden im Mittelalter, als die christliche Kirche Europa von den Spuren des Heidentums zu reinigen versuchte, viele schwarze Katzen umgebracht, weil man glaubte, sie wären Werkzeuge des Teufels. Sie hatten trotz allem Glück, denn sie haben bis heute überlebt.

GESCHICHTE

Die schwarze Britisch Kurzhaar war eine der ersten Rassen, die Ende des 19. Jahrhunderts im Kristallpalast in London ausgestellt wurde. Sie wurde selektiv durch Auswahl und Kreuzung der besten britischen Straßenkatzen gezüchtet. Heute entsteht diese Katze im Allgemeinen durch Paarungen untereinander, manchmal finden sich aber auch welche in Schildpatt-Würfen. Man verwendet sie in Zuchtprogrammen von Schildpatt-Katzen und Schildpatt mit Weiß.

CHARAKTER

Die gutmütige und sehr intelligente schwarze Britisch Kurzhaar ist eine ideale Katze für Haus und Garten.

VARIANTEN

Keine.

DIESE AUGEN HABEN ES IN SICH   Kurzhaarige schwarze Katzen gibt es überall, aber im Allgemeinen haben sie grüne Augen. Dagegen stehen hier die orange- oder kupferfarbenen Augen in herrlichem Kontrast zu dem dichten, schwarzen Fell.

PFOTEN Die Pfoten sind groß und rund; schwarze Pfotenballen.

DUNKLE VERGANGENHEIT Schwarze Katzen, verrufen als angebliche Vertraute von Hexen, die, wie man glaubte, sich in Katzen verwandeln konnten, wenn sie wollten, haben schon immer die Aufmerksamkeit von Aber- und Leichtgläubigen auf sich gezogen.

OHREN Mittelgroß, mit runden Spitzen.

AUGEN Groß und rund, in glänzendem Orange, Gold oder Kupfer.

KOPF Rund und breit, mit einer kurzen, geraden Nase. Gut entwickeltes Kinn. Schwarzer Nasenspiegel.

GESICHTSMERKMALE

BEINE Kurz und gut proportioniert.

KÖRPER Stark, stämmig und muskulös – ein hervorragendes Beispiel für den kurzhaarigen Typus.

FELL Das Fell ist kurz und dicht. Es sollte völlig kohlschwarz sein, ohne ein einziges weißes Haar. Die Farbe sollte bis zu den Haarwurzeln reichen.

VON DER SONNE GEBLEICHT Das Fell der schwarzen Britisch Kurzhaar kann eine bräunliche Tönung annehmen, wenn die Katze sich oft und lange in der Sonne aalt – was bei einem Ausstellungsexemplar besonders unerwünscht ist. Kätzchen hingegen dürfen sehr wohl eine gewisse »Rostfarbe« aufweisen, diese sollte aber im Alter von etwa sechs Monaten verschwinden.

SCHWANZ Kurz und dick.

Britisch Kurzhaar Weiß

Weiße Kurzhaarkatzen wurden schon immer wegen der Reinheit ihres Fells bewundert und in vielen Ländern werden sie als ein Symbol der Vollkommenheit betrachtet. Wie bei der weißen Langhaarkatze neigt auch hier das blauäugige Tier zu genetisch bedingter Taubheit.

GESCHICHTE
Die moderne Zucht stammt von selektiven Kreuzungen von Straßenkatzen gegen Ende des 19. Jahrhunderts ab.

CHARAKTER
Wie diese Abstammung vermuten lässt, ist die weiße Britisch Kurzhaar intelligent und mit dem Leben auf der Straße vertraut, außerdem ist sie ein freundlicher Gefährte.

VARIANTEN
Es gibt drei Farbschläge: Katzen mit blauen, orangefarbenen und mit zwei verschiedenfarbigen Augen. (Weiße Kurzhaarkatzen ohne Stammbaum besitzen im Allgemeinen grüne Augen.)

BRITISCH KURZHAAR WEISS MIT ORANGEFARBENEN AUGEN Eine vollkommen weiße Kurzhaarkatze ist selten und daher sehr begehrt. Der Farbschlag mit orangefarbenen Augen, der nicht wie der blauäugige Typus unter Taubheit zu leiden hat, wird sogar noch höher geschätzt.

OHREN Mittelgroß, mit runder Spitze und weit auseinander stehend.

AUGEN Groß, rund und orangefarben. Beide Augen sollten die gleiche Farbintensität besitzen.

GESICHTSMERKMALE

FELL Das Fell ist kurz und dicht. Die Farbe sollte ein reines Schneeweiß sein, ohne jede Andeutung von Grau oder Gelb.

KOPF Rund und breit, mit einem gutentwickelten Kinn, einer geraden Nase und einem rosa Nasenspiegel.

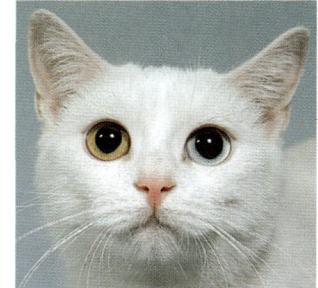

BRITISCH KURZHAAR WEISS MIT ZWEI VERSCHIEDENFARBIGEN AUGEN Dieser Farbschlag der weißen Britisch Kurzhaar, der ein orangefarbenes und ein blaues Auge besitzt, ist ein Nebenprodukt von Zuchtprogrammen für Katzen mit orangefarbenen Augen. Auf der Seite des blauen Auges kann Taubheit auftreten.

KÖRPER Stark, muskulös und untersetzt.

SCHWANZ Kurz und dick.

BEINE Kurz, aber gut proportioniert.

PFOTEN Die Pfoten sind groß und rund, mit rosa Ballen.

Britisch Kurzhaar Creme

Diese bildhübsche Katze sieht aus, als ob sie gerade in einen Topf mit geschlagener Sahne eingetaucht wäre. Es ist aber in der Praxis nicht leicht, den gewünschten hellen Farbton zu erzielen, und gelungene Exemplare sind seltener zu finden als bei anderen Kurzhaarkatzen. Züchtungen, die von Schildpatt-Katzen ausgehen, neigen zu einem rötlichen Farbton. Da es schwierig ist, das dominante Tabby-Gen zu unterdrücken, behalten viele Kätzchen bis ins Erwachsenenalter hinein ihre Tabby-Abzeichen. Auch wenn sie überdeckt sind, kann extrem heißes oder kaltes Wetter dazu führen, dass sie wieder auftreten.

GESCHICHTE

Kurzhaarkatzen in Creme traten erstmals gegen Ende des 19. Jahrhunderts auf, zunächst in Würfen von Schildpatt-Katzen. Geraume Zeit wusste man nicht, wie man sie züchten konnte. Deshalb wurden sie vor der Aufstellung eines Zuchtprogramms in den 20er-Jahren des 20. Jahrhunderts nicht offiziell anerkannt. Ein größeres Interesse an dieser Rasse zeigte sich erst während der 1950er-Jahre.

CHARAKTER

Die Britisch Kurzhaar Creme ist außerordentlich gutmütig, intelligent und anhänglich.

VARIANTEN

Keine.

OHREN Mittelgroß, mit runden Spitzen.

AUGEN Groß und rund, in den Farben Kupfer, Orange oder Waliser Gold. Haselnussbraune Augen sind nur im Entwicklungsalter erlaubt.

GESICHTSMERKMALE

OPTIMALES ERGEBNIS Weibchen in Blaucreme, die mit Männchen in Blau oder Creme verpaart werden, bringen im Allgemeinen die besten Exemplare dieser Rasse hervor.

KOPF Rund und breit, mit einer kurzen Nase. Rosa Nasenspiegel.

FELL Kurz und dicht, aber fein. Die Farbe sollte ein gleichmäßiger Creme-ton sein, mit so wenig Abzeichen wie möglich. Weiße Haare sind nicht erlaubt. Hellere Tönungen werden bevorzugt.

KÖRPER Kräftig, stämmig und muskulös.

EIN ZUKÜNFTIGER SIEGER? Das helle Fell dieses Kätzchens lässt vermuten, dass es später möglicherweise zu Ausstellungen zugelassen wird.

SCHWANZ Kurz und dick.

BEINE Kurz, aber gut proportioniert.

PFOTEN Die Pfoten sollten groß und rund sein; rosa Pfotenballen.

Britisch Kurzhaar Blau

Ein idealer Körperbau und ein besonders plüschiges Fell von tiefem Blaugrau, das zu orange- oder kupferfarbenen Augen kontrastiert, machen diese Rasse zur Nummer eins in der Beliebtheitsskala der Kurzhaarkatzen.

GESCHICHTE

Die Britisch Kurzhaar Blau entwickelte sich im späten 19. Jahrhundert durch Zuchtprogramme mit besonders schönen Hauskatzen. Sie tauchte schon früh auf Ausstellungen auf, aber der Mangel an guten Zuchtkatern während des Zweiten Weltkrieges und die Einkreuzung anderer Zuchtkatzen nach Kriegsende bewirkte einen Rückgang der Zucht. Erst die Einbringung von blauen Langhaarkatzen in die Zuchtlinie führte zu einer gewissen Verbesserung, obgleich das Fell dann häufig zu lang war. In den 1950er-Jahren war es infolge einer sehr selektiven Züchtung endlich möglich, den ursprünglichen Typus der blauen Britisch Kurzhaar wieder zu erreichen.

CHARAKTER

Die scharfsinnige und besonders anhängliche Britisch Kurzhaar Blau ist ein angenehmer Gefährte und hat, wie einige Besitzer berichteten, den Hang zu einem ruhigen Leben.

VARIANTEN

Es gibt keine Varianten von Britisch Kurzhaar Blau, obwohl manche Verbände die Kartäuserkatze als eine Variante ansehen.

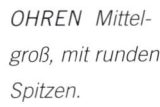

OHREN *Mittelgroß, mit runden Spitzen.*

AUGEN *Groß und rund. Sie sollten kupfer- oder orangefarben sein.*

GESICHTSMERKMALE

KOPF *Rund und breit, mit einer kurzen, geraden Nase. Gut entwickeltes Kinn. Blauer Nasenspiegel.*

KÖRPER *Kräftig, muskulös und untersetzt.*

PFOTEN *Die Pfoten sind groß und rund, die Ballen blau.*

BEINE *Kurz und wohl proportioniert.*

DER LIEBLING Die Britisch Kurzhaar Blau ist die beliebteste Rasse unter den Kurzhaarkatzen. Sie besitzt einen ausgeglichenen Charakter, aber manchmal sitzt ihr auch der Schalk im Nacken.

ERHALTUNG DER RASSE Um den Zuchttypus zu erhalten, werden gelegentliche Einkreuzungen von blauen Langhaarkatzen und schwarzen Kurzhaarkatzen empfohlen.

FELL Das Fell ist kurz und dicht. Während früher auch ein dunkles Schieferblau anerkannt wurde, verlangt der Standard heute ein Mittel- bis Hellblau. Es sollen keine Tabby-Abzeichen vorhanden sein.

DIE PERFEKTE KURZHAARKATZE Die selektive Zucht der blauen Kurzhaarkatze hat ein hervorragendes Beispiel für das ideale Erscheinungsbild einer britischen Kurzhaarkatze hervorgebracht.

SCHWANZ Kurz und dick.

BLAUES KÄTZCHEN Die Britisch Kurzhaar Blau ist als Kätzchen unwiderstehlich und besonders hübsch. Sie kann in diesem Alter schwache Tabby-Abzeichen besitzen, die jedoch innerhalb von wenigen Monaten verschwinden sollten.

Britisch Kurzhaar Blaucreme

Wie der Name vermuten lässt, ist diese Katze eigentlich eine Kreuzung zwischen Kurzhaarkatzen in Blau und Creme, obwohl auch Schildpatt-Katzen für diese Rasse verwendet werden. Der britische Standard verlangt eine fein ineinander übergehende Tönung, während die Amerikanisch Kurzhaar Blaucreme klar voneinander abgegrenzte Farbpartien besitzt. Die Art und Weise, in der die Farbgene bei einigen Katzenarten mit den Geschlechtsgenen verbunden sind, hat dazu geführt, dass noch kein Kater in Blaucreme bekannt wurde, welcher das Erwachsenenalter erreicht hätte.

GESCHICHTE
Die Britisch Kurzhaar Blaucreme ist eine recht neue Zucht und wurde in England erst Ende der 1950er-Jahre anerkannt.

CHARAKTER
Diese Katze ist ebenso anhänglich und lebhaft wie ihre Vorfahren.

VARIANTEN
Keine.

GUTER CHARAKTER
Ihr aufgeweckter Charakter hat die Blaucreme bei ihren Besitzern sehr beliebt gemacht.

KÖRPER Kräftig, muskulös und untersetzt.

SCHWANZ Er sollte kurz und dick sein.

BEINE Kurz und wohl proportioniert.

PFOTEN Die Pfoten sind groß und rund und haben Ballen in Rosa oder Blau oder einer Mischung von beiden Farben.

OHREN *Mittelgroß, mit runden Spitzen.*

AUGEN *Groß und rund, entweder in Kupfer, Orange oder dunklem Gold.*

FELL *Das Fell ist kurz und dicht. Bei der Farbe sollten das Blau und Creme ohne Tabby-Abzeichen sanft ineinander übergehen.*

KOPF *Rund und breit, mit einer kurzen, geraden Nase. Gutentwickeltes Kinn. Blauer Nasenspiegel.*

GESICHTSMERKMALE

UNTERSCHIEDLICHE HAARTYPEN Die cremefarbenen Haare sind meistens feiner als die blauen. Deshalb erfordert das Fell regelmäßige Pflege, wenn die Katze ihr Haarkleid wechselt.

GEMISCHTE WÜRFE
Würfe, die durch Kreuzung von blauen und cremefarbenen Katzen entstehen, können sowohl einfarbige Kätzchen als auch welche in Blaucreme enthalten.

MUSTEREXEMPLAR Die besten Exemplare der Britisch Kurzhaar Blaucreme haben eine sehr helle Farbe.

Britisch Kurzhaar Tabby

Mit ihrem typischen Fellmuster hat die Britisch Kurzhaar Tabby am meisten Ähnlichkeit mit ihren wild lebenden Vorfahren. Das Tabby-Gen ist dominant, und die neugeborenen Kätzchen anderer Rassen besitzen oft schwache, vorübergehende Tabby-Abzeichen, die von ihrer ursprünglichen Herkunft zeugen und davon, dass ihre ungezähmten Verwandten in der Wildnis eine wirksame Tarnung brauchten. Trotz der Stärke der Tabby-Gene haben die strengen Vorschriften der Zuchtstandards dafür gesorgt, dass die gezüchtete Tabby keine Feld-Wald-und-Wiesen-Katze ist.

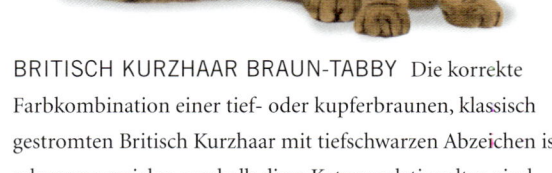

BRITISCH KURZHAAR BRAUN-TABBY Die korrekte Farbkombination einer tief- oder kupferbraunen, klassisch gestromten Britisch Kurzhaar mit tiefschwarzen Abzeichen ist schwer zu erzielen, weshalb diese Katzen relativ selten sind.

GESCHICHTE

Darstellungen von Tabby-Katzen gab es bereits auf den Wandgemälden im pharaonischen Ägypten, und seither wurden sie immer wieder von Kunsthandwerkern und Künstlern dargestellt. Der Begriff »Tabby« rührt von dem Wort Attabiya her, einem Viertel im alten Bagdad. Dort wurde ein gestreifter Stoff hergestellt, der in England Tabbiseide hieß. Die moderne Zucht dieser ehrwürdigen Katze stammt aus dem 19. Jahrhundert, als die besten britischen Hauskatzen gekreuzt wurden.

KÖRPER Kräftig, muskulös und stämmig.

CHARAKTER

Die Britisch Kurzhaar Tabby ist eine gutmütige, anhängliche und intelligente Katze, was sie zu einem wunderbaren Freund macht.

VARIANTEN

Die Britische Kurzhaar Tabby wird in zwei verschiedenen Fellmustern und in verschiedenen Farben gezüchtet. Die getigerte Katze (Mackerel) besitzt mehr Streifen im Fell, die Spiralen der klassisch gestromten Kurzhaarkatze fehlen. Anerkannte Farbschläge sind Braun, Silber und Rot, in den USA werden außerdem auch Blau und Creme anerkannt.

BRITISCH KURZHAAR ROT-TABBY
Eine klassisch gestromte Kurzhaarkatze hat auf den Schultern eine Zeichnung in Schmetterlingsform, von der drei Streifen am Rückgrat entlanglaufen, eine austerförmige Spirale auf jeder Flanke und enge »Halsband«-Ringe über der Brust. Der Bauch ist gefleckt, und die Stirn trägt ein Abzeichen, das den Buchstaben »M« formt. Schwanz und Beine weisen waagerecht verlaufende Fellringe auf.

BEINE Kurz, aber gut proportioniert. Die Beine sind von »Armreifen« umgeben.

OHREN Mittelgroß, mit runden Spitzen.

AUGEN Groß und rund, kupfer-, gold- oder orangefarben.

KOPF Rund und breit, mit einer kurzen, geraden Nase und einem gut entwickelten Kinn. Tabby-Striche auf den Wangen. Ziegelroter Nasenspiegel.

GESICHTSMERKMALE

KEIN STRASSENKATER Eine gezüchtete rotgestromte Kurzhaarkatze kann dem roten Kater aus der Nachbarschaft fast zum Verwechseln ähnlich sehen, aber der satte Rotton ihres Fells und die auffallen den dunkelroten Abzeichen zeigen, dass sie nicht »von der Straße« kommt.

FELL Das Fell sollte kurz und plüschartig sein. Die dunkelroten Abzeichen sollten dem klassischen Tabby-Muster entsprechen und sich gut von dem satten Rot der Grundfarbe abheben. Die Abzeichen sollten auf beiden Seiten identisch sein.

SCHWANZ Kurz und dick.

PFOTEN Die Pfoten sind groß und rund.

BRITISCH KURZHAAR SILBER-TABBY Die Silber-Tabby, der vielleicht beliebteste Farbschlag unter den Tabby-Katzen, sollte scharf umrissene, eng beieinander stehende, kohlschwarze Abzeichen haben, die sich gut von der silbergrauen Grundfarbe abheben. Der Nasenspiegel ist entweder ziegelrot oder schwarz, die Augen sollten grün oder haselnussbraun sein.

Britisch Kurzhaar Schildpatt

Obwohl die Britisch Schildpatt mit ihrem ausgeprägten Fellmuster in Schwarz, Creme und Rot zu den bekanntesten Hauskatzen gehört, ist sie überraschenderweise schwer zu züchten. Um das gewünschte Farbmuster zu erzielen, paart man die Weibchen am besten mit einem reinschwarzen, roten oder cremefarbenen Zuchtkater, aber selbst dann ist es möglich, dass nur ein einziges Kätzchen im Wurf dem gewünschten Typus entspricht. Da die Gene, welche die Fellfarbe bestimmen, geschlechtsgebunden sind, sind fast alle Schildpatt-Katzen Weibchen.

OHREN Mittelgroß, mit runden Spitzen.

AUGEN Groß und rund. Die Farbe sollte entweder Dunkelorange oder wie blankes Kupfer sein.

GESICHTSMERKMALE

GESCHICHTE
Wie die meisten Britisch Kurzhaar wurden auch die Schildpatt-Katzen durch Kreuzungen der besten Hauskatzen entwickelt. Sie gehörten zu den ersten, die auf Ausstellungen präsentiert wurden.

CHARAKTER
Die Britisch Kurzhaar Schildpatt ist eine aufgeweckte, anhängliche und bezaubernde Katze, die seit langem als Haustier sehr beliebt ist.

VARIANTEN
Es gibt zwei Farbschläge: Die Schildpatt mit Weiß entspricht im Wesentlichen der normalen Schildpatt, abgesehen von dem zusätzlichen Weiß. Bei der Blau-Schildpatt mit Weiß, die in den USA unter dem Namen »Dilute Calico« bekannt ist, ist das Schwarz durch Blau und das Rot durch Creme ersetzt.

SCHWANZ Kurz und dick.

EIN TREUER FREUND Diese Rasse, bekannt unter dem Kosenamen »Tortie«, brachte seit dem Ende des 19. Jahrhunderts treue Hausgefährten hervor.

KOPF Rund und breit, mit einer geraden Nase. Der Nasenspiegel sollte schwarz oder rosa sein oder eine Mischung aus diesen Farben aufweisen.

FELL Es muss gleichmäßig in den Farben Schwarz, Rot und Creme gemustert sein.

BRITISCH KURZHAAR SCHILDPATT MIT WEISS Dieser Farbschlag, der früher als Chintzkatze oder Spanische Katze bekannt war, weist zusätzlich weiße Fellpartien auf. Zweifarbige Katzen eignen sich am besten für diese Züchtung.

FELL Es muss gleichmäßig in Schwarz, Rot und Creme gemustert sein. Eine cremefarbene oder rote Blesse am Kopf gilt als besonders begehrenswert.

KÖRPER Kräftig, muskulös und stämmig.

BEINE Kurz, aber gut proportioniert.

PFOTEN Die Pfoten sind groß und rund. Die Ballen müssen rosa oder schwarz sein oder eine Mischung beider Farben aufweisen

BRITISCH KURZHAAR BLAU-SCHILDPATT MIT WEISS Das Schwarz und Rot im Fell der Schildpatt mit Weiß ist bei diesem erst kürzlich entwickelten Farbschlag durch Blau und Creme ersetzt. Der Nasenspiegel und die Pfotenballen sind rosa oder blau oder weisen eine Mischung dieser beiden Farben auf.

Britisch Kurzhaar getupft

Wenn Sie eine getupfte Britisch Kurzhaar besitzen, nehmen Sie sich in Acht vor Katzendieben! Ihr prachtvolles Fell ist ein wahrer Blickfang. »Spottie«, wie ihr Kosename lautet, erinnert an ihre kleineren, wild-lebenden Verwandten und geht eigentlich auf eine Mackerel-Tabby zurück, bei der die charakteristischen Tigerstreifen in einzelne Tupfen aufgelöst sind.

GESCHICHTE

Im alten Ägypten war bereits eine Katze bekannt, die der getupften Britisch Kurzhaar sehr ähnlich war. Sie wurde in der Mythologie als Überwinderin der Teufelsschlange ver-ehrt. Wie bei den meisten Britisch-Kurzhaar-Katzen begann die Zucht durch Selektion von Straßenkatzen. Nach 1880 tauchte sie erstmals bei Ausstellungen auf. Zu Beginn des 20. Jahrhunderts war sie nicht mehr gefragt, errang aber neue Beliebtheit in der Mitte der 1960er-Jahre.

CHARAKTER

»Spottie« ist gutmütig, umgänglich und anhänglich.

VARIANTEN

Alle Kombinationen von Tabby-Far-ben sind bei der getupften Britisch Kurzhaar erlaubt, solange die Tup-fen zur Grundfarbe passen. Am häufigsten vertreten sind die Far-ben Braun, Silber und Rot. Der britische Zuchtstandard legt mehr Wert auf die Art der Verteilung der einzelnen Tupfen als der amerika-nische.

FELL Das Fell ist kurz, dicht, hellgrau und hat schwarze Abzeichen. Der Aalstrich am Rücken sollte in einzelne Flecke aufgelöst sein.

BRITISCH KURZHAAR SILBERGETUPFT
Die Abzeichen sollten so zahlreich und so gut von-einander abgegrenzt sein wie möglich.

KOPF Rund und breit, mit einem gut entwickelten Kinn. Die Nase sollte kurz und gerade sein und einen roten oder schwarzen Spiegel haben. Ein »M«, charakteristisch für Tabbys, schmückt die Stirn.

OHREN Mittelgroß, mit abgerundeten Spitzen.

AUGEN Groß und rund, in Grün oder Haselnussbraun mit schwarzer Umrandung.

GESICHTSMERKMALE

KÖRPER Kräftig und muskulös.

SCHWANZ Kurz und dick. Unterbrochene Ringe am Schwanz. Die Schwanzspitze muss die gleiche Farbe haben wie die Abzeichen.

BEINE Kurz, aber gut proportioniert.

PFOTEN Die Pfoten sind groß und rund, mit schwarzen oder roten Ballen.

BRITISCH KURZHAAR ROTGETUPFT

Bei diesem Farbschlag verlangt der Standard ein hellrotes Fell mit tiefroten Tupfen und dunkelorange- oder kupferfarbenen Augen.

Britisch Kurzhaar Bicolor

Zweifarbige, im Grunde weiße Katzen mit einer zweiten Farbe, gibt es häufig, aber die Nummer eins unter ihnen, die gezüchteten, sind sehr viel seltener, da es schwierig ist, die Anforderungen des Zuchtstandards zu erfüllen. Das Weiß sollte nicht mehr als die Hälfte des Fells einnehmen und die zweite Farbe nicht weniger als die Hälfte und nicht mehr als zwei Drittel. Im Idealfall sollte das Farbmuster symmetrisch angeordnet sein, aber in der Praxis ist das nur selten zu verwirklichen.

GESCHICHTE

Überraschenderweise ist die zweifarbige Britisch Kurzhaar erst kürzlich für Ausstellungen anerkannt worden, obwohl es zweifarbige Katzen ohne Stammbaum schon ebenso lange gibt wie domestizierte Katzen.

CHARAKTER

Es handelt sich um eine außerordentlich ausgeglichene, freundliche und intelligente Katze.

VARIANTEN

Es gibt vier Farbschläge: Schwarz mit Weiß (in England als »Magpie« bekannt), Blau mit Weiß, Rot mit Weiß und Creme mit Weiß.

BRITISCH KURZHAAR BICOLOR, BLAU MIT WEISS Bevor die Zuchtlinien aufgestellt wurden, war die bekannteste zweifarbige Katze im Besitz des Earl von Southampton. Ein zeitgenössisches Gemälde zeigt die beiden zusammen im Londoner Tower.

SCHWANZ Kurz und dick.

BRITISCH-KURZHAAR-KÄTZCHEN BICOLOR: BLAU MIT WEISS UND CREME MIT WEISS Kätzchen dieser Zucht sind wirklich unwiderstehlich, aber auch als erwachsene Tiere sehr hübsch. Der ungewöhnlichste Farbschlag ist Creme mit Weiß. Alle Bicolor-Katzen neigen dazu, früh geschlechtsreif zu werden.

BEINE Kurz, aber gut proportioniert.

BRITISCH KURZHAAR BICOLOR, ROT MIT WEISS Obwohl diese Katze sehr hübsch ist, scheidet für sie wegen der Tabby-Abzeichen eine Karriere auf Ausstellungen aus.

KOPF Rund und breit, mit einer runden, geraden Nase mit einem Nasenspiegel, der entweder Rosa oder der zweiten Fellfarbe entspricht. Das Gesicht sollte zweifarbig sein.

SYMMETRISCHE FARBEN Ein Blick auf die Rückenpartie dieser Bicolor in Blau mit Weiß zeigt, dass nur ein kleiner weißer Fleck die Symmetrie der Musterung unterbricht.

FELL Das Fell ist kurz und dicht. Die Grundfarbe sollte Weiß und die blauen Farbpartien sollten gleichmäßig verteilt sein.

KÖRPER Kräftig, muskulös und stämmig.

OHREN Mittelgroß, mit runden Spitzen.

PFOTEN Die Pfoten sind groß und rund, mit Ballen, die entweder rosa sind oder der zweiten Fellfarbe entsprechen.

AUGEN Groß und rund, in Kupfer oder Orange. Grüne Ränder an der Iris sind ein Fehler.

GESICHTSMERKMALE

Britisch Kurzhaar Smoke

Die fast magisch wirkende Erscheinung der rauchfarbenen Britisch Kurzhaar rührt von ihrem ungewöhn-
lichen Fell her. Es besteht aus einem einfarbigen
Oberfell über einem weißen Unterfell. Wenn sich die
Katze in Ruhestellung befindet, sieht sie einfarbig
aus, aber sobald sie sich bewegt, sieht man das Weiß
durchblitzen, was einen sehr hübschen Effekt ergibt.

OHREN *Mittelgroß,
mit runden Spitzen.*

AUGEN *Groß und
rund, die Farbe sollte
Kupfer, Orange oder
sattes Gold sein.*

GESICHTSMERKMALE

GESCHICHTE
Die Vorfahren der Britisch Smoke reichen
bis ins späte 19. Jahrhundert zurück. Zu
ihnen zählen silbergestromte und einfarbige
Britisch-Kurzhaar-Katzen. Heute paart man
die Rauchfarbenen untereinander oder,
wenn man den Zuchttypus verbessern will,
mit blauen Kurzhaarkatzen.

CHARAKTER
Diese Katzen sind freundlich, anhänglich
und intelligent.

VARIANTEN
Es gibt zwei Farbschläge: Schwarzes Oberfell
mit weißem Unterfell und blaues Oberfell
mit weißem Unterfell.

BRITISCH KURZHAAR SMOKE IN SCHWARZ Das
Aussehen dieses Fells wird von zwei Genen bestimmt:
Das eine verhindert die Pigmentierung des Unterfells,
das andere steigert das Tipping des Oberfells.

KOPF *Rund und breit, mit einer
kurzen, geraden Nase.*

KÖRPER *Kräftig
und muskulös.*

FELL *Das Unterfell ist weiß
oder von einem blassen
Silberton und wird von
einem Oberfell bedeckt, das
schwarze Haarspitzen (Tipping) besitzt. Das Fell sollte
kurz und dicht sein.*

BEINE *Kurz, aber
gut proportioniert.
Die Pfoten sind
groß und rund, mit
schwarzen Ballen.*

BRITISCH KURZHAAR SCHILD-
PATT SMOKE Ein Farbschlag, der
in den USA noch nicht anerkannt
ist. Die Abzeichen der »Tortie-
Smoke« rufen einen wundervollen,
verschwommenen Effekt hervor.

SCHWANZ
Kurz und dick.

Britisch Kurzhaar mit Tipping

Wie die Langhaarkatzen Chinchilla und Cameo besitzt diese Rasse ein weißes Unterfell und ein Oberfell mit Tipping, eine betörende Kombination, die bewirkt, dass es deutlich »blitzt«, wenn die Katze sich bewegt. Das Tipping sollte gleichmäßig verteilt und im Wesentlichen auf die obere Körperpartie begrenzt sein.

OHREN Mittelgroß, mit runden Spitzen.

AUGEN Groß und rund, die Farbe sollte ein glänzendes Grün sein.

GESICHTSMERKMALE

GESCHICHTE

Ein ausgefeiltes Zuchtprogramm, das Katzen mit Genen für Silber, Blau und Smoke einbezog, brachte diese Rasse hervor. Ursprünglich wurde sie als Kurzhaar Chinchilla bezeichnet, seit 1978 ist sie unter dem jetzigen Namen anerkannt.

CHARAKTER

Die gutmütige und intelligente Britisch Kurzhaar mit Tipping ist ein anhänglicher Gefährte.

VARIANTEN

Die Färbung der Haarspitzen kann bei dieser vielbewunderten Züchtung jede beliebige Farbe der Britisch Kurzhaar besitzen, einschließlich Chocolate und Lilac.

KOPF Rund und breit, mit einer geraden Nase. Gut entwickeltes Kinn. Rosa Nasenspiegel.

FELL Das Fell ist kurz und dicht. Die Farbe sollte weiß sein, mit schwarzem Tipping auf dem Rücken, den Flanken, dem Kopf, den Ohren und der Oberseite des Schwanzes. Das Weiß des Unterfells sollte so rein wie möglich sein.

BRITISCH KURZHAAR MIT SCHWARZEM TIPPING Grüne Augen mit schwarzer Umrandung unterscheiden diesen Farbschlag von den übrigen. Alle anderen Farbschläge besitzen orange- oder kupferfarbene Augen.

KÖRPER Kräftig, muskulös und untersetzt.

BEINE Kurz, aber gut proportioniert. Die Beine können mit zarten Ringen gezeichnet sein.

SCHWANZ Kurz und dick.

PFOTEN Die Pfoten sind groß und rund mit Ballen, die entweder rosa sind oder der Farbe des Tippings entsprechen.

Manxkatze

Eine Katze ohne Schwanz mag wie ein Widerspruch in sich wirken, aber die Manx wird schon seit langem als Rasse anerkannt. In gewisser Hinsicht ähnelt sie der Britisch Kurzhaar. Eine echte Manxkatze sollte an der Stelle, wo der Schwanz ansetzen müsste, nur eine kleine Einbuchtung besitzen. Es gibt auch Katzen mit Schwanzstummeln – sie sind bekannt als »Risers«, »Stumpies« oder »Stubbies« und »Longies«, je nach der Länge ihres Schwanzes. Das Fehlen des Schwanzes ist nicht nur eine seltsame Anomalie. Das mutierte Gen, das dafür verantwortlich ist, verursacht gleichzeitig Defekte im Knochenbau. Paarungen von völlig schwanzlosen Manxkatzen untereinander führen in der Regel zum Tod der Kätzchen vor oder kurz nach der Geburt.

GESCHICHTE

Einer Legende nach hat diese unglückliche Katze ihren Schwanz verloren, als Noah die Tür der Arche etwas zu eilig hinter ihr schloss. Einer neueren Überlieferung zufolge rettete sich die schwanzlose Katze 1588 von Galeonen der vernichtend geschlagenen Spanischen Armada ans Ufer der Isle of Man vor der Westküste Englands; eine weitere Legende berichtet, dass diese Katzen mit Handelsschiffen aus dem Fernen Osten kamen. Wie auch immer, die isolierte Lage der Insel ermöglichte es, dass das Merkmal der Schwanzlosigkeit erhalten blieb.

CHARAKTER

Die Manx ist gutmütig und freundlich – eine ausgesprochene Familienkatze.

VARIANTEN

Die meisten anerkannten Farben, Farbkombinationen und Fellmuster sind erlaubt.

STUMPY MANX ROT-TABBY   Eine Katze mit einem Stummelschwanz (Stumpy).

SCHWANZ   *Fehlt; am Ende des Rückgrats sollte eine Einbuchtung zu erkennen sein.*

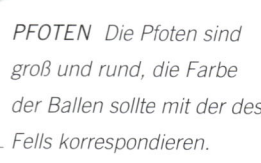

PFOTEN   *Die Pfoten sind groß und rund, die Farbe der Ballen sollte mit der des Fells korrespondieren.*

OHREN Mittelgroß, mit leicht gerundeten Spitzen.

AUGEN Groß, rund und an der Nase in einem kleinen Winkel ansetzend. Die Farbe sollte zur Fellfarbe passen.

GESICHTSMERKMALE

STUMPY MANX BLAU Obwohl die Stumpy der Japanischen Stummelschwanzkatze (Japanese Bobtail) ziemlich ähnlich sieht, sind die beiden genetisch sehr unterschiedlich. Die Schwanzlosigkeit der ersteren beruht auf einem dominanten Gen, während sie bei der letzteren von einer rezessiven Gen-Kondition verursacht wird.

KÖRPER Kräftig, muskulös und untersetzt. Das Hinterteil sollte gerundet sein und höher liegen als die Schultern.

RUMPY MANX SCHILDPATT MIT WEISS Manxkatzen werden immer noch sehr eng mit der Isle of Man in Verbindung gebracht wo man sie auf Souvenirs, Münzen und Briefmarken abbildet. Heute sind Exemplare dieser Rasse, einschließlich der beliebten Variante Schildpatt mit Weiß, in der ganzen Welt verbreitet.

KOPF Rund und breit, mit einer kurzen bis mittellangen Nase, die nach britischem Standard gerade, nach amerikanischem mehr gebogen sein sollte. Gutentwickeltes Kinn. Die Farbe des Nasenspiegels sollte zur Fellfarbe passen.

FELL Ein Doppelfell, das aus einem kurzen, sehr dicken Unterfell besteht, von dem es heißt, dass es sich baumwollartig anfühlt, und ein etwas längeres Oberfell. Das Fell besitzt einen schönen Glanz. Klar voneinander abgesetzte Muster in Rot, Creme, Schwarz und Weiß.

BEINE Die Vorderbeine sind kurz, die Hinterbeine länger mit schweren, muskulösen Oberschenkeln, was der Katze einen Gang verleiht, der an das Hoppeln von Kaninchen erinnert. In den USA wird dies als Fehler bewertet.

STUMPY MANX ROT-TABBY Der gerundete Körper einer sitzenden Katze ist charakteristisch für diese Rasse. Er ist dadurch bedingt, dass die Vorderbeine wesentlich kürzer sind als die Hinterbeine.

Amerikanisch Kurzhaar

Aus dem Standard für die Amerikanisch Kurzhaar geht hervor, wie sich diese Katze angepasst hat: »Geschmeidig genug, um der Beute aufzulauern, aber kräftig genug, um sie leicht zu töten«, mit Beinen, die »lang genug sind, um mit jedem Terrain fertig zu werden, und kräftig und muskulös genug für hohe Sprünge«. Es handelt sich um eine sehr athletische Katze, die im Vergleich zu ihren britischen Verwandten einen größeren und kräftiger gebauten Körper, ein härteres Fell und ein länglicheres Gesicht besitzt.

GESCHICHTE
Die Amerikanisch Kurzhaar stammt zweifellos von den zähen, widerstandsfähigen Katzen ab, die die Pilgerväter und späteren Siedler in die Neue Welt begleitet haben. Die ersten Katzen gediehen gut in der amerikanischen Umgebung, passten sich dem Klima, der Landschaft und dem Lebensstil an und entwickelten eigene, einzigartige Merkmale. Zu Beginn des 20. Jahrhunderts fing man an, mit den besten dieser Katzen eine Zucht aufzubauen.

CHARAKTER
Mutig, intelligent, energisch und robust – die Amerikanisch Kurzhaar ist der Stolz ihres Landes!

VARIANTEN
Die Amerikanisch Kurzhaar wird in allen Farben und Fellmustern gezüchtet. Die beliebtesten Farbschläge werden in der nebenstehenden Tabelle aufgeführt.

OHREN Mittelgroß mit abgerundeter Spitze.

AUGEN Groß und weit offen. Das Oberlid ist mandelförmig geschnitten, das Unterlid rund. Die Farbe sollte zur Fellfarbe passen.

KOPF Groß, mit vollen Wangen, im Umriss fast rechteckig. Die Nase ist mittellang und sollte einen Nasenspiegel haben, der farblich zur Fellfarbe passt.

GESICHTSMERKMALE

AMERIKANISCH KURZHAAR VAN-PATTERN-TABBY
Diese Katze zeigt die besten Merkmale ihres Typs: einen robusten, muskulösen Körperbau, ein offenes, ansprechendes Gesicht und eine große Widerstandsfähigkeit – eine Katze, die draußen ebenso zu Hause ist wie drinnen.

KÖRPER Groß bis mittelgroß, stark, kräftig gebaut und gut proportioniert, mit gut entwickelten Schultern, Brust und Hinterteil. Breiter, gerader Rücken.

FELL Dick, dicht und hart; ein weiches oder seidiges Fell gilt als Fehler. Die Farbe ist weiß mit roten Tabby-Abzeichen auf Gesicht, Beinen und Schwanz.

PFOTEN Die Pfoten sind schwer und rundlich, mit Ballen, die zur Fellfarbe passen. Rosa Pfotenballen.

BEINE Mittellang, aber etwas länger als bei der Britisch Kurzhaar, mit kräftigen Muskeln.

AMERIKANISCH KURZHAAR SILBER-TABBY
Ein klassischer Farbschlag der Tabby-Katze.

AMERIKANISCH KURZHAAR In der Farbe
wie ihr britisches Pendant, aber größerer Körper.

FARBSCHLÄGE	FELL	ABZEICHEN	AUGEN
Weiß	Reinweiß	Keine	Tiefblau, leuchtend goldfarben oder verschiedenfarbig
Schwarz	Kohlschwarz	Keine	Leuchtend goldfarben
Blau	Helles Blaugrau	Keine	Leuchtend goldfarben
Rot	Tiefes, sattes Rot	Keine	Leuchtend goldfarben
Creme	Lederfarben	Keine	Leuchtend goldfarben
Zweifarbig	Weiß	Schwarz, rot, blau oder cremefarben	Leuchtend goldfarben
Silberschattiert	Weißes Unterfell	Schwarzes Tipping	Grün oder blaugrün
Chinchilla Silber	Reinweißes Unterfell	Schwarzes Tipping auf Rücken, Flanken, Kopf und Schwanz	Smaragdgrün oder blaugrün
Shell Cameo	Weißes Unterfell	Rotes Tipping auf Rücken, Flanken, Kopf und Schwanz	Leuchtend goldfarben
Cameo schattiert	Reinweißes Unterfell	Wie Shell, längere Farbspitzen	Leuchtend goldfarben
Cameo Smoke (Rot Smoke)	Weißes Unterfell	Tiefrotes Tipping	Leuchtend goldfarben
Schwarz Smoke	Weißes Unterfell	Schwarzes Tipping	Leuchtend goldfarben
Blau Smoke	Weißes Unterfell	Tiefblaues Tipping	Leuchtend goldfarben
Blaucreme	Blau	Abgehobene Flecken in Creme	Gold
Schildpatt	Schwarz	Musterung in Rot und Creme	Gold
Schildpatt Smoke	Weißes Unterfell	Tortie-Muster in Schwarz, Rot und Creme mit Tipping	Leuchtend goldfarben
Van Pattern	Weiß	Kastanienbraun, Abzeichen ähnlich wie bei der Türkischen Katze	Leuchtend goldfarben
Calico	Weiß	Schwarz und rot gemustert	Leuchtend goldfarben
Dilute Calico	Weiß	Blau und Creme	Leuchtend goldfarben
Braun-Tabby	Kupferbraun	Klassisches oder Mackerel-Muster in Schwarz	Leuchtend goldfarben
Rot-Tabby	Sattes Rot	Klassisches oder Mackerel-Muster in tiefem, sattem Rot	Leuchtend goldfarben
Silber-Tabby	Blaues, reines Silber	Klassisches oder Mackerel-Muster in Schwarz	Grün oder haselnussbraun
Blau-Tabby	Blasses, bläuliches Elfenbein	Klassisches oder Mackerel-Muster in sehr dunklem Blau	Leuchtend goldfarben
Creme-Tabby	Sehr heller Cremeton	Klassisches oder Mackerel-Muster in Lederfarben oder Creme	Leuchtend goldfarben
Cameo-Tabby	Gebrochenes Weiß	Klassisches oder Mackerel-Muster in Rot, Tipping	Leuchtend goldfarben
Schildpatt-Tabby (Tortie-Tabby oder Torbie)	Silber, braun oder blau	Klassisches oder Mackerel-Muster in Schwarz oder Dunkelgrau, Muster in Rot und Creme	Leuchtend goldfarben oder (nur bei der Silber-Tortie) grün oder haselnussbraun

SCHWANZ Mittel-
lang, endet in einer
abgerundeten Spitze.

Amerikanisch Drahthaar

Die Amerikanisch Drahthaar ist immer noch eine ziemlich unbekannte Rasse. Ihr Fell wirkt so ungewöhnlich, weil sich bei ihr alle Leithaare der Länge nach kräuseln und am Ende lockenförmig einrollen. Deshalb ist das Fell rau und drahtig und fühlt sich so ähnlich an wie die Wolle auf dem Rücken eines Lamms. Man könnte Sie also durchaus als »Katzen-Punk« bezeichnen.

GESCHICHTE
Es gibt Berichte über ähnliche Katzen, die in London nach dem Ende des Zweiten Weltkrieges auf Ruinengrundstücken gesichtet wurden. Die Amerikanisch Drahthaar, wie wir sie heute kennen, stammt jedoch von einem Kurzhaar-Katzenweibchen ab, das im US-Staat New York lebte und 1966 ein Katerchen in Rot mit Weiß zur Welt brachte – eine auffällige Mutation mit einem welligen Fell.

CHARAKTER
Die Katze nimmt lebhaften Anteil an ihrer Umgebung und gilt als ausgeglichen und anhänglich.

VARIANTEN
Für die Amerikanisch Drahthaar sind alle Farben und Fellmuster der Amerikanisch Kurzhaar erlaubt.

FELL Das Fell ist halblang und sollte dicht gekräuselt sein, dick, federnd, elastisch und von grober Textur. An der Brust und am Bauch ist das Fell feiner. Die Farbe sollte braun sein mit schwarzen Abzeichen und einer Musterung in Rot und/oder Creme.

BEINE Mittellang, proportional zum Körper und muskulös.

AMERIKANISCH DRAHTHAAR SCHILD-PATT MIT WEISS Weiß, mit schwarzem und rotem Fellmuster.

PFOTEN Die Pfoten sind oval und fest. Die Farbe der Ballen sollte mit der des Fells harmonieren.

AMERIKANISCH DRAHTHAAR ROT-TABBY
Die Tabby-Abzeichen auf dem federnden Fell
einer Amerikanisch Drahthaar erinnern an
Applikationen.

OHREN Mittelgroß, mit runden
Spitzen. Die Ohren stehen weit
auseinander.

AUGEN Groß und rund, weit auseinander stehend, mit einem etwas höher
liegenden Außenwinkel. Die Farbe
sollte ein glänzender Goldton sein.

KOPF Rund mit gut entwickeltem
Mund und Kinn. Die Nase ist mittellang. Die Farbe des Nasenspiegels
sollte zur Fellfarbe passen.

GESICHTSMERKMALE

KÖRPER Mittelgroß bis
groß und muskulös.

AMERIKANISCH DRAHTHAAR WEISS Das ungewöhnliche
Fell der Amerikanisch Drahthaar sollte sich elastisch und ziemlich hart anfühlen. Weiße Exemplare wie dieses haben tiefblaue
oder goldfarbene Augen oder eines von jeder Farbe.

SCHWANZ Mittellang, die
Schwanzspitze ist abgerundet.

**AMERIKANISCH DRAHTHAAR SCHWARZ-WEISS
BICOLOR** Dieses Exemplar hat die begehrten leuchtend
goldfarbenen Augen. Die Rasse kommt in vielen Farb-
und Musterkombinationen vor.

Exotisch Kurzhaar

Eine Katze, die von allen etwas hat. So vereinigt sie viele ganz verschiedenartige Merkmale: den stämmigen Körperbau, die unwiderstehliche Stupsnase und das runde Gesicht einer Langhaarkatze mit dem kürzeren, plüschartigen Fell einer Kurzhaar, was Besitzern entgegenkommt, die weder genügend Zeit noch Lust zu regelmäßiger und ausgiebiger Fellpflege haben.

EXOTISCH KURZHAAR COLOUR-POINT Siamesen-Abzeichen, dunkler in der Farbe als der übrige Körper, zeichnen diesen Farbschlag aus.

GESCHICHTE

Die Exotisch Kurzhaar kam in den USA in den späten 60er-Jahren des 20. Jahrhunderts durch Kreuzungen zwischen Langhaarkatzen, Amerikanisch Kurzhaar und Burmakatzen auf. Als Kreuzungsprodukt ist sie eine außergewöhnlich gesunde und robuste Katze.

CHARAKTER

Wie zu erwarten, besitzt die Exotisch Kurzhaar eine Kombination der Eigenschaften ihrer Vorfahren. Sie ist sanft und anhänglich wie eine Langhaarkatze, besitzt aber die Spielfreudigkeit und wache Intelligenz einer Amerikanisch Kurzhaar.

VARIANTEN

Alle Fellarten und -muster, die man bei Langhaarkatzen und bei Amerikanisch-Kurzhaar-Katzen findet, sind auch bei der Exotisch Kurzhaar erlaubt – das ergibt über fünfzig verschiedene Farbschläge, unter denen man wählen kann. Die Farbe der Augen, des Nasenspiegels und der Pfotenballen hängt von dem jeweiligen Farbschlag ab, sollte aber immer zur Fellfarbe passen.

SCHWANZ Kurz und buschig. Er wird normalerweise gestreckt getragen und setzt unterhalb der Rückenlinie an.

BEINE Kurz, dick und stämmig.

EXOTISCH KURZHAAR BLUE TABBY
Einer der Gründe für die andauernde Beliebtheit der Exotisch Kurzhaar ist der putzige Gesichtsausdruck – Erbteil der langhaarigen Vorfahren.

DIE IDEALE HAUSKATZE Wie alle Farbschläge der Exotisch Kurzhaar besitzt auch die Blau-Tabby einen fügsamen Charakter und ist nicht so wild wie manch andere Kurzhaarkatze. Das macht sie zu einer Katze, die sich geradezu ideal dafür eignet, im Haus zu leben.

OHREN Klein, mit runden Spitzen. Sie stehen weit auseinander und neigen sich leicht nach vorn.

AUGEN Groß und rund, weit auseinander stehend, in einem goldenen Farbton.

GESICHTSMERKMALE

KÖRPER Mittelgroß bis groß, fest, untersetzt und stämmig. Kurzer, dicker Hals. Tief angesetzte Brust.

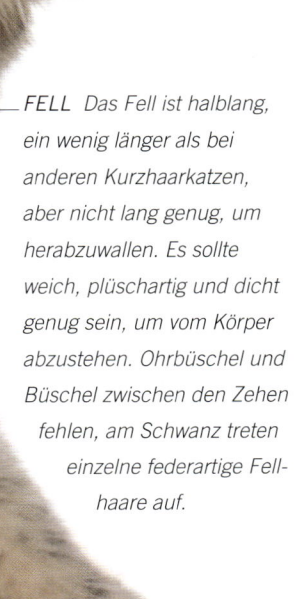

KOPF Rund und breit, mit einer Stupsnase, die einen charakteristischen »Stop« aufweisen sollte. Volle Wangen. Gut entwickeltes Kinn. Rosa Nasenspiegel.

FELL Das Fell ist halblang, ein wenig länger als bei anderen Kurzhaarkatzen, aber nicht lang genug, um herabzuwallen. Es sollte weich, plüschartig und dicht genug sein, um vom Körper abzustehen. Ohrbüschel und Büschel zwischen den Zehen fehlen, am Schwanz treten einzelne federartige Fellhaare auf.

PFOTEN Die Pfoten sind groß und rund, mit rosa Ballen.

EXOTISCH KURZHAAR BLAU Die typischen Kennzeichen der Exotisch Kurzhaar, das schöne, plüschartige Fell und der stämmige Körper, treten bei dieser Zuchtkatze in absoluter Perfektion auf. Obgleich die Bekanntheit der Exotisch Kurzhaar noch weitgehend auf die USA beschränkt ist, gewinnen diese Katzen schnell Freunde in aller Welt. Sie gelten als besonders show-geeignet.

Siamkatze

Herrisch, aufdringlich, frech, arrogant, reserviert, laut, vulgär, heikel, betörend – das alles und noch viel mehr ist eine Siamkatze. Diese Katze mit ihrem grazilen fremdländischen (Foreign) Körperbau, ihrem wundervoll pointierten Fell und den saphirblauen Augen verlangt viel Aufmerksamkeit – in jeder Beziehung.

GESCHICHTE

Die Nationalbibliothek in Bangkok besitzt eine Sammlung von Manuskripten, die Cat Book Poems (Katzengedichte), vermutlich aus dem 14. Jahrhundert, mit der Zeichnung einer Siamkatze, der so genannten »vichien mas«. Man schloss daraus, dass ähnliche Katzen schon seit Jahrhunderten im heutigen Thailand leben. Siamkatzen wurden erstmals um 1880 in England eingeführt, und wenig später begann die Zucht auch in den USA.

CHARAKTER

Die Siamkatze ist extrovertierter als jede andere Rassekatze. Sie hat eine laute Stimme, die man unmöglich ignorieren kann. Sie ist hochintelligent und sehr anhänglich – manchmal in einem solchen Maß, dass sie keine Rivalen duldet.

VARIANTEN

Es gibt vier klassische Farbschläge: Seal-Point, Blue-Point, Chocolate-Point und Lilac-Point. Neuere Farbschläge, die durch die Paarung von Siamkatzen mit anderen Rassen entwickelt wurden, heißen in den USA, wo sie vom größten Katzenzuchtverband anerkannt werden, Colourpoint Shorthairs.

EIN SEAL-POINT TABBY-KÄTZCHEN Siamkätzchen werden schneeweiß und ohne Abzeichen geboren.

KÖRPER Mittelgroß, lang, geschmeidig und grazil – eine ästhetische Erscheinung.

BEINE Lang und dünn, proportional zum Körper.

SIAM SEAL-POINT Der erste Farbschlag, der anerkannt wurde, die Siam Seal-Point, ist der genetischen Herkunft nach eine schwarze Katze. Die Farbpigmente wurden verdünnt und auf die Extremitäten beschränkt.

PFOTEN Die Pfoten sind zierlich, klein und oval.

SIAM LILAC-POINT Man nimmt an, dass die erste Siamkatze, die nach England importiert wurde, ein Geschenk des Hofes von Siam an den Britischen Konsul war. Heute sehen die Zuchtkatzen ein wenig anders aus als im 19. Jahrhundert. Das Gesicht ist nicht mehr so rund und das Fell heller. Die Lilac-Point wurde als letzter der vier klassischen Farbschläge anerkannt.

SIAM CHOCOLATE-POINT TABBY Ein Farbschlag mit einem elfenbeinfarbenen Körper und Abzeichen in der Farbe von Milchschokolade auf hellerem Untergrund.

OHREN Groß und spitz.

AUGEN Mittelgroß, mandelförmig und schräg geschnitten in Saphirblau. Schielen oder Silberblick, einst üblich bei Siamesen, wird jetzt auf Ausstellungen als Fehler gewertet.

KOPF Keilförmig, lang und schmal, mit einer langen Nase. Nasenspiegel in Lavendelrosa.

GESICHTSMERKMALE
Siam Lilac-Point

FELL Das Fell sollte kurz, fein strukturiert und glänzend sein, magnolienfarben und mit eisgrauer Schattierung der Abzeichen an Maske, Ohren, Beinen und Schwanz. Das Fell sollte eng anliegen.

SCHWANZ Lang, dünn und spitz zulaufend. Der Schwanz sollte frei von Knicken sein.

FARBSCHLÄGE	FELL	ABZEICHEN
Seal-Point	Warmer Cremeton	Sealbraun
Blue-Point	Bläuliches Weiß	Schieferblau
Chocolate-Point	Elfenbeinfarben	Helles Schokoladenbraun
Lilac-Point	Magnolienfarben	Gräuliches Rosa
Red-Point	Klares Weiß mit einer aprikosenfarbenen Schattierung	Rötliches Gelb
Cream Point	Weiß mit einer Schattierung in hellem Cremeton	Warmer Cremeton
Tabby-Point	Weiß	Tabby
Seal Tortie-Point	Blasses Sealbraun	Sealbraun, Musterung in Creme
Blue Tortie-Point	Blassblau	Blau mit Musterung in Creme
Chocolate Tortie-Point	Helles Schokoladenbraun	Schokoladenbraun mit Musterung in Creme
Lilac Tortie-Point	Blasses, gräuliches Rosa	Gräuliches Rosa mit Musterung in Creme

Russisch Blau

Das typische Merkmal der Russisch Blau ist ein Doppelfell, das eine plüschartige Beschaffenheit besitzt, wie sie keine andere Katze hat. Das wahrscheinlich berühmteste und bestimmt verwöhnteste Exemplar dieser Rasse war Vashka, die dem Zaren Nikolaus I. gehörte. In Russland betrachtet man diese Katze als Glücksomen.

GESCHICHTE

Die Vielfalt von Bezeichnungen, die man der Russisch Blau schon gegeben hat, zeugt davon, wie wenig man über ihren Ursprung weiß. Vieles spricht dafür, dass es sich um eine natürliche Rasse aus Russland handelt. Diese Annahme wird unterstützt durch die große Anzahl von Katzen dieser Art, die man vor langer Zeit in Schweden entdeckt hat. Ihre weitere Geschichte ist jedoch weniger gesichert. Ursprünglich wurde sie »Archangelsk-Katze« genannt, weil Seeleute zur Zeit Elisabeths I. einige Exemplare vom russischen Hafen Archangelsk nach England mitgebracht hatten. Später wurde sie als Spanische und auch als Malteser Katze bekannt. Die letzte Bezeichnung blieb in den USA bis zum Anfang des 20. Jahrhunderts geläufig. Während des Zweiten Weltkrieges ging die Zucht stark zurück, und Versuche, sie durch Einkreuzung von Britisch Kurzhaar Blau und Siamkatzen wieder zu beleben, führten stattdessen zu ihrem Untergang. Es entstand eine blaue Siamkatze, und das charakteristische Doppelfell ging dabei fast völlig verloren. Erst in den 1960er-Jahren gelang die erfolgreiche Rückzüchtung des Originaltypus.

CHARAKTER

Die Russisch Blau ist zurückhaltend, fast scheu und ruhig. Diese Katzen sind so ruhig, dass es sogar schwierig ist festzustellen, ob ein Weibchen in der Hitze nach einem Partner ruft.

VARIANTEN

Es wurden völlig weiße und schwarze Katzen gezüchtet, die sich aber außerhalb von Neuseeland nicht durchgesetzt haben.

DOCH ÜBERLEBT Nur ein strenges Zuchtprogramm hat es ermöglicht, dass diese Rasse in der ursprünglichen Form überleben konnte.

KOPF Er muss keilförmig geschnitten und kurz sein, mit einer mittellangen Nase. In Großbritannien ist der Nasenspiegel blau, in den USA schieferblau. Das dicke Fell lässt das Gesicht über den Augen breiter erscheinen.

BEINE Lang und grazil. Bei den Russisch Blau in Großbritannien sind die Vorderbeine kürzer als die Hinterbeine.

PFOTEN Die britischen Russisch Blau haben kleine, ovale Pfoten mit blauen Ballen; die der amerikanischen sind rundlicher und haben rosa oder mauvefarbene Ballen.

OHREN *Groß und leicht spitz. Die Haut ist dünn und nur leicht mit sehr feinem Fell bedeckt, was das Ohr fast transparent erscheinen lässt.*

AUGEN *Sie sollten von lebhaft grüner Farbe sein und weit auseinander stehen. In Großbritannien sind sie mandelförmig geschnitten, in den USA runder.*

GESICHTSMERKMALE

KÖRPER *Lang, schlank und elegant.*

DER SCHEIN TRÜGT Der lange, schlanke Hals der Russisch Blau ist am besten zu erkennen, wenn sie den Kopf hochstreckt, ansonsten wirkt er durch das dicke Fell eher kurz.

FELL *Das kurze, plüsch- artige Fell hat eine seal- artige Struktur. Das Dop- pelfell ist so dicht, dass es vom Katzenkörper absteht. Es sollte gleich- mäßig blau sein, mit einem typischen Glanz, der von den Silberspit- zen der Leithaare her- vorgerufen wird.*

SCHLANK, ABER STARK Die Russisch Blau ist muskulös und sieht durch ihren feinen Knochenbau athletisch aus.

SCHWANZ *Lang und spitz zulaufend; am Ansatz mittelstark.*

Abessinier

Wer wäre wohl von diesem wild ausschauenden Geschöpf nicht fasziniert? Mit Sicherheit waren es die alten Ägypter, die, wenn man der Überlieferung Glauben schenken will, die Vorfahren der Abessinierkatze als Inkarnationen der Göttin Bastet verehrten.

GESCHICHTE

Es passt zu ihrer geheimnisvollen Aura, dass die Geschichte ihres Ursprungs im Laufe der Zeit immer rätselhafter wurde. Die Rasse ist wohl tatsächlich alt und natürlicher Herkunft. In jüngerer Zeit wurde sie wahrscheinlich von einer Katze mit Namen Zula begründet, die 1868 von Äthiopien nach England gebracht wurde. Weil Zula, von der ein Foto existiert, den heutigen Abessinierkatzen in keiner Weise ähnlich sieht, gibt es Leute, die glauben, dass die Abessinier entweder das Produkt zufälliger Paarungen zwischen gewöhnlichen Tabby-Katzen oder das Ergebnis früherer Züchtungen »ägyptisch aussehender« Katzen ist. Andere Liebhaber der Abessinier führen ins Feld, dass die Römer Katzen aus Ägypten nach England gebracht haben und dadurch die Gene für das »ägyptische Aussehen« in die einheimische Katzenpopulation eingebracht hätten.

CHARAKTER

Der lebhafte Gesichtsausdruck der Abessinierkatze spiegelt sich wider in einer reizvollen Persönlichkeit. Sie ist liebenswürdig, intelligent und wird von einigen Besitzern sogar als gehorsam beschrieben.

VARIANTEN

Es gibt eine ganze Anzahl von Farbschlägen (siehe Tabelle), von denen aber einige zurzeit bei Ausstellungen nur in den Sonderschauen bewertet werden.

OHREN Groß, weit auseinander stehend und spitz zulaufend. Ohrbüschel.

AUGEN Die Augen sind schwarz oder braun umrahmt; um die Augen ist das Fell blasser als sonst. Sie sind groß und mandelförmig und sollten grün, bernstein- oder haselnussfarben sein.

GESICHTSMERKMALE

ÄGYPTISCHE VORFAHREN? Ihr Profil, die »Schokoladenseite« dieser wildfarbenen Abessinierkatze, gleicht dem einer Sphinx und fordert unweigerlich den Vergleich mit den Katzen auf altägyptischen Fresken heraus – ein Grund mehr für die Annahme, dass die Katzen, die von den Pharaonen verehrt wurden, genauso aussahen.

TYPISCHE ABESSINIER Dieser erste Farbschlag wurde früher als kaninchen- oder hasenfarben bezeichnet – ein Hinweis auf das ähnliche Fellticking, das wie bei allen Farbschlägen der Abessinierkatze durch ein typisches Agouti-Fell (ein Farbschlag der Tabby-Katzen) mit zwei oder drei dunkler gefärbten Bändern an jedem Haar entsteht.

SCHWANZ Dick am Ansatz, ziemlich lang und spitz am Ende; schwarze Schwanzspitze.

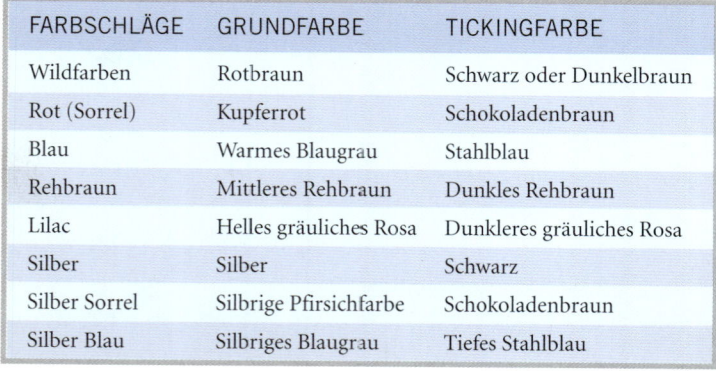

FARBSCHLÄGE	GRUNDFARBE	TICKINGFARBE
Wildfarben	Rotbraun	Schwarz oder Dunkelbraun
Rot (Sorrel)	Kupferrot	Schokoladenbraun
Blau	Warmes Blaugrau	Stahlblau
Rehbraun	Mittleres Rehbraun	Dunkles Rehbraun
Lilac	Helles gräuliches Rosa	Dunkleres gräuliches Rosa
Silber	Silber	Schwarz
Silber Sorrel	Silbrige Pfirsichfarbe	Schokoladenbraun
Silber Blau	Silbriges Blaugrau	Tiefes Stahlblau

ABESSINIER SILBER SORREL
Schokoladenfarbiges Ticking über
einer Grundfarbe in silbrigem
Pfirsichton verleiht diesem erst
kürzlich entwickelten Farbschlag
einen sanften, anmutigen Charme.

ABESSINIER BLAU Es ist ungewöhnlich, dass das Ticking dieses
auf natürliche Weise entstandenen
Farbschlags blau und nicht schwarz
ist, wie man es eher erwarten würde.
Die Grundfarbe ist Blaugrau.

WILDFARBENES ABESSINIERKÄTZCHEN Die
Würfe von Abessinierkatzen sind im Allgemeinen klein
und bestehen vorwiegend aus Katern. Es kann etwa
18 Monate dauern, bis das Fell sich voll entwickelt hat.

FELL Glänzend und weich, aber auch
dicht und federnd bei Berührungen. Das
Fell ist kurz, aber doch lang genug, um
zwei oder drei Bändern mit schwarzem
oder dunkelbraunem Ticking über einer
rotbraunen Grundfarbe Platz zu geben.

KOPF Rund und leicht
keilförmig geschnitten, mit
einer mittelgroßen Nase.
Ziegelroter Nasenspiegel.

BEINE Lang,
schlank und grazil.
Wenn die Katze steht,
hat man den Ein-
druck, sie stünde auf
Zehenspitzen.

KÖRPER Mittellang,
geschmeidig und elegant,
aber doch muskulös.

PFOTEN Die Pfoten
sind klein und oval.
Schwarze Ballen.

Koratkatze

Die Koratkatze, eine der ältesten, natürlichen Rassen, soll ihren Namen nach der thailändischen Provinz Korat erhalten haben, wo sie von König Rama V. gezüchtet wurde. In ihrem Ursprungsland ist sie als Si-Sawat bekannt und gilt als Glücksbringer. Mit ihrem wunderschönen silberblauen Fell und dem herzförmigen Kopf unterscheidet sich die moderne Zuchtkatze nicht wesentlich von ihren Vorfahren.

GESCHICHTE

Die erste Koratkatze, die offiziell in Europa ausgestellt wurde, wurde 1896 auf einer Show eines englischen Züchterverbands gezeigt – als blaue Siamkatze. 1956 brachte man ein Koratpärchen in die USA, wo sie 1966 anerkannt wurden. In Großbritannien erfolgte die Anerkennung erst 1975.

CHARAKTER

Die intelligente und sehr gutmütige Koratkatze ist ein liebenswürdiger Gefährte und besonders für Kinder geeignet.

VARIANTEN

Es kommen Bluepoint und lilafarbene Varianten sowie langhaarige Formen vor.

FELL Das Fell sollte kurz, flach anliegend, seidig und fein sein, mit einem deutlich silberblauen Schimmer. Das Fehlen eines Unterfells kann diese Rasse in kälteren Klimazonen anfällig für Erkältungskrankheiten machen. Charakteristisch ist das »Aufbrechen« des Fells, wenn die Katze den Rücken beugt.

OHREN Groß, mit runden Spitzen, hoch angesetzt.

AUGEN Auffallend rund und leuchtend grün. Kätzchen und heranwachsende Katzen können gelbe oder gelbgrüne Augen haben, diese wechseln die Farbe, sobald die Katze geschlechtsreif wird.

KOPF Herzförmig. Die Nase sollte, wie beim Löwen, unmittelbar oberhalb des dunkelblauen oder lavendelfarbenen Nasenspiegels eine Hohlkurve aufweisen.

GESICHTSMERKMALE

POETISCH INSPIRIERT »Die Haare sind weich, mit Spitzen wie Wolken und Wurzeln wie Silber. Die Augen glänzen wie Tautropfen auf einem Lotosblatt.« Diese wunderschöne Beschreibung der Koratkatze stammt aus den zwischen 1350 und 1767 entstandenen *Cat Book Poems* (Katzengedichte), die sich in der Nationalbibliothek von Bangkok befinden.

KÖRPER Ein wenig untersetzt, geschmeidig und muskulös.

BEINE Mittellang und schlank.

PFOTEN Kleine, ovale Pfoten, mit Ballen, die dunkelblau bis lavendelrosa sein sollten.

SCHWANZ Mittellang, mit abgerundeter Spitze.

Havanna

Die Havanna wird ihrem Namen gerecht, nicht nur, weil ihr dichtes, braunes Fell in der Farbe dem teuren Zigarrentabak ähnelt, sondern auch weil sie die Eleganz und die feine Art einer vornehmen Abstammung besitzt.

GESCHICHTE

Während der 1950er-Jahre wurde durch Kreuzung einer Siam Seal-Point mit einer schwarzen Kurzhaarkatze, die siamesische Vorfahren besaß, die Zucht begründet. 1958 wurde sie anerkannt. Während das britische Zuchtprogramm weiterhin die Einkreuzung von Siamkatzen vorsah, hatten die amerikanischen Züchter beschlossen, die Verwendung von Siamkatzen zu verbieten. Sie zogen es vor, das ursprüngliche, weniger orientalische Aussehen der Katze beizubehalten und nannten sie Havana Brown.

CHARAKTER

Die Havanna ist eine lebhafte, anhängliche und hochintelligente Katze.

VARIANTEN

Es gibt nur einen einzigen anderen Farbschlag, »Frost«, und zwar ausschließlich in den USA. Dort gilt auch ein anderer Standard für die Bewertung als in Großbritannien. Die amerikanische Havana Brown ist eine stämmigere Katze mit einem mittellangen Rumpf, einem runden Gesicht, ovalen Augen, rund zulaufenden Ohren und einem längeren Fell.

OHREN Groß, mit leicht abgerundeten Spitzen.

AUGEN Mandelförmig, schräg geschnitten und in einem blassen bis mittleren Grün.

KOPF Lang und keilförmig, mit einer kurzen, geraden Nase, die einen braunen oder rosaroten Spiegel haben sollte.

GESICHTSMERKMALE

FELL Das Fell ist sehr kurz und glänzend. Die Farbe sollte ein gleichmäßiges, tiefes Kastanienbraun sein.

KÖRPER Lang, schlank und muskulös. Langer, schlanker Hals.

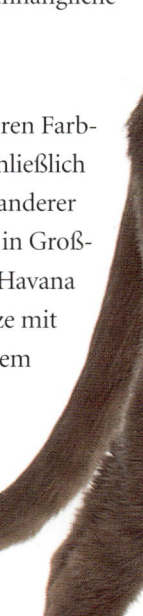

SCHWANZ Lang und elegant.

HAVANA BROWN
Die amerikanische Havannakatze ist gewöhnlich ruhiger als ihre britischen Verwandten.

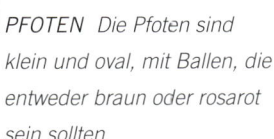

PFOTEN Die Pfoten sind klein und oval, mit Ballen, die entweder braun oder rosarot sein sollten.

BEINE Lang und schlank. Die Vorderbeine sind kürzer als die Hinterbeine.

AUS DER FREMDE Der ursprüngliche Name der Havanna, Foreign Kurzhaar Chestnut Brown (kastanienbraun), gibt eine genauere Beschreibung ihres Aussehens.

Burmakatze

Im Gegensatz zur Balinesischen Katze hat die Burmakatze eine Verbindung zu dem Land, nach dem sie benannt wurde. Braune Katzen, ähnlich den heutigen Burmesen, die als »Rajahs« bekannt sind, sollen schon seit dem 15. Jahrhundert in buddhistischen Tempeln in Burma gelebt haben.

GESCHICHTE

Die moderne Zucht wurde durch Wong Mau begründet, eine Katze, die im Jahre 1930 von Burma in die USA gebracht und mit einer Siamkatze gekreuzt wurde. Es hat sicherlich weitere Importe von burmesischen Katzen gegeben, und als sich die ersten Zuchterfolge einstellten, wurde die Burmakatze 1936 in den USA anerkannt. Allerdings hat der große Anteil von siamesischem Erbgut dazu geführt, dass der Originaltypus immer mehr verloren ging, so dass während der 40er Jahre die Anerkennung vorübergehend aberkannt wurde. Trotz des starken Anteils von siamesischem Blut wurde die Rasse in Großbritannien aber 1952 anerkannt. Ein Jahr später erfolgte eine erneute Anerkennung in den USA, mit einer amerikanischen Zucht, die dem ursprünglichen Typus näher kam.

CHARAKTER

Diese Zuchtkatze ist berühmt für ihre Anhänglichkeit und Intelligenz. Sie ist ausgesprochen menschenfreundlich.

VARIANTEN

Es gibt nicht nur viele unterschiedliche Farbschläge auf beiden Seiten des Atlantiks, auch die Standards weichen voneinander ab. Die amerikanische Burmakatze hat einen rundlicheren Körper und Kopf, runder geschnittene Augen und rundlichere Pfoten als die britische (britische Farbschläge auf der gegenüberliegenden Seite).

BURMAKATZE SCHILDPATT BLAU Diese Burmakatzen werden erzeugt durch Paarung von Roten und Cremefarbenen mit Braunen, Chocolates und Lilacs. Sie werden in erster Linie gezüchtet, um den Zuchttypus zu erhalten, erst in zweiter Linie wegen der Fellfarbe. Um dem Standard zu entsprechen, sollte dieser Farbschlag klar voneinander abgegrenzte Muster in Blau und Creme aufweisen.

KOPF Gemäßigt keilförmig, mit einer kurzen Nase. Die Farbe des Nasenspiegels sollte zur Fellfarbe passen. Deutlicher Nasenstop. Hohe Wangenknochen.

FELL Das Fell ist kurz und hat einen ungewöhnlich samtigen Glanz.

KÖRPER Mittelgroß, muskulöser und rundlicher als der einer Siamkatze.

PFOTEN Die Pfoten sind klein und oval, mit Ballen, deren Farbe zum Fell passen sollte.

BURMAKATZE LILAC Ein beliebter britischer Farbschlag, dessen Tönung von bläulichem Lila bis zu cremigem Rehbraun reicht.

OHREN Mittelgroß, an den Spitzen leicht abgerundet und weit auseinander stehend, leicht nach vorn geneigt.

AUGEN Die Unterlider sind runder geformt als die Oberlider, wodurch die Augen schräggeschnitten wirken. Die Farbe sollte zwischen Gelb und Gold liegen.

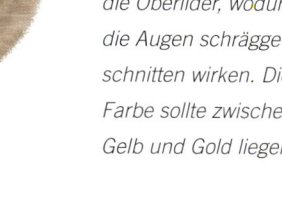

GESICHTSMERKMALE

BURMAKATZE BRAUN Sie gilt als die echte Burmakatze und stellt für manche den Idealtypus dar.

SCHWANZ Mittellang, gerade mit einer runden Spitze.

BURMAKATZE ROT Ein relativer Neuling in Großbritannien.

AMERIKANISCHE BURMAKATZE BRAUN
Die Zuchtgeschichte der Burmakatze, die Mitte und Ende der 40er Jahre unterschiedliche Richtungen aufwies, hat zwei deutlich voneinander abweichende Typen hervorgebracht: Die amerikanische Burma ist stämmiger und kräftiger als die britische.

BEINE Lang und schlank. Die Hinterbeine sind etwas kürzer als die Vorderbeine.

FARBSCHLÄGE	FELL	ABZEICHEN
Braun	Zobelbraun	Unterseite heller schattiert
Blau	Silbergrau	Silberglänzend
Chocolate	Helles Schokoladenbraun	Keine
Lilac	Gräuliches Rosa	Keine
Rot	Hell mandarinfarben	Ohren dunkler als der Rücken
Creme	Tief cremefarben	Keine
Schildpatt Braun	Braun	Rot gemustert
Schildpatt Chocolate	Schokoladenbraun	Rot gemustert
Schildpatt Lilac	Gräuliches Rosa	Cremefarben gemustert
Schildpatt Blau	Graublau	Cremefarben gemustert

Japanese Bobtail

(Japanische Stummelschwanzkatze)

Diese Katze ist mit anderen Kurzhaarrassen kaum vergleichbar. Sie hat einen deutlichen orientalischen Einschlag und erhielt ihren Namen sowohl nach ihrem Ursprungsland als auch wegen ihres wie eine Puderquaste aussehenden Schwanzes.

GESCHICHTE

Obwohl die Wurzeln dieser Rasse im Fernen Osten bis ins 7. Jahrhundert zurückverfolgt werden können, zeigte man in Japan bis vor kurzem wenig Interesse an ihrer Eignung für Ausstellungen. Es blieb den Amerikanern vorbehalten, die Katze Ende der 1960er-Jahre ins Rampenlicht zu bringen und einen Standard aufzustellen.

CHARAKTER

Die freundliche Japanese Bobtail besitzt eine ausgeprägte Persönlichkeit.

VARIANTEN

Traditionelle Farbschläge in Japan sind die dreifarbigen Katzen (Schwarz und Rot mit Weiß sowie Schildpatt mit Weiß), die so genannten »Glückskatzen«. Alle kurz- und langhaarigen Varianten sowie alle Farben und Muster mit Ausnahme der Abessinier und Siamesen sind anerkannt.

OHREN Groß, mit abgerundeten Spitzen, weit auseinanderstehend und im rechten Winkel am Kopfende angesetzt, was den Eindruck erweckt, als neigten sie sich nach vorn.

AUGEN Groß und oval, die Hornhaut ist weniger vorgewölbt als bei anderen Rassen. Die Farbe sollte mit der des Fells harmonieren.

GESICHTSMERKMALE
Japanese Bobtail Rot mit Weiß

GLÜCKSKATZE Diese Katzen heben oft eine Pfote, wenn sie sitzen – eine Geste, die Glück bringen soll. Man nennt sie Maneki-Neko (heranwinkende Katze) und sieht sie oft auf Drucken, als Figuren oder Werbeartikel in japanischen Häusern und an den Türen von Geschäften, um Besucher willkommen zu heißen. Ein Tempel in Tokio, der Gotokuji, besitzt eine Fassade, die mit solchen Katzenfiguren verziert ist. Alle heben die Pfote, um die Gläubigen zu begrüßen.

KÖRPER Mittelgroß, schlank und elegant.

KOPF Er sollte fast ein Dreieck bilden. Die Nase ist lang, mit einem Nasenspiegel, der zur Fellfarbe passen sollte.

FELL Das Fell sollte weich, seidig und halblang sein. Die Farbe: Rot mit Weiß oder Schwarz mit Weiß. Das Fell neigt nicht zum Haarwechsel.

SCHWANZ Sehr kurz und wellig. Am Schwanz ist das Fell länger und dicker, wodurch seine geringe Länge überspielt wird.

BEINE Lang und schlank. Die Hinterbeine sind länger als die Vorderbeine.

PFOTEN Die Pfoten sind mittelgroß und oval. Die Farbe der Ballen passt zur Fellfarbe.

Singapura

Singapura ist der malaiische Name für die Inselrepublik Singapur, von der diese Katze stammt. Wie die Abessinier besitzt die Singapura ein Fell mit Ticking, das sich jedoch weicher anfühlt.

GESCHICHTE

Die Singapura wurde 1975 in die USA importiert und schon ein Jahr später auf einer Ausstellung gezeigt. Sie errang rasch die Anerkennung der meisten Katzenzuchtverbände. In Europa ist die Rasse sehr selten, und selbst in den USA ist sie noch ziemlich ungewöhnlich.

CHARAKTER

Weil die Singapura in ihrer Heimat in Abflussrohren (drains) Schutz und einen Platz zum Schlafen sucht, war sie früher als »Drain Cat« bekannt, ein ziemlich unglücklich gewählter Spitzname, der auf eine minderwertige Katze schließen lässt und nun ausgemerzt wurde. Obwohl die Singapura zurückhaltend und etwas scheu ist, ist sie trotzdem ein geselliges Tier und liebt es, mit Menschen zusammen zu sein.

VARIANTEN

Es gibt keine anderen Varianten.

OHREN Groß und leicht zugespitzt.

AUGEN Groß, mandelförmig und schräg geschnitten. Sie sollten haselnussbraun, grün oder gelb sein.

GESICHTSMERKMALE

ENTWICKLUNG EINER ASIATISCHEN STRASSENKATZE Es gibt zahlreiche Katzen, die der Singapura ähnlich sehen, nicht nur in Singapur, sondern in ganz Asien. Seit ihrer Einfuhr in die USA wurde aber eine Zucht entwickelt und ein Standard festgelegt. Die Singapura ist eine sehr seltene Rasse.

KOPF Rundlich, mit einer kurzen Nase. Lachsfarbener Nasenspiegel.

KÖRPER Klein bis mittelgroß, muskulös und leicht stämmig.

FELL Das Fell ist sehr kurz, seidig und liegt eng an. Es sollte die Farbe von altem Elfenbein haben, mit Bändern in dunklem Bronzeton und einem Ticking in warmem Creme, was der Katze ein vornehmes Aussehen verleiht.

SCHWANZ Eher kurz und schlank mit stumpfer Spitze.

PFOTEN Die Pfoten sind klein und oval, mit Ballen, die braun-rosa sein sollten.

BEINE Mittellang und muskulös.

Tonkanese

Trotz des orientalischen Namens sind diese Katzen eine amerikanische Züchtung aus Kreuzungen zwischen Siam- und Burmakatzen. Es heißt, dass sie die besten Eigenschaften der beiden vereinigen.

GESCHICHTE

Die »Tonks« wurden während der 1930er-Jahre in den USA in kleiner Anzahl gezüchtet. Sie wurden als Golden-Siam-Katzen bekannt und lange Zeit nicht beachtet. Erst 30 Jahre später, als die Zucht unter dem Namen Tonkanese einen neuen Aufschwung nahm, erhielten sie die ihnen gebührende Aufmerksamkeit. Diese Rasse wurde noch nicht in allen Ländern anerkannt; in den USA erfolgte die Anerkennung in den 1980er-Jahren.

CHARAKTER

Die außerordentlich anhänglichen Tonkanesen sind eine der menschenanhänglichsten Kurzhaarkatzen.

VARIANTEN

In den USA werden nur fünf Farbschläge anerkannt (siehe Tabelle), in Großbritannien jedoch hat die einzige Vereinigung, die diese Rasse anerkennt, einen neuen Standard geschaffen, der alle Farbschläge der Burmakatzen zulässt.

FELL Das Fell ist nicht ganz kurz, weich und enganliegend wie bei einem Nerz, mit natürlichem Glanz. Der Farbton sollte gleichmäßig sein, auf der Unterseite ein wenig heller, mit Abzeichen, die sich klar abheben, aber weniger scharf als bei der Siam.

PFOTEN Die Pfoten sind zierlich und eher oval als rund. Die Farbe der Ballen sollte mit der des Fells harmonieren.

NEUGIERIGE KATZEN Alle Tonkanesen, nicht nur die Red-Point, sind neugierig und »superschlau«.

TONKANESE MIT ROTEN ABZEICHEN (RED-POINT) Ein neuer, ausschließlich britischer Farbschlag, der farblich der roten Burmakatze entspricht, zusätzlich aber Siam-Abzeichen in einer dunkleren Schattierung aufweist.

FARBSCHLÄGE	FELL	ABZEICHEN
Naturnerz	Warmes Braun	Dunkles Schokoladenbraun
Blauer Nerz	Bläuliches Grau	Schieferblau
Honignerz	Rotbraun	Schokoladenbraun
Champagnernerz	Warmes Beige	Blasses Braun
Platinnerz	Helles Silber	Pudergrau

OHREN Mittelgroß, breit am Ansatz mit oval geformten Spitzen.

KOPF Ein leicht keilförmiger Schnitt, mit einem rechtwinklig verlaufenden Mund und einer langen Nase. Die Farbe des Nasenspiegels sollte mit der Fellfarbe harmonieren.

AUGEN Mittelgroß, mandelförmig und weit auseinander stehend. Sie sollten blaugrün sein.

GESICHTSMERKMALE

KÖRPER Mittelgroß, geschmeidig und musku-lös. Eine Mischung zwischen dem schlanken Körper einer Siamkatze und dem stämmigen einer Burmakatze.

SCHWANZ Im Verhältnis zum Körper lang und zugespitzt.

BEINE Lang, schlank und elegant. Die Hinterbeine sind etwas länger als die Vorderbeine.

EIN HÜBSCHES EXEMPLAR Nicht alle britischen Zuchtverbände erkennen die Tonkanesen an, weil nur 50 Prozent der Kätzchen, die aus einer Paarung gleichartiger Partner hervorgehen, Tonkanesen sind. Doch die exquisit getönte Red-Point ist sicher ein guter Repräsentant ihrer Rasse und wird für die gebührende Anerkennung sorgen.

TONKANESE PLATINNERZ Das Fell dieser Rasse braucht im Allgemeinen bis zu 16 Monate für seine volle Entfaltung. Manche Züchter glauben, dass der Fellglanz sich auch danach noch verbessert. Andere wiederum sind der Meinung, dass man Tonkanesen am besten im Alter von zwei Jahren ausstellt.

Bombaykatze

Wenn es eine Steigerung der Farbe Schwarz gibt, so trifft sie auf das Fell dieser Katze zu, das den Glanz von Lackleder haben soll. Wegen ihrer Ähnlichkeit mit dem indischen schwarzen Panther wurde diese Katze nach der Stadt Bombay benannt.

GESCHICHTE

Begründet wurde die Rasse in den 1950er-Jahren durch Kreuzung einer Burmakatze mit einer schwarzen Amerikanisch Kurzhaar.

CHARAKTER

Die Bombaykatze schnurrt immerzu, liebt menschliche Gesellschaft und ist nicht gern allein: Sie ist vollkommen zufrieden, nur im Hause zu leben.

VARIANTEN

Eine halblanghaarige Variante wird von manchen europäischen Verbänden als Bombay Langhaar oder Orientalisch Langhaar Schwarz anerkannt. In Großbritannien wird sie als eine spezifische Form von Orientalisch Kurzhaar aufgeführt.

OHREN Sie sollten mittelgroß sein, breit am Ansatz und mit sanft abgerundeten Spitzen. Sie stehen weit auseinander und sollten etwas nach vorn gestellt sein.

AUGEN Rund, weit auseinander stehend, mit einem Farbton, der zwischen Gold und leuchtendem Kupfer liegt.

GESICHTSMERKMALE

FELL Die Farbe sollte ein glänzendes Pechschwarz sein. Das Fell ist kurz und liegt eng an.

SCHWANZ Er sollte mittellang sein.

KÖRPER Mittelgroß und muskulös.

KOPF Rundlich, mit einem vollen Gesicht, das nach unten hin schmaler wird und einen kleinen, gut entwickelten Mund besitzt.

BEINE Im Verhältnis zum Körper mittellang.

EINE RECHT UNGEWÖHNLICHE RASSE Außerhalb der USA ist sie noch ziemlich selten, aber ihre elegante Schönheit wird diese Katze sicher sehr bald sehr beliebt machen.

PFOTEN Die Pfoten sollten klein und schmal sein, mit schwarzen Ballen.

Snowshoe
(Schneeschuh)

Diese noch relative neue amerikanische Rasse wurde
mit dem Ziel entwickelt, die typischen Abzeichen der
Siamkatze mit den weißen Füßen der Birmakatze zu
kombinieren. Der Körper ähnelt dem der Oriental-
lisch Kurzhaar, ist im Allgemeinen aber größer und
schwerer, mit weniger stark ausgeprägten Abzeichen.
Sie erinnert an die Siamkatze, wie sie vor 30 oder
40 Jahren gezüchtet wurde.

GESCHICHTE
Drei Siamkätzchen, die mit
weißen Füßen zur Welt kamen,
bildeten die Grundlage dieser
Zucht. Als ein selektives Zuchtprogramm aufgestellt wurde, hat
man zweifarbige Amerikanisch
Kurzhaar eingekreuzt, um die
Snowshoe zu entwickeln.

CHARAKTER
Die Snowshoe wird als strahlende und
nicht leicht zu irritierende Persönlichkeit beschrieben – Eigenschaften, die
ideal für Ausstellungen sind.

VARIANTEN
Es gibt bisher zwei Farbschläge: Die
Seal-Point hat ein Fell in warmem
Rehbraun, wobei Bauch und Brust hel-
ler sind, mit sealbraunen Abzeichen. Die
Blue-Point hat einen Körper in bläulichem
Weiß, Bauch und Brust sind ebenfalls heller,
mit Abzeichen in tiefem Graublau.

SNOWSHOE SEAL-POINT Ein umgekehrtes »V«
auf der Stirn ist erwünscht.

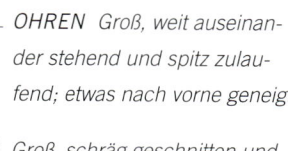

GESICHTSMERKMALE

OHREN Groß, weit auseinander stehend und spitz zulaufend; etwas nach vorne geneigt.

AUGEN Groß, schräg geschnitten und
oval, der Form einer Walnuss ähnlich. Die
Farbe sollte ein glänzendes Blau sein.

KOPF Wohlgerundet, aber dreieckig
im Schnitt, mit einer mittellangen
Nase, die, im Profil gesehen, gerade
verläuft. Grauer Nasenspiegel. Hoch-
liegende Wangenknochen.

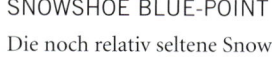

SNOWSHOE BLUE-POINT
Die noch relativ seltene Snowshoe wird bisher nur in zwei
Farbschlägen, Blau und Seal, von
amerikanischen Vereinen anerkannt. In Zukunft werden zweifellos auch andere Siam-Farb-
schläge anerkannt werden.

SCHWANZ Mittellang
und leicht zugespitzt.

FELL Das Fell ist kurz,
glänzend und in seiner
Struktur mittelstark.
Maske, Ohren, Beine und
Schwanz sollten wesentlich
dunkler schattiert sein im
Vergleich zur Körperfarbe,
Brust und Bauch hingegen
sind heller. Die Pfoten
sollten weiß sein.

KÖRPER Mittelgroß
bis groß, geschmeidig
und muskulös.

BEINE Mittellang.

PFOTEN Die Pfoten sind
mittelgroß und oval. Pfotenballen in Rosa und Grau.

Foreign Kurzhaar

Die Foreign oder Orientalisch Kurzhaar werden in einer Vielzahl von Farb- und Fellmustern gezüchtet. Diese eleganten
Tiere, die den Körperbau der Siamkatzen haben, weisen ein
eigenwilliges Aussehen auf, das sie unverwechselbar macht.

GESCHICHTE
In den USA und Großbritannien wurden Siamkatzen mit anderen Kurzhaarkatzen
gekreuzt, um eine elegante Katze vom Typus der Foreign Kurzhaar jedoch ohne
Abzeichen zu erzeugen. Die Anerkennung erfolgte in den späten 1970er-Jahren.

CHARAKTER
Diese Katzen besitzen die gleiche energische und
neugierige Veranlagung wie die Siamesen. Sie sind
liebenswerte Gefährten.

VARIANTEN
Es gibt folgende Farbschläge: Schwarz, Weiß, Blau,
Lilac, Rot, Creme, Silber, Cameo, Kastanie, Zimt,
Karamel, Rauchschwarz, Kastanie Smoke, Cameo
Smoke, Tabby und Schildpatt. In den meisten Fällen
sind die Augen grün, bei der Amerikanisch Foreign
Kurzhaar in Weiß können sie blau oder orange sein;
bei der Britisch Foreign Kurzhaar in Weiß müssen sie
blau sein. Bernsteinfarbene Augen sind bei der schwarzen
Foreign Kurzhaar erlaubt; Farbtöne von Kupfer bis
Grün sind bei den cremefarbenen und roten
zugelassen. In Großbritannien werden ein-
farbige Katzen als Foreign Kurzhaar
bezeichnet, wogegen Tabbys, gefleckte
Katzen und Katzen mit Ticking
Orientalisch Kurzhaar genannt werden.

OHREN Groß
und spitz.

AUGEN Mittelgroß,
mandelförmig und
schräg geschnitten.

KOPF Wie bei den
Siamesen keilförmig
geschnitten, mit
einer langen Nase.

GESICHTSMERKMALE
Foreign Kurzhaar Lilac

FOREIGN KURZHAAR BLAU Eine
Katze mit einem außergewöhnlich
interessanten Profil.

KÖRPER Mittelgroß,
lang, schlank und
geschmeidig. Langer,
schlanker Hals.

FELL Das Fell ist kurz,
fein strukturiert und eng
anliegend. Die Farbe
sollte ein frostiger Grau-
ton mit einem Stich ins
Rosa sein.

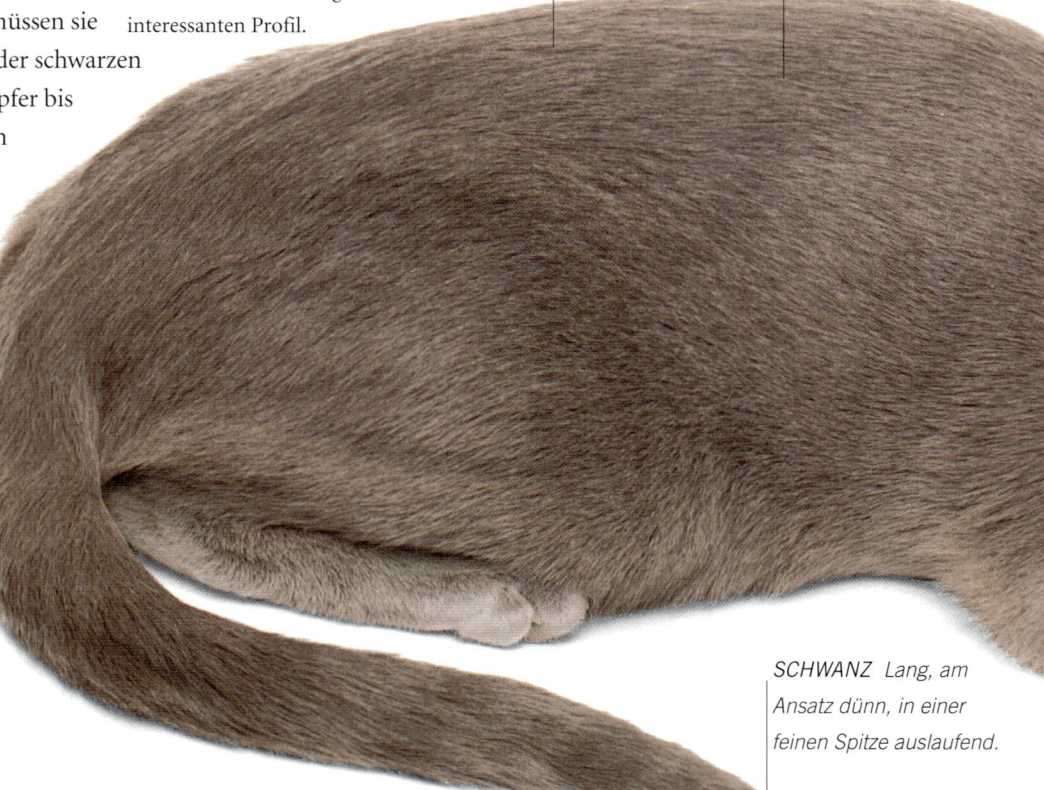

SCHWANZ Lang, am
Ansatz dünn, in einer
feinen Spitze auslaufend.

FOREIGN KURZHAAR SCHWARZ
Die Quintessenz feliner Eleganz.

ORIENTALISCH KURZHAAR TABBY MIT TICKING Jedes Haar weist dunkle Bänder auf.

FOREIGN KURZHAAR LILAC Während der 1950er-Jahre gab das Zuchtprogramm für die Havanakatze in Großbritannien den Anstoß zur Entwicklung dieser Foreign Kurzhaar. Wenn zwei Havanakatzen, die durch die Kreuzung einer Russisch Blau und einer Siam Seal-Point entstanden sind, miteinander gepaart werden, enthält der Wurf Foreign Kurzhaar Lilac.

OHREN Groß und spitz.

AUGEN Mittelgroß, mandelförmig und schräg geschnitten. Die Augen sind walnussfarben umrandet.

KOPF Wie bei der Siamkatze keilförmig, mit einer langen Nase.

GESICHTSMERKMALE
Orientalisch Kurzhaar Chocolate-Tabby

ORIENTALISCH KURZHAAR CHOCOLATE-TABBY

ORIENTALISCH KURZHAAR TABBY
Gestromte Orientalisch Kurzhaar wurden ursprünglich durch Paarung von Tabbys ohne Stammbaum mit Siamesen erzeugt. Erst später verwendete man im Zuchtprogramm gestromte Siamkatzen. Heute sind alle Farben und Tabby-Muster anerkannt.

BEINE Lang, schlank und elegant. Die Hinterbeine sind länger als die Vorderbeine.

PFOTEN Die Pfoten sind zierlich und oval. Lavendelfarbene Ballen.

Burmilla

Wie schon der Name nahe legt, ist die Burmilla das Kreuzungsprodukt zwischen einer Burma- und einer Chinchillakatze. Sie besitzt den Körperbau einer Burmakatze, hat aber ein weicheres Fell, das schattiert ist oder ein Tipping aufweist. Die Entwicklung der Burmilla hat eine Lücke im Repertoire der Katzenrassen gefüllt, nämlich die einer Kurzhaarkatze vom Foreign-Typus in Silber mit Tipping.

GESCHICHTE

1981 ergab in Großbritannien eine zufällige Paarung zwischen einem Burmaweibchen in Lilac und einem Chinchillakater, die beide der Baronin Miranda von Kirchberg gehörten, vier Kätzchen, die die Burmilla-zucht begründeten. Die Möglichkeit, eine neue, echte Zucht zu etablieren, wurde schnell in die Tat umgesetzt, und mit dem gleichen Ziel wurde 1984 der Burmilla-Katzenverein gegründet. Noch steht die Anerkennung für die Burmilla in Großbritannien aus, aber man ist dabei, sie in Amerika einzuführen. Die Burmilla wird in zunehmendem Maße auf Ausstellungen gezeigt und hat mittlerweile eine große Menge von Freunden und Bewunderern gewonnen.

CHARAKTER

Diese Katze ist bekannt für ihren feinen, ausgeglichenen Charakter.

VARIANTEN

Die Burmilla wird mit einem silber- oder goldfarbenen Fell gezüchtet. Die Haarspitzen sind schwarz oder haben eine andere bei Burmakatzen auftretende Farbe.

KÖRPER Mittellang, geschmeidig, aber muskulös.

BEINE Mittellang und schlank. Die Vorderbeine sind etwas kürzer als die Hinterbeine.

PFOTEN Die Pfoten sind zierlich, oval geformt, mit schwarzen Ballen.

OHREN Mittelgroß bis, groß, mit mittlerem Ohrenabstand. Sie sind am Ansatz breit, haben abgerundete Spitzen und neigen sich leicht nach vorn.

AUGEN Groß, weit auseinanderstehend, mit einem rundgeschnittenen Unterlid und einem gerade verlaufenden Oberlid. Alle Schattierungen in Grün sind anerkannt.

KOPF Sanft gerundet, zwischen den Ohren mittel-breit. Die Nase ist kurz, mit einem schwarz umrandeten Nasenspiegel in der Farbe von Terrakotta. Ein leichtes Tabby-Muster und ein deutlich gezeichnetes »M« schmücken die Stirn.

GESICHTSMERKMALE

BURMILLA MIT SCHWARZEM TIPPING
Die Burmilla ist dabei, rasch eine der beliebtesten neuen Kurzhaarzuchtkatzen zu werden.

BURMILLA MIT BRAUNEM TIPPING Bei der Burmilla mit braunem Tipping entspricht die Farbe der Pfoten, der Umrandung der Augen sowie der Lippen der Farbe des Tippings.

FELL Das Fell ist kurz, aber länger als bei der Burmakatze, dicht und weich. Es fühlt sich an den Spitzen rau an.

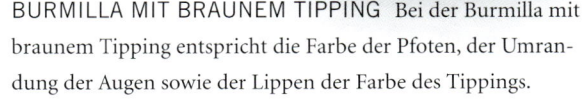

BURMILLA MIT SCHWARZEM TIPPING Eine sanfte Schattierung, die einen Kontrast zu der Silberfarbe des Unterfells bildet, und feine Tabby-Abzeichen an den Points geben diesem Farbschlag ein unaufdringliches Erscheinungsbild.

SCHWANZ Mittellang bis lang. Er sollte in einer runden Spitze enden. Die Schwanzringe haben dieselbe Farbe wie das Tipping.

Cornish Rex

Die Rexkatze, die aussieht, als hätte man ihr beim Friseur eine ziemlich altmodische Dauerwelle verpasst, wurde nach dem Rex-Kaninchen benannt, das gleichfalls ein derart lockiges Fell besitzt.

GESCHICHTE

Obwohl Kätzchen mit gekräuseltem Fell nach dem Zweiten Weltkrieg sowohl in Europa als auch in den USA aufgetaucht sein sollen, wurde die Zucht erst nach 1950 ernsthaft betrieben. Auf einem Bauernhof in Cornwall, England, befand sich in einem Wurf Katzen ein wunderhübsches, cremefarbenes Katerchen mit gewelltem Fell, das mit seiner Mutter gepaart wurde und so die Rasse Cornish Rex begründete. Im Jahre 1966 tauchte ein ganz ähnliches Kätzchen in Devon auf, das man später mit der Rasse aus Cornwall kreuzte. Die daraus hervorgegangenen Kätzchen besaßen ein glattes Fell, sodass man dazu überging, die Tiere getrennt voneinander weiterzuzüchten. 1967 wurden Rexkatzen in Großbritannien anerkannt, und heute sind sie auf der ganzen Welt zu Ausstellungen zugelassen.

CHARAKTER

Verspielte und anhängliche Katzen.

VARIANTEN

Alle Farben und Fellmuster sind anerkannt, mit Ausnahme der zweifarbigen Tiere.

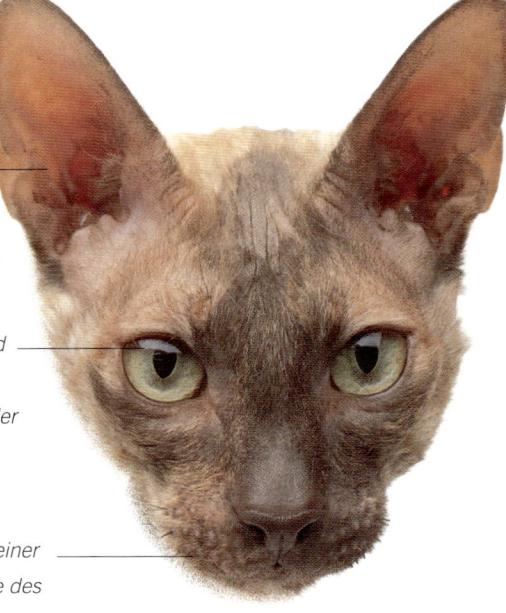

OHREN Groß, an den Spitzen sanft abgerundet, hoch am Kopf angesetzt.

AUGEN Mittelgroß und oval geschnitten. Die Augenfarbe sollte mit der Fellfarbe harmonieren.

KOPF Keilförmig, mit einer langen Nase. Die Farbe des Nasenspiegels sollte zur Fellfarbe passen. Gekräuselte Schnurrhaare.

GESICHTSMERKMALE

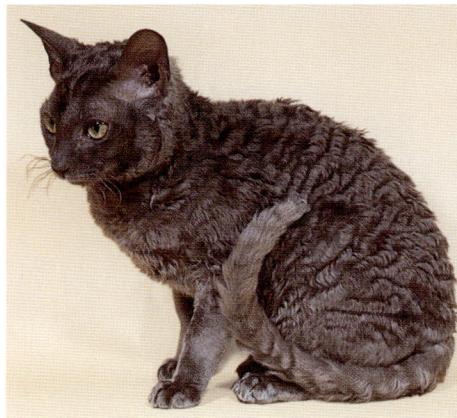

CORNISH REX BLAU Das blaue Fell besitzt einen besonderen Glanz.

FELL Das gekräuselte Fell ist seidig, kurz und eng anliegend, ohne Leithaare. Die Farbe sollte eine Mischung von Chocolate, Rot und Creme sein. Das Fell sollte an Rücken und Schwanz besonders stark gekräuselt sein.

KÖRPER Lang und schlank, mit einem von Natur aus gebogenen Rücken.

SCHWANZ Lang und schlank, am Ende zugespitzt und außerordentlich beweglich.

BEINE Sehr lang, gerade und schlank.

CORNISH REX CHOCOLATE-SCHILDPATT Für die Cornish Rex, eine Katze vom Typus Foreign Kurzhaar, ist das gekräuselte, sehr kurze und feine Fell charakteristisch. Es ist weniger dicht als das der Devon Rex und besitzt, wenn überhaupt, nur wenige Leithaare, sodass das Fell quasi nur aus Unterfell und Grannenhaaren besteht.

PFOTEN Die Pfoten sind zierlich und leicht oval. Die Farbe der Ballen sollte zur Fellfarbe passen.

Devon Rex

Die Devon Rex stammt aus dem Südwesten Englands und sieht mit ihrem gekräuselten Fell wie ein bezaubernder Kobold aus. Die extrem großen Ohren sind ihr hervorstechendstes Merkmal.

GESCHICHTE
Die ersten Katzen dieser Rasse tauchten einige Jahrzehnte nach der Cornish Rex als spontane genetische Mutation auf. Obwohl sie sich in vieler Hinsicht ähneln, haben Kreuzungsversuche gezeigt, dass die beiden Rassen genetisch unterschiedlich sind.

CHARAKTER
Die liebevolle und verspielte Devon Rex ist eine ausgezeichnete Familienkatze. Sie ist von Natur aus ruhig, gerne im Haus und ein schneller Läufer sowie guter Springer. Sie passt sich schnell an ein Leben im Haus an, auch wenn sie gerne im Freien spielt.

VARIANTEN
Alle Farben und Muster sind zugelassen.

GESICHTSMERKMALE

OHREN Sehr groß, niedrig am Kopf angesetzt, mit abgerundeten Spitzen. Sie können Ohrbüschel besitzen.

AUGEN Groß, oval geschnitten und weit auseinander stehend. Die Farbe sollte mit der Fellfarbe harmonieren.

KOPF Leicht keilförmig, mit vollen Wangen und einer kurzen Nase, was zu der koboldhaften Erscheinung dieser Katze beiträgt. Betonte Wangenknochen. Gekräuselte Schnurrhaare, die zum Abbrechen neigen.

FELL Das Fell ist sehr kurz, fein, wellig und weich, ein wenig dichter als das der Cornish Rex. Die Farbe sollte rein-weiß sein, ohne irgendwelche Abzeichen.

SCHWANZ Lang, fein und zugespitzt, mit reichlich Fell.

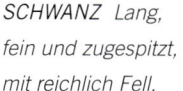

KÖRPER Mittelgroß, schlank, fest und muskulös. Breite Brust.

DEVON REX WEISS Obwohl der Körperbau dem einer Foreign Kurzhaar entspricht, besitzt die Devon Rex ein »Kobold-Gesicht«, durch das sie sich von der Cornish Rex unterscheidet. Auch fühlt sich ihr Fell anders an, das wie bei fast allen anderen Katzen, drei Haartypen besitzt. Die Angewohnheit der Devon Rex, mit dem Schwanz zu wedeln, wenn sie glücklich ist, hat ihr den Spitznamen »Pudel-Katze« eingebracht.

BEINE Lang und dünn.

PFOTEN Die Pfoten sind klein und oval. Die Farbe der Ballen sollte mit der Fellfarbe harmonieren.

Selkirk Rex

Diese neueste Züchtung unter den Rexkatzen stammt weder aus dem Südwesten Englands wie Cornish und Devon Rex noch aus der Region Selkirk in Schottland. Ihr Ursprung liegt in den USA, sie wurde jedoch nach den Selkirk Mountains in British-Columbia, Kanada, benannt.

GESCHICHTE

1987 tauchte in den Vereinigten Staaten im Wurf einer gewöhnlichen Hauskatze ein Kätzchen mit kurzem, aber gekräuseltem Fell auf. Als erwachsene Katze wurde es mit einer prämierten Langhaar Schwarz verpaart. Drei der sechs Nachkommen hatten ein glattes Fell und drei ein gelocktes Fell. Aus diesen drei Kätzchen mit gekräuseltem Fell entwickelte sich die Rasse Selkirk Rex.

CHARAKTER

Eine intelligente, verspielte und anhängliche Familienkatze.

VARIANTEN

Selkirk-Rex-Katzen kommen in allen Fellfarben und -mustern vor; sie dürfen auch eine Siamfärbung aufweisen.

GESICHTSMERKMALE

OHREN Mittelgroß, weit auseinander stehend, an der Basis breit, an den Spitzen gerundet.

AUGEN Passend zur Fellfarbe kupferfarben, gelb oder grün, bei weißen Tieren blau.

KOPF Rundlich und breit, mit einem deutlichen Stopp am Nasenrücken.

SCHILDPATT Die Selkirk ist eine mittelgroße bis große Katze, die kräftig gebaut ist und schwerer sein kann, als man auf den ersten Blick glaubt.

FELL Dick und plüschartig, weich und locker gekräuselt. Es kann kurz oder lang sein. Langhaarkatzen haben einen längeren Schwanz mit gerundeter Spitze und eine längere Halskrause.

KÖRPER Gedrungen und muskulös; mittelgroß bis groß, mit schwerem Knochenbau, besonders die Kater.

BEINE Mittellang und starkknochig.

PFOTEN Groß und rund.

TABBY UND WEISS Das ungewöhnliche Fell dieser idealen Familienkatze vermittelt ein schönes weiches Gefühl.

SCHWANZ Mitteldick, verjüngt sich zur gerundeten Spitze hin.

Kartäuser

Vom Namen her gesehen könnte die Rasse im Mittelalter von den Mönchen eines Klosters in der Grande Chartreuse, einem Bergmassiv in Frankreich, erstmals gezüchtet worden sein. Diese freundliche Katze mit friedlichem Naturell ist der ideale Begleiter. Sie miaut selten, sondern lässt eher ein hübsches Zirpen hören. Sie nimmt oft eine »betende« Haltung an und bettelt gelegentlich so um Leckereien.

GESCHICHTE

In Großbritannien wurde die Kartäuser so nah an die Britisch Kurzhaar Blau herangezüchtet, dass es zwischen den beiden Rassen heute keinen Unterschied mehr gibt. In Nordamerika jedoch wird eine kräftigere Form als die Britisch Blau mit einem weniger rundlichen Gesicht und mehr Grauanteil im Fell als Kartäuser aufgeführt.

CHARAKTER

Die Kartäuser ist eine anhängliche Familienkatze, die mit anderen Haustieren, auch Hunden, gut auskommt. Sie gewöhnt sich rasch an die Leine und kann im Freien spazieren geführt werden.

VARIANTEN

Es gibt keine Varianten.

OHREN Mittelgroß, hoch am Kopf angesetzt.

AUGEN Groß, gold- oder kupferfarben, mit leicht nach oben zeigenden äußeren Augenwinkeln und freundlichem, intelligentem Ausdruck.

GESICHTSMERKMALE

FRANZÖSISCHE SCHÖNHEIT Die Kartäuser hat ein hübsches rundes Gesicht, eine relativ schmale Schnauze, volle Backen und einen kräftigen Unterkiefer.

KOPF Rundlich und keilförmig, mit einer geraden, mittelbreiten Nase und einer kleinen, schmalen Schnauze.

FELL Kurz bis mittellang, mit einer plüschartigen, wolligen Textur in Grauschattierungen, von hellem Aschgrau bis zu Schiefergrau; das Deckhaar ist silbern getippt, wodurch ein leichtes Schimmern entsteht.

KÖRPER Groß, muskulös und kräftig, mit tiefer Brust und breiten Schultern.

SCHWANZ Am Ansatz breit, wird dann schmaler, mit abgerundeter Spitze.

BEINE Kurz und stämmig, aber nicht dick.

PFOTEN Klein im Verhältnis zum Körper, rund geformt.

Ägyptische Mau

Mau oder Miu hießen die Hauskatzen im alten Ägypten, und von allen domestizierten Katzen ist die Ägyptische Mau wahrscheinlich die ehrwürdigste.

GESCHICHTE

Katzen, die der Ägyptischen Mau ähneln, haben eine lange Geschichte, besonders im Mittleren Osten. Man glaubt, dass die Maukatze eine natürliche Rasse ist, die aus der Gegend von Kairo stammt. In Europa erschien sie erstmals Mitte der 1950er-Jahre auf einer Katzenausstellung in Rom; 1953 wurde sie in die USA importiert, wo sie 15 Jahre später die Anerkennung erhielt. In Europa wurde die Rasse erst 1993 offiziell zugelassen.

CHARAKTER

Die Ägyptische Mau ist liebevoll und verspielt. Angeblich ist es leicht, ihr »Kunststückchen« beizubringen. Sie gehört zu den ganz wenigen Rassen, die gern an der Leine spazieren gehen.

VARIANTEN

Es gibt fünf Farbschläge: Die silberfarbene Maukatze trägt ein silbernes Fell mit schwarzen Abzeichen, die bronzefarbene hat ein hellbraunes Fell mit dunkelbraunen Abzeichen, die zinnfarbene ein Fell in einem gräulichen Rosa mit schwarzen oder braunen Abzeichen. Die rauchfarbene (Smoke) hat ein Fell in einem hellen Silberton mit schwarzen Abzeichen und die schwarze zeigt dieselben Farben wie die Smoke, jedoch ohne weißes Unterfell.

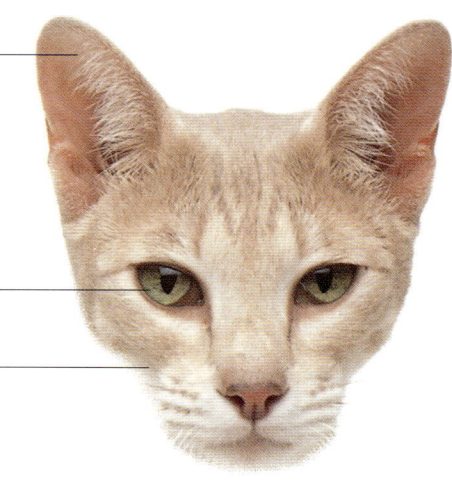

OHREN Mittelgroß bis groß, weit auseinanderstehend und sanft zugespitzt. Ohrbüschel.

AUGEN Mandelförmig und blassgrün.

KOPF Keilförmig, aber leicht gerundet, mit einer kurzen Nase. Skarabäus-Zeichen auf der Stirn.

GESICHTSMERKMALE

ÄGYPTISCHE MAU ZINNFARBEN Es ist eine weit verbreitete Ansicht, dass die Mau von der Katze abstammen könnte, die im alten Ägypten durch den Gott Ra und die Göttin Bastet symbolisiert wurde. Als Untermauerung dieser Theorie dient das einem kleinen Skarabäus ähnelnde Zeichen auf der Stirn der Katzen. Auf ägyptischen Fresken wurden Katzen oft mit Skarabäen auf der Stirn dargestellt.

KÖRPER Mittellang, grazil und muskulös.

SCHWANZ Mittellang und leicht zugespitzt. Deutlich erkennbare Ringe.

FELL Das Fell ist fein und seidig, aber dicht und bei Berührung elastisch. Es ist mittellang und besteht aus Fellhaaren, die ein Ticking von zwei oder mehr Bändern aufweisen. Die Farbe sollte ein gräuliches Rosa sein mit braunen Abzeichen.

PFOTEN Die Pfoten sind klein, zierlich und leicht oval geformt.

BEINE Im Verhältnis zum Körper mittellang. Die Hinterbeine sind länger als die Vorderbeine.

Sphinx

Eine Katze in dem Kleid, in dem sie auf die Welt gekommen ist! Eine Katze wie die praktisch haarlose Sphinx ist nicht jedermanns Geschmack, erregt aber zweifellos viel Aufmerksamkeit.

GESCHICHTE

Haarlose Katzen sollen schon von den Azteken gezüchtet worden sein und es gibt in Büchern Berichte über die »Haarlose Mexikanische Katze« aus der Zeit um die Jahrhundertwende. Die moderne Zucht hat sich jedoch erst nach 1966 entwickelt, ausgehend von einem Mutantenkätzchen, das in Ontario, Kanada, zur Welt kam. Außerhalb Nordamerikas ist sie selten.

CHARAKTER

Die Sphinx ist eine anhängliche Katze, die es genießt, wenn sie geknuddelt wird.

VARIANTEN

Die Sphinx kann jede anerkannte Fellfarbe und jede Musterung aufweisen. Die Augenfarbe sollte zur Körperfarbe passen.

OHREN Sehr groß, mit abgerundeten Spitzen.

AUGEN Tiefliegend, zitronenförmig und schräg geschnitten. Die Farbe sollte mit der Körperfarbe harmonieren.

KOPF Weder rund noch keilförmig, eher etwas länger als breit. Die Nase sollte kurz sein und einen Spiegel haben, der farblich zum Körper passt. Vorstehende Backenknochen. Schnurrhaare fehlen.

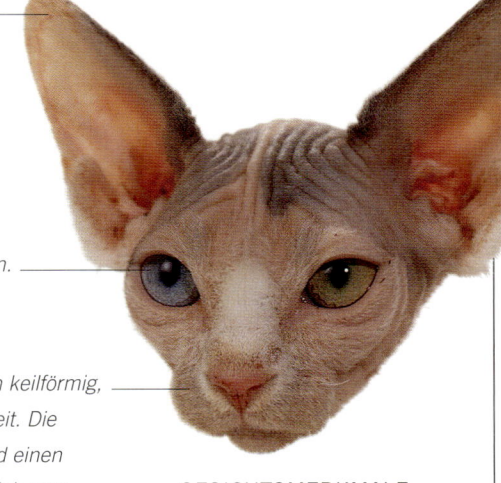

GESICHTSMERKMALE

SPHINX SCHWARZ MIT WEISS Ohne das schützende Haarkleid kann sich die Sphinxkatze leicht erkälten und sollte deshalb das Haus hüten.

SPHINX HARLEKIN Die Haut einer Sphinx fühlt sich an wie eine warme Pfirsichhaut. Diese Katze sollte gelegentlich mit warmem Wasser gebadet werden; sie lässt sich mit einem weichen Handtuch leicht abtrocknen.

KÖRPER Mittelgroß, grazil, aber muskulös, mit walzenförmiger Brust.

SCHWANZ Lang, hart und zugespitzt.

BEINE Lang und schlank. Sie hat O-Beine, die durch die walzenförmig geformte Brust entstehen.

FELL Haarlos, abgesehen von einem feinen Flaum auf Gesicht, Ohren, Füßen und Schwanz. Die Haut ist an einigen Stellen des Kopfes, des Körpers und der Beine faltig, sollte sonst aber straff sein.

PFOTEN Die Pfoten sind zierlich und oval und haben lange Zehen. Die Farbe der Ballen sollte mit der Körperfarbe übereinstimmen.

Bengalkatze

Diese schöne Katze stammt aus den USA und entstand durch Kreuzung einer asiatischen Leopardenkatze mit einer gewöhnlichen Tigerkatze. Die Leopardenkatze ist die häufigste Wildkatze Südasiens, die in den unterschiedlichsten Lebensräumen – von Dschungeln bis hin zu Bergregionen – vorkommt. Die Bengalkatze zählt zu den begehrtesten Katzen überhaupt, sie nimmt unter den erfolgreichen Neuzüchtungen einen hohen Platz ein.

GESCHICHTE

Die Entwicklung der Bengalkatze in den 70er-Jahren des 20. Jahrhunderts war das Ergebnis einer Untersuchung der offensichtlich natürlichen Resistenz der Leopardenkatzen gegen das Feline Leukämievirus. Die Rasse scheint die auffallende Fellfarbe und die Abzeichen der Wildkatze mit dem sanften Charakter der Hauskatze in sich zu vereinen.

CHARAKTER

Bengalkatzen sind lebhafte, liebevolle und intelligente Begleiter, die sich gut in das Familienleben integrieren. Dennoch haben sie heute noch Eigenschaften, welche an ihre wilden Vorfahren erinnern.

VARIANTEN

Viele Farben, darunter Braun-Schwarz-Getupft, Braun-Schwarz-Marmoriert, Schneegetupft und Schneemarmoriert, die beiden letzteren mit elfenbeinfarbenem, cremeweißem oder karamelfarbenem (Fawn) Untergrund.

VERBORGENES MUSTER Die Bengalkätzchen kommen zwar gefleckt auf die Welt, ihr anfänglich raues Fell verdeckt aber in den ersten drei bis vier Monaten die Musterung.

OHREN Mittelgroß, am Ansatz breit.

AUGEN Groß und mandelförmig. Die häufigste Farbe ist Grün, aber auch Gold, Haselnuss, Blaugrün oder manchmal Blau (bei schneeweißen Tieren) kommen vor.

GESICHTSMERKMALE

FELL Kurz bis mittellang, dick und plüschartig, mit einem leuchtenden Schimmer. Das weiche, dichte Fell der unteren Körperpartien ist heller als der Rest des Körpers. Das Fellmuster kann unregelmäßige Tupfen, leopardenähnliche Rosetten oder waagerechte Bänder aufweisen. Die Beine sind gestreift und der Schwarz geringelt, mit einer schwarzen Spitze.

BRAUNGETUPFT Auf dem Fell einer schwarz-braunen Bengalkatze scheint eine goldene Staubschicht zu liegen, während die schneeweißen Varianten einen perlenartigen Schimmer aufweisen.

SCHWANZ Lang und muskulös.

KÖRPER Groß, muskulös und geschmeidig.

KOPF Keilförmig, mit ausgeprägten Schnurrhaarkissen; kurze Nase.

BEINE Kräftig und mittellang; die Hinterbeine sind etwas länger als die Vorderbeine, wodurch eine »stolzierende« Wirkung entsteht.

PFOTEN Ziemlich groß und rund.

BRAUNMARMORIERT Auch wenn sie sich im Haus wohl fühlt, liebt die Bengalkatze doch etwas Freiheit und sie streift gelegentlich umher. Idealerweise sollte sie Zugang zum Garten oder ins Freie haben.

Ocicat

Obwohl der Name Ocicat vom Ozelot, einer südamerikanischen Wildkatze mit getupftem Fell, abgeleitet ist, weist diese hübsche kleine Katze keinerlei Verwandtschaft mit ihr auf. Es handelt sich um eine Rasse, die 1964 in den USA aus der gewöhnlichen Hauskatze entstand.

GESCHICHTE

Die amerikanische Züchterin Virginia Daly arbeitete an der Züchtung einer Siamkatze mit Abzeichen einer Abessinier, indem sie eine Siamkatze mit einer Abessinier verpaarte. Zu ihrer Überraschung befand sich in einem Wurf der zweiten Generation dieser Paarung ein getupfter goldfarbener Kater. Später wurden auch Amerikanische Kurzhaarkatzen in das Zuchtprogramm aufgenommen, um den Silberfaktor einzuführen. Paarungen mit Abessiniern, welche die Genvielfalt erweitern, sind immer noch zugelassen. Die Ocicat ist von den Katzenzuchtverbänden weitgehend anerkannt.

CHARAKTER

Im Gegensatz zu ihrem Aussehen ist die Ocicat eine richtige Hauskatze, liebevoll und gleichmütig. Sie braucht viel Aufmerksamkeit und mag es nicht, wenn man sie lange Zeit allein lässt. Wie ihre siamesischen Vorfahren ist sie sehr lautstark, besonders wenn sie sich beleidigt fühlt. Die lebhafte und gesellige Ocicat sollte Zugang ins Freie haben, da sie keine ausgesprochene Wohnungskatze ist.

VARIANTEN

Zugelassene Farben sind Silber, Chocolate/Silber, Fawn/Silber, Blau/Silber, Lila/Silber, Rotbraun/Silber, Chocolate, Rotbraun, Lila, Blau, Fawn (Karamell) und Gelbbraun.

OHREN Mittelgroß, mit gerundeten Spitzen und Haarbüscheln.

AUGEN Groß, mandelförmig und dunkel umrandet.

KOPF Leicht keilförmig, mit breiter Schnauze und kurzer Nase. Von der Schnauze zur Backe etwas gewölbt.

GESICHTSMERKMALE

CHOCOLATE Diese mittelgroße bis große Katze hat einen langen, muskulösen Körper. Sie bewegt sich elegant und grazil und bleibt dabei bodennah wie ein Ozelot – dem sie etwas ähnelt –, wenn sie auf Beute lauert.

SCHWANZ Relativ lang und schlank; läuft zu einer Spitze aus.

FELL *Ziemlich kurz, glänzend, weich, eng anliegend mit typischer Tüpfelung. Entlang des Rückens sind die Tüpfel in Reihen angeordnet, am Körper unregelmäßig verteilt; die genaue Festlegung sollte vor einem helleren Hintergrund erfolgen.*

KÖRPER *Lang, muskulös und geschmeidig.*

BEINE *Mittellang und muskulös.*

PFOTEN *Mittelgroße, ovale Pfoten mit fünf Zehen an den Vorfüßen und vier Zehen an den Hinterpfoten.*

WIE EIN HUND Die Ocicat ist eine lebhafte Katze, die sich gerne bewegt. Oft gewöhnen sie sich daran, an der Leine spazieren zu gehen, folgen auf Befehle und können sogar Gegenstände apportieren.

UNKOMPLIZIERT Die Ocicat ist im Allgemeinen sehr gesund und stellt trotz ihrer exotischen Herkunft keine besondere Ansprüche. Ihr Fell braucht nicht viel Pflege.

Scottish Fold

Diese seltsam aussehende Katze ist ein umstrittenes Beispiel für die künstliche Züchtung einer Rasse. Durch die charakteristischen Hängeohren sind die Tiere anfällig für Taubheit und für einen Befall mit Ohrmilben oder für andere äußere Ohrenkrankheiten. Diese seltene Rasse, die in Europa offiziell nicht anerkannt ist, wurde in den USA sehr beliebt und ist seit 1978 anerkannt.

GESCHICHTE

Nach alten Niederschriften gibt es das Gen für die Hängeohren bei der europäischen Hauskatze seit fast 200 Jahren. Es soll angeblich aus China eingeführt worden sein. Die moderne Schottische Hängeohrkatze tauchte im Jahr 1961 im Wurf einer gewöhnlichen Farmkatze im schottischen Perthshire auf und wurde Anfang der 70er-Jahre des 20. Jahrhunderts in die USA eingeführt. Die Kätzchen werden mit normalen Ohren geboren, die sich im Alter von zwei bis drei Wochen zu falten beginnen.

CHARAKTER

Die außergewöhnlich freundlichen und ausgeglichenen Katzen eignen sich optimal für das Familienleben und kommen besonders gut mit Kindern aus. Die Scottish Fold wird schnell zum Liebling von jedermann. Obwohl sie sich im Haus sehr wohl fühlt, genießt sie die Zeit im Freien und ist ein sehr geschickter Jäger – vermutlich das Erbe ihrer bäuerlichen Vorfahren.

VARIANTEN

Alle Farben und fast alle Muster der Amerikanischen Kurzhaar mit Ausnahme von Chocolate, Lavendel und dunkle Siamabzeichen sind zugelassen.

SCHWARZ-SMOKE UND WEISS Auch wenn die Scottish Fold mit ihrem eulenähnlichen Aussehen sehr ansprechend ist, bleibt es fraglich, ob die Züchtung der charakteristischen Ohren, die anfällig für Krankheiten sein können, ethisch zulässig ist.

KÖRPER Mittelgroß, stämmig, rund und mit schwerem Körperbau.

SCHWANZ Mittellang und beweglich.

KOPF Breiter, runder Kopf auf einem stämmigen, kurzen Nacken.

AUGEN Groß, rund und weit auseinander stehend.

OHREN Die charakteristischen Merkmale dieser Katzen; sie sind klein und eng gefaltet, mit gerundeten Spitzen. Die Ohren sind weit auseinander gesetzt und sollten wie eine Mütze eng am Kopf anliegen.

GESICHTSMERKMALE
Schwarz-Weiß Scottish Fold

FELL Kurz, dicht und elastisch. Es sollte dick sein und vom Körper abstehen.

BEINE Kräftig, muskulös und relativ kurz.

PFOTEN Runde Pfoten.

SCHILDPATT Kontrollieren Sie die Ohren der Scottish Fold regelmäßig. Entfernen Sie das Ohrenschmalz vorsichtig mit Wattestäbchen, die Sie vorher in warmes Olivenöl tauchen.

Munchkin

Diese relativ neue Entwicklung mit extrem kurzen Beinen erinnert etwas an einen Dackel. Die auch als »Zwergwuchs« bezeichnete Rasse löste in den 80er-Jahren des 20. Jahrhunderts in den USA eine große Kontroverse aus. Die Munchkin entstand durch eine Spontanmutation, aus der dann eine eigenständige Form gezüchtet wurde, und sie ist nicht die erste nach menschlichen Vorstellungen von Ästhetik entwickelte Katzenrasse. Sie hat inzwischen zahlreiche Liebhaber gefunden und scheint genauso gesund zu sein wie andere Katzen, obwohl diese Züchtung sich immer noch in der Experimentierphase befindet. Die Tiere weisen keinerlei Defekte auf, auch keine Probleme mit dem Rückgrat, die beim Dackel auftreten können.

SCHWARZ-WEISS Viele Liebhaber betrachten die Munchkin Katze als eine Art Peter Pan, da sie ihre kätzchenhafte Art und Persönlichkeit ein Leben lang beibehält. Sie bleibt stets verspielt und neugierig.

KÖRPER Mittelgroß und kräftig.

GESCHICHTE

1983 wurde in Louisiana, USA, eine schwarze Straßenkatze mit extrem kurzen Beinen gesichtet, die trächtig war. Diese Katze brachte bald vier Junge zur Welt, von denen zwei ebenfalls kurze Beine hatten. In ihren weiteren Würfen wies jeweils etwa die Hälfte der Kätzchen diese Besonderheit auf. Aus dieser Mutterkatze und einem ihrer Söhne wurde die Munchkin entwickelt, die von Züchterverbänden wie TICA, anerkannt wird, aber nicht von CFA und GCCE.

CHARAKTER

Diese geselligen, freundlichen und lebhaften Tiere scheinen ihr ganzes Leben lang die verspielte Natur von Kätzchen beizubehalten. Trotz ihrer kurzen Beine können sie schnell laufen und höher springen, als man es sich vorstellen kann.

VARIANTEN

Die typische Munchkin hat kurze Beine und trägt das dafür verantwortliche Gen. Die nicht typische Form hat Munchkin-Katzen zu Eltern, tragen aber nicht das Gen. Bei dieser Rasse sind sämtliche Felllängen sowie viele Muster und Farben erlaubt.

OHREN Mittelgroß, am
Ansatz breit, aufrecht und an
den Spitzen leicht gerundet.

AUGEN Groß, walnussförmig, weit
auseinander gesetzt. Verschiedene
Farben kommen vor, tiefe und lebhafte Töne werden aber bevorzugt.

KOPF Mittelgroß, leicht keilförmig,
runde Konturen; dicker, muskulöser
Hals von mittlerer Länge.

GESICHTSMERKMALE

FELL alle möglichen Farben und
Muster, auch Siamfärbung, sowohl
kurz als auch halblang.

SCHWANZ Mittelstark,
in eine gerundete Spitze
auslaufend.

PFOTEN Rund
und kompakt.

BEINE Sehr kurz,
kräftig und muskulös.

WEISSE MUNCHKIN Manche dieser Katzen
können ohne weiteres auf Tische springen und
klettern gerne an den Vorhängen hoch.

American Bobtail

Auf den ersten Blick könnte man glauben, eine richtige Wildkatze vor sich zu haben, aber weit gefehlt. Diese eindrucksvolle Katze sieht zwar wild aus, ist jedoch äußerst sanftmütig. Diese Rasse ist das Ergebnis einer Mutation, die bei einigen einheimischen amerikanischen Katzen aufgetreten ist. Wie der Name schon besagt, trägt sie einen kurzen, 2,5 bis 10 cm langen Schwanz.

GESCHICHTE

Obwohl man Stummelschwanzkatzen in den USA schon seit Hunderten von Jahren kennt, begann die eigentliche Entwicklung dieser Züchtung in den späten 60er-Jahren des 20. Jahrhunderts. Die American Bobtail ist eine der jüngsten Rassen, die in den USA von der CFA anerkannt wurde.

CHARAKTER

Die American Bobtail hat hervorragende Charaktereigenschaften: Sie ist intelligent, liebevoll, treu und ihrem Besitzer ergeben. Sie ist verspielt und ist ein ausgezeichneter Begleiter für Kinder und ältere Menschen. Sie gewöhnt sich leicht an die Leine und wenn sie schon jung trainiert wird, verträgt sie das Autofahren problemlos.

VARIANTEN

Die American Bobtail kommt als Kurzhaar- und Halblanghaarform vor.

KOPF Breite, modifizierte Keilform, mit breiter Nase.

JUWELENDIEB Die American Bobtail wird von glänzenden Gegenständen förmlich angezogen und sie versucht, diese bei jeder Gelegenheit zu klauen. Deshalb sollte man Schmuckkästen und -fächer immer schließen, wenn diese Katze im Haus ist.

OHREN *Mittelgroß, am Ansatz breit.*

AUGEN *Groß, mandelförmig und tief liegend; in allen Farben. Dieses schwarze Tier hat grüne Augen.*

GESICHTSMERKMALE

REISELUSTIG Die Katze mit dem freundlichen Naturell baut zu ihrem Besitzer eine starke Bindung auf. Da sie das Reisen sehr gut verträgt, ist sie ein idealer Begleiter für nordamerikanische Trucker. Außerdem halten Psychiater die American Bobtail in der Therapie von depressiven Patienten für sehr nützlich und hilfreich.

SCHWANZ *Sehr kurz, kann gerade, leicht gekrümmt oder geknickt sein.*

FELL *Doppelt und wasserfest. Das Kurzhaarfell ist mitteldick, das Langhaarfell mittellang und etwas struppig. Jahreszeitliche Variationen kommen bei beiden Formen vor.*

KÖRPER *Ziemlich groß, kräftig und muskulös, mit einer breiten Brust.*

BEINE *Recht lang, aber in richtiger Proportion zum Körper, und schwer.*

PFOTEN *Groß und Rund, bei langhaarigen Formen mit Haarbüscheln zwischen den Zehen. Hinterpfoten mit vier, Vorderpfoten mit fünf Zehen.*

LaPerm

Die LaPerm, eine der reizvollsten unter den Katzen vom Rex-Typ, ist eine relativ neue Errungenschaft in der Katzenzüchtung. Wie der Name schon besagt, trägt diese Rasse ein Fell, das wie onduliert aussieht. Sogar die Augenbrauen und die Schnurrhaare sind gelockt. Dieses verspielte, sehr anhängliche Tier verhält sich oft eher wie ein Schoßhund als wie eine Katze.

GESCHICHTE
Die LaPerm wurde in den 80er-Jahren des 20. Jahrhunderts in Oregon, USA, entwickelt. Ein verlassenes Kätzchen aus einer Farm wurde von einer Frau aufgenommen. Überraschenderweise bekam es nach einigen Wochen ein gekräuseltes Fell. Die Nachkommen erwiesen sich als ausgezeichnete kleine Haustiere – scheinbar ohne genetische Fehler, aber mit der robusten Konstitution ihrer bäuerlichen Vorfahren.

CHARAKTER
Die unglaublich liebevolle und neugierige Katze lässt sich gerne knuddeln. Sie ist glücklich, wenn sie ihren Besitzer überallhin begleiten kann, und sie kommt sofort, wenn man sie ruft.

VARIANTEN
Es gibt langhaarige und kurzhaarige Formen und es ist eine große Palette an Farben zugelassen. In jedem Wurf kommen einige Kätzchen mit glattem Fell vor, die dennoch alle anderen charakteristischen Merkmale dieser Rasse aufweisen. Sie wird von den Verbänden TICA und CFA anerkannt, aber nicht von GCCE.

GUTE ERBANLAGEN Dank der robusten Vorfahren und durch Verzicht auf Inzucht ist die LaPerm eine sehr gesunde Rasse, ohne jeden Defekt und Anfälligkeit für bestimmte Krankheiten, die bei manchen anderen, viel älteren Rassen vorkommen.

PFOTEN Mittelgroß und rund.

BEINE Im Verhältnis zum Körper lang.

SCHWANZ Lang und sich verjüngend, wellig behaart.

OHREN Recht groß und weit auseinander stehend. Luchs-ähnliche, gefärbte Haarspitzen sind sehr beliebt.

AUGEN Groß und mandelförmig.

KOPF Rundlich modifizierte Keilform, auf einem mittel-langen Hals.

GESICHTSMERKMALE

FELL Dichte Kräuseln und Löckchen. Mehr Pflege als ein gelegent-liches warmes Bad und das Trockenreiben mit einem Handtuch ist kaum nötig, um die Locken zu erhalten. Beide Geschlechter haben eine feine Halskrause, wenn sie ausgewachsen sind.

LOCKENPFLEGE Damit das Fell gepflegt und lockig aussieht, sollte die Katze gelegentlich warm gebadet und mit einem Handtuch abgetrocknet werden. Wird es mit dem Föhn getrocknet, kann es sich zu stark kräuseln.

KÖRPER Ziemlich klein, aber wohl proportioniert.

Kurzhaarkatzen ohne Stammbaum

Alle Katzen, sowohl die gezüchteten als auch die natürlichen Kreuzungen, haben dieselben Vorfahren – die heiligen Katzen der Pharaonen. Das trifft auf die einfache Hauskatze ebenso zu wie auf den hochdekorierten Champion. Jede Katze besitzt zwar ihre eigene Individualität, aber alle haben den gleichen Charme, die gleiche Anmut und das gleiche rätselhafte Katzenwesen.

AMERIKANISCH KURZHAAR SIL-BER OHNE STAMMBAUM Diese amerikanische Kurzhaar besitzt ihre eigene, einmalige Ausstrahlung.

GESCHICHTE

Kurzhaarkatzen haben schon vor Tausenden von Jahren die menschliche Gesellschaft bereichert. Die Differenzierung in Zuchtrassen begann erst gegen Ende des 19. Jahrhunderts, als die schönsten Exemplare britischer Haus- und Straßenkatzen selektiv für Ausstellungszwecke gekreuzt wurden.

CHARAKTER

Hauskatzen sind ursprüngliche Gefährten der Menschen am Feuerplatz, nicht wegen ihrer ehrwürdigen Vorfahren, sondern weil sie ansprechend und liebenswert sind. In einem freundlichen Haus schließen sie alle enge und anhaltende Freundschaften.

VARIANTEN

Die »Farbschläge« sind allein vom Einfallsreichtum und den Gaben der Mutter Natur abhängig.

KÖRPER Stark und muskulös.

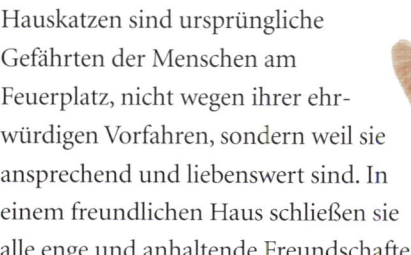

BRITISCH KURZHAAR GINGER MIT WEISS OHNE STAMMBAUM Obwohl das Muster ungleichmäßig ist und deutliche Tabby-Merkmale auftreten, lässt die zufriedene Würde dieser Katze in Ginger (Ingwer) mit Weiß jeden Gedanken daran, dass sie zu den »armen« Verwandten der Zuchtkatzen gehört, im Keim ersticken.

BEINE Kurz und gut proportioniert.

PFOTEN Die Pfoten sind groß und rund.

BRITISCH KURZHAAR TABBY OHNE STAMM-BAUM Tabby-Merkmale bilden das grundlegende Fellmuster der Katze, wodurch sie in der freien Natur hervorragend getarnt ist. Weil die Tabby-Gene dominant sind, treten gestromte Katzen am häufigsten auf.

FELL Kurz und dicht. Schwache Tabby-Merkmale.

KOPF Breit und rund mit einer kurzen, geraden Nase. Rosa Nasenspiegel.

OHREN Mittelgroß mit abgerundeten Spitzen.

AUGEN Groß und rund.

GESICHTSMERKMALE

SCHWANZ Kurz und dick. Ringe am Schwanz.

OHNE STAMMBAUM ROBUSTER Das wissenschaftlich erwiesene Prinzip von der Vitalität der Bastarde gibt Katzen ohne Stammbaum, so wie diesem offensichtlich robusten Exemplar, eine bessere Konstitution als den Zuchtkatzen, die nur für Ausstellungen gezüchtet werden.

Richtige Katzenhaltung

Es kann vorkommen, dass eine Katze sich entschließt, bei Ihnen zu leben. So ist es mir bereits mehrmals ergangen. Sie macht zunächst Stippvisiten, ganz im Stil eines Lebensmittelkontrolleurs, und mustert dabei Ihr Haus, das mögliche zukünftige Heim. Das geschieht im Allgemeinen mehr als einmal. Dabei widmet sie vor allem der Qualität und der Verfügbarkeit von Speisen große Aufmerksamkeit. Aber mindestens genauso wichtig sind für sie die Begrüßung und die Bequemlichkeiten ihres neuen Zuhauses. Wenn Sie auf diese Weise von einer Katze auserwählt werden und nicht gerade zu der bizarren Minderheit von Katzengegnern gehören, die unbegreiflicherweise nicht das geringste Gefühl für Katzen aufbringen, dann haben Sie Ihre Katze – oder Ihre Katze hat Sie.

Es gibt viele Gründe, warum sich Menschen entschließen, eine Katze zu erwerben. Manche wünschen sich nur Gesellschaft, die meisten möchten jedoch eine Katze, weil es einfach großartig ist, eine um sich zu haben. Denn welches andere Haustier verbindet so sehr Kultiviertheit mit Freundschaft und ist darüber hinaus noch in der Lage, Sie zu wärmen, Mäuse fernzuhalten und frühzeitig vor Erdbeben zu warnen? Und all das zu relativ geringen Unterhaltskosten.

VERSTECKSPIEL Katzen lieben es, sich an gemütlichen und verborgenen Plätzen zu verkriechen – z. B. unter einem Teppich. Vielleicht wollen sie es einfach warm haben oder einer Spielzeugmaus auflauern, die vorbeikommen könnte.

Ihre neue Katze

Wenn Sie Ihr Zuhause mit einer Katze teilen wollen, gibt es mehr zu tun, als nur den richtigen Katzenzüchter im Telefonbuch herauszusuchen. Vor allem stellt sich die Frage: Sind Sie in der Lage, Ihrer Katze ein guter Gefährte zu sein?

Aber auch folgende Punkte müssen überdacht werden. Was für Tiere leben bereits im Haushalt, und wie mögen sie auf den Neuankömmling reagieren? Wird die Katze ständig eingesperrt sein, weil Sie in einem hochgelegenen Ein-Zimmer-Apartment wohnen? Wenn die Katze nach draußen darf, ist es möglich, ein Katzentürchen an einer Tür oder einem Fenster anzubringen? Haben Sie die Zeit und die Geduld, einer bestimmten Katzenart die Fellpflege zu geben, die sie regelmäßig braucht? Können Sie für das Wohlergehen der Katze während Ihres Urlaubs Vorsorge treffen und können Sie die nötigen Mittel für die Grundausstattung, den täglichen Bedarf an hochwertigem Katzenfutter und die Kosten sowohl für vorbeugende Behandlungen als auch für unerwartete Zwischenfälle aufbringen?

DIE WAHL DER KATZE

Dem Erwerb einer Katze müssen sorgfältige Überlegungen und Vorbereitungen vorausgehen. Zuerst müssen Sie entscheiden, welche Katze für Sie die richtige ist. Wenn Sie die Absicht haben, Katzen auszustellen und/oder zu züchten, kommt natürlich nur eine Rassekatze in Betracht. Wenn Sie aber einfach einen Hausgefährten suchen, eine Katze, die Tag für Tag um Sie herum ist, dann sollten Sie sich an Tierheime wenden. Sie sind voll von heimatlosen, unerwünschten Katzen – die meistens getötet werden, wenn sie nicht innerhalb eines bestimmten Zeitraumes ein gutes Zuhause finden. Wenn Sie ein Neuling in Katzenfragen sind, dann machen Sie sich von dem Gedanken frei, dass es so etwas wie eine »ideale« Katze gibt. Jede Katze ist individuell, eine eigenständige Persönlichkeit.

Es gibt für Sie jedoch noch weitere Entscheidungen zu treffen: Möchten Sie ein Kätzchen oder lieber gleich eine erwachsene Katze? Kätzchen durchlaufen, genau wie Kinder, schwierige Wachstumsphasen. Sind Sie fähig und bereit, damit fertig zu werden? Soll es ein Kater sein oder ein Weibchen? Unkastrierte Kater können wunderbare Gefährten sein, bleiben aber wesensmäßig eine Mischung aus Arnold Schwarzenegger und Don Juan – ständig bereit zum Kampf oder besessen von der letzten amourösen Begegnung. Und einige Kater hinterlassen tatsächlich überall ihre starken, charakteristischen Duftnoten, markieren Ihr Heim als ihr Territorium oder sind der Grund dafür, dass rivalisierende Kater streng riechenden Urin vor Ihrer Haustür verspritzen. Weibchen wiederum neigen natürlich dazu, mit schöner Regelmäßigkeit Kätzchen zur Welt zu bringen, und für Kätzchen ohne Stammbaum findet man schwer Abnehmer. Sind Sie wirklich bereit, all das auf sich zu nehmen?

VERSPIELTE KÄTZCHEN Ein Papierkorb – eine Wonne für diese drei Kätzchen.

EIN KÄTZCHEN AUSWÄHLEN

1 *Sie müssen das Kätzchen sorgfältig untersuchen, um zu sehen, ob es sich in guter Verfassung befindet. Teilen Sie das Fell, um nach Anzeichen für Parasiten zu suchen, besonders dem feinen »Kohlenstaub«, welcher das Vorhandensein von Flöhen anzeigt.*

2 *Auch die Ohren sollten Sie genau inspizieren. Vergewissern Sie sich, dass kein Ausfluss vorhanden ist und dass die Ohren keinen Schmutz enthalten, der auf eine Infektion oder auf Parasiten hinweisen könnte.*

3 *Die Augen sollten glänzen und klar sein, frei von Ausfluss.*

Eine wirkungsvolle Lösung für einige der dargestellten Probleme ist die Kastration.

Wenn Sie eine Rassekatze wollen, sollten Sie Ihre Wahl nicht nur nach ästhetischen Gesichtspunkten treffen. Langhaarkatzen benötigen eine regelmäßige Fellpflege und werden Sie zeitlich viel mehr in Anspruch nehmen als Kurzhaarrassen. Langhaarkatzen oder die Russisch Blau eignen sich im Allgemeinen besser dazu, nur im Haus gehalten zu werden, als die meisten Kurzhaarkatzen. Abessinier und Somalikatzen sind dagegen sehr freiheitsliebend und nicht dafür geschaffen, nur in einer Wohnung zu leben. Einige Katzen, wie die Siam, verlangen viel Aufmerksamkeit und Zuwendung, andere wie z.B. die Sphinx, benötigen eine spezielle Pflege und Behandlung. Alle Rassekatzen, besonders die berühmteren, können das Interesse von Katzendieben auf sich ziehen.

DER KAUF EINER KATZE

Ob Zuchtkatze oder gewöhnliche Hauskatze, Sie sollten sich Ihre Katze nicht in irgendeiner Tierhandlung holen. Setzen Sie sich stattdessen mit einem Züchter in Verbindung, der einen guten Ruf hat, mit einem Freund oder einem Nachbarn. Aber wie finden Sie die richtige Katze oder das richtige Kätzchen? Manche Leute glauben, dass sie die Katze ihres Lebens mit Hilfe der Sterne entdecken. Es gibt Astrologen, die für Tiere Horoskope erstellen, vorausgesetzt Sie kennen das Geburtsdatum der von Ihnen erwählten Katze. Vergleicht man dieses Horoskop mit dem eigenen und fällt das Ergebnis positiv aus, so erhöhen sich nach Ansicht dieser Leute die Chancen einer positiven Beziehung. Jungfrau-Katzen (24. August bis 23. September) z. B. sollen ausgezeichnete, gewissenhafte, hingebungsvolle, mit allen vier Pfoten auf der Erde stehende Katzen sein, die besonders gut zu Besitzern passen, die im Tierkreiszeichen Stier oder Skorpion geboren sind.

Für die meisten von uns sind jedoch prosaische Überlegungen ausschlaggebend. Tatsächlich sind die Schwierigkeiten bei der Wahl einer Katze mit denjenigen beim Kauf eines Gebrauchtwagens vergleichbar. Wie soll man herausfinden, ob etwas nicht in Ordnung ist? Befindet sich das Tier tatsächlich in guter Verfassung? Obwohl es unwahrscheinlich ist, dass man einen kostspieligen Fehler macht, wenn man eine einfache Hauskatze kauft, kann, im übertragenen Sinn, ihr Getriebe voller Sägemehl sein oder ihr Kilometerzähler rückwärts laufen. Wenn Sie eine Zuchtkatze kaufen, müssen Sie

4 *Schauen Sie unbedingt auch in den Mund, um Flecken, Wunden, entzündetes Zahnfleisch oder deformierte Zähne festzustellen. Fassen Sie den Kopf des Kätzchens von hinten, wie Sie es auf diesem Bild sehen, und drücken Sie vorsichtig den Mund auf.*

5 *Unter dem Schwanz sollte es sauber und trocken aussehen; es sollten keine Durchfall- oder Urinreste vorhanden sein.*

6 *Die Katze sollte lebhaft und neugierig sein, keine Anzeichen von Unbehagen zeigen, wenn man sie anfasst, und freundlich reagieren, wenn man sie hochnimmt. Fassen Sie ein junges Kätzchen beim Hochnehmen behutsam an, denn sein Brustkorb ist zerbrechlich und kann leicht Verletzungen davontragen.*

den Rat eines Sachverständigen einholen, bevor Sie eine große Summe für einen potenziellen Champion hinblättern.

Bevor Sie eine Katze kaufen, ob gezüchtet oder nicht, sollten Sie die Punkte der nebenstehenden Liste durchsehen. Genau wie beim Kauf eines glänzenden neuen Wagens sollten Sie nicht blindlings dem Verkäufer trauen, sondern sorgfältig und kritisch die Verfassung und den Gesundheitszustand der Katze begutachten. Jeder verantwortungsbewusste Verkäufer wird nichts dagegen einwenden, wenn Sie ein zukünftiges neues Haustier sorgfältig untersuchen. Wenn Ihnen das Tier gesund erscheint, kaufen Sie die Katze – wenn möglich unter Vorbehalt –, und lassen Sie sie sobald wie möglich von einem Tierarzt untersuchen. Kaufen Sie niemals eine Katze in irgendeiner Tierhandlung oder von einer »Katzenfarm«, denn junge Katzen sind sehr anfällig für Krankheiten und Infektionen und können diese leicht weitergeben. Und kaufen Sie auch keinesfalls ein Kätzchen, das jünger als zehn Wochen ist.

Eine Zuchtkatze auszuwählen, erfordert mehr, als das Tier einem Fitness-Test zu unterziehen. Nur das Auge eines Experten kann die Qualität, die Abzeichen und die Anlage zur Erringung von Preisen beurteilen. Deshalb sollten Sie jemanden mitnehmen, der sich mit der Rasse, die Sie kaufen möchten, auskennt

und auch einschätzen kann, was Sie sich von der Katze versprechen.

EINE KATZE SOLLTE

- lebhaft und an ihrer Umgebung interessiert sein.
- fröhlich mit hoch erhobenem Kopf herumlaufen.
- mühelos aus Tischhöhe auf den Boden springen können.
- klare, glänzende Augen haben, ohne einen weißen Film (Nickhaut).
- saubere Ohren, Mund und Nase haben, ohne Ausfluss.
- saubere weiße Zähne haben, ohne Anzeichen von Zahnstein, sowie lachsrosa Zahnfleisch und Zunge.
- eine weiche, saubere Haut haben mit einem glänzenden Fell, das aus einem vollen, buschigen Unterfell und einem glänzenden Oberfell besteht.

EINE KATZE SOLLTE NICHT

- an Durchfall leiden.
- niesen, husten oder keuchen.
- den Eindruck erwecken, dass es ihr weh tut, wenn man sie anfasst oder hochhebt.
- Spuren von Blut aufweisen.
- kahle Stellen, Haarbrüche oder andere Schäden im Fell haben.

Zuchtkatzen sind teuer, aber wenn Sie nicht den vollen Preis aufbringen können, ist es vielleicht möglich, einen »Handel« abzuschließen, indem Sie eine Zuchtvereinbarung treffen oder eine Katze kaufen, die zwar nicht den Standard, der für Ausstellungen verlangt wird, erreicht, sich aber hervorragend als Haustier eignet. Unter einer Zuchtvereinbarung versteht man den Kauf einer Katze, die Ausstellungsqualität besitzt, die man aber dem Züchter an vorher vereinbarten Terminen zur Weiterzucht überlassen muss. Wichtig ist auch, dass man sich darüber einigt, wem die zu erwartenden Kätzchen gehören sollen, und dass alles schriftlich festgehalten wird.

Alle Zuchtkatzen sollten registriert werden, wenn sie etwa fünf Wochen alt sind, und zwar mit ihrem Namen, Einzelheiten über ihren Farbschlag und ihrer Abstammung. Solange dies nicht erfolgt ist, werden sie nicht zu Katzenausstellungen in der Zuchtklasse zugelassen.

Wenn Sie eine Katze auswählen, achten Sie immer darauf, dass sie verspielt und lebhaft ist und sich bereitwillig anfassen lässt. Bei Kätzchen entscheiden Sie sich lieber für das kühnere, das rasch herbeikommt, als für dasjenige, das sich zurückzieht, es könnte sich um ein schwächliches oder kränkliches Tier handeln.

Überprüfen Sie, ob das Kätzchen gegen Katzenseuche und Katzenschnupfen geimpft worden ist, und zwar mindestens eine Woche vor dem Kauf. Erwachsene Katzen sollten als Jungtiere geimpft werden und die Impfung später regelmäßig wiederholt werden. Impfzeugnisse mit der Unterschrift eines Tierarztes sollten als Beweis ausreichen. Wenn Sie bereits andere Katzen haben und befürchten, dass diese sich an Katzenleukämie anstecken könnten, bitten Sie einen Tierarzt, das neue Tier einem einfachen Bluttest zu unterziehen und Ihnen eine Bescheinigung darüber zu geben, wenn der Test negativ ausfällt.

NEUE FREUNDE FINDEN Nach einigen Augenblicken der Unsicherheit entsteht eine feste Freundschaft. Solche Begegnungen gehen fast immer gut aus, sollten aber sorgsam überwacht werden.

GEFAHREN DURCH ZIMMERPFLANZEN

Ein Haushalt weist viele Gefahrenquellen für Katzen auf. Denken Sie deshalb sorgfältig über diese Risiken nach, bevor das Tier eintrifft. Alle Zimmerpflanzen sollten ungiftig sein. Achten Sie darauf, dass Ihre Katze zu den unten aufgeführten Arten keinen Zugang hat, besonders wenn sie gerne an Pflanzen knabbert.

- Aloë
- Azalee
- Baumfreund (Philodendron)
- Birkenfeige
- Christrose
- Christusdorn
- Chrysantheme
- Dieffenbachie
- Efeu
- Efeutute
- Farn
- Fensterblatt
- Kaladie
- Kalla
- Kanonierblume
- Kirschlorbeer
- Lilie
- Maiglöckchen
- Mistel
- Narzisse
- Nephthytis
- Oleander
- Rhododendron
- Schildblatt
- Stechpalme
- Tulpen (Zwiebeln)
- Weihnachtsstern

Efeu

Baum-freund

Dieffenbachie

Weihnachtsstern

GEFAHREN IM HAUSHALT

Einige der hier aufgeführten Substanzen können für Katzen giftig sein, nicht nur durch Verzehr, sondern auch durch Aufnahme über die Haut.

- Aspirin
- Frostschutzmittel
- Bleichmittel
- Reinigungsmittel
- Deodorant
- Desinfektionsmittel
- Abflussreiniger
- Pflanzenschutzmittel (Fungizide, Herbizide)
- Poliermittel
- Insektenschutzmittel
- Flüssige Duftstoffe
- Schuhcreme
- Dampf von aromatischen Ölen
- Schneckenkorn
- Bräunungsmittel
- Teer
- Holzschutzmittel

WEITERE GEFAHREN

Stellen Sie sich vor, Ihre Katze wäre ein Kind, und achten Sie auf mögliche Gefahrenquellen.

- Halten Sie Katzen von heißen Öfen, kochenden Flüssigkeiten und Feuerstellen fern. Stellen Sie um einen Kamin ein Sicherheitsgitter

- Halten Sie Türen von Waschmaschine, Kühlschrank, Gefriertruhe und Öfen geschlossen.

- Sorgen Sie dafür, dass die Katze nicht in die Mülltonnen klettern kann.

- Lassen Sie Ihre Katze nicht an Elektrokabeln knabbern. Ziehen Sie die Stecker aus den Steckdosen, wenn Geräte nicht benötigt werden.

- Bringen Sie zerbrechliche Gegenstände außer Reichweite.

- Lassen Sie keine scharfen Küchengeräte herumliegen.

- Bewahren Sie giftige Haushaltsmittel nur an unerreichbaren Plätzen auf.

- Lassen Sie keine Plastiktüten herumliegen, denn eine Katze kann darin ersticken.

- Räumen Sie kleine Gegenstände fort, die Katzen verschlucken könnten.

- Stellen Sie ein heißes elektrisches Bügeleisen so ab, dass die Katze es nicht umstoßen kann.

- Lassen Sie Katzen nicht auf einen hochgelegenen Balkon oder ein hoch gelegenes Fensterbrett.

DIE ANKUNFT DER NEUEN KATZE

Erst wenn Sie alles vorbereitet und die Grundausstattung besorgt haben, sollten Sie Ihre neue Katze zu sich holen. Befördern Sie sie in einem dafür geeigneten Behälter, die es in verschiedenen Ausführungen und Materialien gibt. Robuste Transportkartons kann man billig in Tierhandlungen, bei Tierschutzvereinen und Tierärzten bekommen.

Wenn Sie von Freunden eine erwachsene Katze bekommen, versuchen Sie, ein ihr vertrautes Stück des Katzenzubehörs mitzunehmen, z.B. das Katzenbett oder das Katzenklo. Erlauben Sie der Katze, ihr neues Heim sorgfältig und auf eigene Faust zu erkunden, und sorgen Sie dafür, dass sie einen neuen Raum ohne Störungen durch Kinder oder andere Haustiere entdecken kann. Halten Sie Ihre anderen Tiere so lange fern, bis der Neuling Gelegenheit gehabt hat, das neue Terrain zu durchstreifen. Dann lassen Sie die »angestammten« Tiere in den Raum, in dem sich der Familienzuwachs gerade aufhält. Überwachen Sie aufmerksam die ersten Begegnungen, und lassen Sie Ihre Zuneigung und Aufmerksamkeit gleichmäßig beiden Seiten zukommen. Es ist möglich, dass zwischen den Tieren eine gewisse Antipathie auftritt, weil Katzen besonders revierbewusst sind. Dieser Zustand kann Stunden oder sogar Wochen andauern, wird aber allmählich in eine vernünftige gegenseitige Anpassung und im Allgemeinen gute Freundschaft übergehen. Kätzchen werden von anderen Haustieren üblicherweise bereitwilliger akzeptiert als erwachsene Katzen.

DIE ERSTE WOCHE

In der ersten Woche sollten Sie Ihre Katze verwöhnen und bemuttern und bereit sein, mit ihr zu spielen. Erkundigen Sie sich beim Vorbesitzer nach ihren Futtergewohnheiten und ob sie besondere Vorlieben hat, und versuchen Sie, diesen gerecht zu werden. Lassen Sie die Katze eine Woche lang nicht ins Freie. Danach sollten Sie das Tier begleiten, wenn es seine ersten Erkundungsgänge draußen machen darf. Erlauben Sie einer neuen Katze nie, die Nacht draußen zu verbringen, auch dann nicht, wenn sie bereits erwachsen ist.

Grundausstattung

Eine Katze zu halten, kostet nicht viel, aber sie muss mit einigen wichtigen Dingen versorgt werden. Als Grundausstattung braucht sie einen Schlafplatz, ein Katzenklo, eine Futter- und eine Wasserschale, ein Halsband, einen Behälter zum Transportieren und einige Utensilien zur Fellpflege.

NÜTZLICHE EXTRAS

Nützliche, aber nicht unbedingt notwendige Extras sind z.B. ein Kratzbrett oder ein Kratzpfosten, ein Katzentürchen (wenn Ihre Katze ins Freie darf), ein Laufstall und etwas Spielzeug.

Ein Katzentürchen sollte nicht höher als sechs Zentimeter über der Türschwelle oder dem Fensterbrett angebracht werden, und es sollte abzuschließen sein. Einige Türchen haben an den Seiten Magnetstreifen, die Luftzug vermeiden helfen, da sie luftdicht schließen. Ein Laufstall ist sinnvoll für Kätzchen, bis sie sich in ihrem neuen Zuhause akklimatisiert haben.

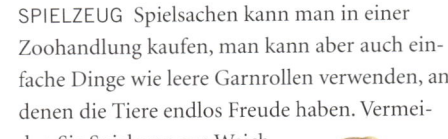

Kombinierte Draht- und Borstenbürste

Weitgezähnter Kamm

Enggezähnter Kamm

PFLEGEUTENSILIEN Außer einer Bürste und Kämmen, wie hier gezeigt, brauchen Sie noch einen Krallenclipper (*siehe S. 175*).

SPIELZEUG Spielsachen kann man in einer Zoohandlung kaufen, man kann aber auch einfache Dinge wie leere Garnrollen verwenden, an denen die Tiere endlos Freude haben. Vermeiden Sie Spielzeug aus Weichgummi, es kann Erstickungsanfälle und andere Probleme hervorrufen.

Bälle

Spielzeugmaus

Aufziehbare Maus

Katzenklo

Katzenklo mit Abdeckhaube

KATZENKLO Katzen sind saubere Tiere. Es ist relativ einfach, sie an ihr Katzenklo zu gewöhnen. Es gibt auch Katzenklos mit einer Abdeckhaube. Oben an der Abdeckung befindet sich meist ein Filter, der unangenehme Gerüche beseitigt.

HALSBAND UND LEINE Katzen sollten immer Halsbänder tragen, und zwar mit Adressanhängern und einer elastischen Einlage, die verhindert, dass die Katze erstickt, wenn sie irgendwo damit hängen bleibt. Wenn Ihre Katze bereit ist, an der Leine zu gehen, ist ein verstellbares Geschirr einem Halsband vorzuziehen. Wählen Sie jedoch eine leichte Leine.

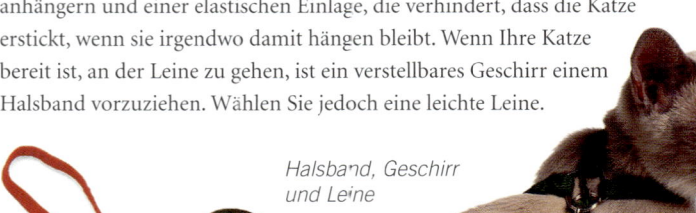

Halsband, Geschirr und Leine

KRATZBRETT ODER –PFOSTEN Besonders nützlich für Katzen, die nur im Haus leben.

FUTTER- UND WASSERSCHALE Jede Katze sollte ihr eigenes Fressgeschirr besitzen. Es sollte getrennt vom Haushaltsgeschirr aufbewahrt und immer sauber gehalten werden.

Plastiknapf

Fress- und Trinknapf aus Kunststoff

Keramiknapf

KATZENBETT Katzenbetten gibt es in großer Auswahl, von traditionellen Weidenkörben über Katzen-Iglus aus Plastik bis zum guten alten Pappkarton, der mit Zeitungspapier ausgelegt wird.

TRANSPORTBEHÄLTER

Transportboxen für Katzen gibt es in verschiedenen Ausführungen. Manche sind für lange Autofahrten, Schiffsreisen oder Flüge geeignet, während man andere nur für kurze Strecken – zum Tierarzt oder zur Tierpension – verwenden sollte.

TRAGEBOX AUS KARTON Dieser zusammenklappbare Tragebehälter aus Karton ist preiswert und einfach aufzubewahren, aber nicht stabil genug für einen kräftigen und reizbaren Kater. Er lässt sich auch schlecht säubern und desinfizieren.

DRAHTBEHÄLTER Dieser luftige Behälter aus kunststoffummanteltem Draht lässt sich gut reinigen. Achten Sie darauf, dass die Tür nicht gleich aufgeht, wenn die Katze dagegen drückt.

KORBBEHÄLTER Solche Behälter sind schwer sauber zu halten. Achten Sie darauf, dass die Tür beim Transport gut verschlossen ist.

KUNSTSTOFFBEHÄLTER Das ist der stabilste Tragebehälter für Katzen, aber auch der teuerste. Er wird gut durchlüftet, ist nicht zu dunkel und enthält Wasser- und Futterschalen. Er ist sehr sicher, einfach zu reinigen und geeignet für kurze und lange Reisewege.

Ernährung

Die Katze ist ein Fleischfresser. Das bedeutet jedoch nicht, dass Katzen kein Gemüse auf ihrem Speiseplan mögen und brauchen. Die wilde Flachkopfkatze in Malaysien und Indonesien z. B. hat eine besondere Vorliebe für Früchte und süße Kartoffeln.

Obwohl Proteine eine wichtige Rolle in der Ernährung einer Katze spielen, besonders in bestimmten Lebensphasen, wäre eine reine Protein-Nahrung unnötig teuer und verschwenderisch. Und auch gesundheitliche Aspekte sprechen dagegen. Proteine erzeugen bei der Verdauung viele unbrauchbare Stoffe, welche von den Nieren abgebaut werden müssen, die bei älteren Tieren leicht überlastet sein können. Ein Luxusmenü, das einzig und allein aus rohem Rinderfilet besteht, enthält viel zuwenig Kalzium und Vitamine, um eine Katze gesund zu ernähren.

In der Ernährung Ihrer Katze ist frisches Futter genauso wichtig wie ein abwechslungsreicher Speiseplan. Geben Sie ihr deshalb kein abgestandenes Futter und keines, das Sie gekauft haben, weil es billig war, und das vielleicht schon lange im Ladenregal gestanden und sämtliche Nährwerte verloren hat.

PROTEINE

Wie bereits erwähnt, sind Proteine ein wesentlicher Bestandteil des Katzenfutters. Sie sollten bei einer erwachsenen Katze mindestens

dieser Aminosäure aufnehmen, können erblinden oder Herzkrankheiten bekommen.

FETTE

Außer Proteinen braucht Ihre Katze Fette als wichtige Kalorienquelle, besonders wenn das Tier älter wird. Fette sollten 15 bis 40 Prozent der Tagesration ausmachen. Sie haben den Vorteil, dass sie die Nieren nicht mit schwer abzubauenden Stoffen belasten.

Es ist wichtig, keine alten oder ranzigen Fette zu verfüttern, auch wenn eine hungrige Katze

FUTTERVIELFALT Gewöhnen Sie Ihre Kätzchen an ein abwechslungsreiches Futter.

Abwechslung ist deshalb das Schlüsselwort für die gesunde Ernährung der Katze. Durch ein vielseitiges Futterangebot kann sich die Katze instinktiv ausgewogen ernähren. Gewöhnen Sie also ein Kätzchen an eine breitgefächerte Futterauswahl. Selbst bei einem älteren Tier, das an seinen Fressgewohnheiten festhält und lieber bis zum Tode fastet, als irgend etwas anderes als Languste oder Kaviar zu sich zu nehmen, besteht die Chance, es mit ein wenig Mühe umzuziehen. Als Küchenchef Ihrer neuen Katze sollten Sie das sorgfältig geplante Futter schrittweise einführen. Vollziehen Sie den Wechsel vom alten zum neuen Menü ganz allmählich, über einen Zeitraum von etwa zwei Wochen.

25 Prozent der Nahrung bilden, bei Kätzchen 35 bis 40 Prozent. Der tägliche Bedarf einer erwachsenen Katze liegt bei drei Gramm Protein pro 450 Gramm Körpergewicht, bei Kätzchen bei 8,5 Gramm. Proteinhaltige Nahrung kann in Form von abgepacktem Spezialfutter für Katzen verabreicht werden, aber genauso als Frischfutter wie Fleisch, Geflügel, Fisch, Eier, Milch und Käse.

Proteine sind aus chemischen Verbindungen, den Aminosäuren, zusammengesetzt. Eine dieser Aminosäuren, Cystein, ist für die Gesundheit der Katze besonders wichtig. Cysteinmangel kann bei Katzen vorkommen, wenn sie streng vegetarisch oder mit fertigem Hundefutter ernährt werden. Katzen, die zu wenig von

solches Futter vielleicht akzeptiert, denn sie können Krankheiten verursachen. Fette sind im Allgemeinen in proteinhaltigem Futter, wie es nebenstehend angeführt ist, enthalten. Für ältere Tiere, die die Nährstoffe nicht mehr so gut verwerten können und die isolierenden Fettschichten verloren haben, kann der Fettanteil erhöht werden, indem man dem Futter einen Teelöffel Fett zufügt. Am besten eignen sich dafür hochwertige, weiche tierische Fette wie Hühnerfett, Schinkenspeck, Butter und Schmalz.

KOHLEHYDRATE & BALLASTSTOFFE

Oft erhalten Katzen auch Energiezufuhr in Form von Ballaststoffen und Kohlehydraten. Diese sind nicht unbedingt notwendig für die

EINE DOPPELSCHALE FÜR WASSER UND FUTTER. Wasser sollte Katzen immer zur Verfügung stehen.

Katze, wenn ihr Futter genügend Eiweiß und Fett enthält. Sie können aber als zusätzlicher Energiespender dem Futter bis zur Hälfte beigefügt werden. Kohlehydrate sind in Nährmitteln wie Brot, Nudeln und Getreideerzeugnissen enthalten. Obst und Gemüse zählen zu den Ballaststoffen und sollten nur gekocht und in kleinen Mengen dem Futter beigemischt werden.

MINERALSTOFFE UND VITAMINE

Mineralstoffe aller Art sind von grundlegender Bedeutung für das Wachstum der Katze und für

die Aufrechterhaltung ihrer Lebensfunktionen. Wenn Sie Ihre Katze mit einer gut ausgewogenen, abwechslungsreichen Kost versorgen, ist es höchst unwahrscheinlich, dass ein Mangel an Mineralstoffen auftritt. Das gleiche gilt für die Vitamine. Normalerweise ist eine besondere Zufuhr an Vitaminen für eine gesunde Katze nicht erforderlich, es sei denn, sie wird vom Tierarzt empfohlen. Die Katze hat nicht den gleichen Bedarf an Vitamin B_{12}, C und K wie der Mensch.

WASSER

Solange ständig frisches, sauberes Wasser zur Verfügung steht, machen Sie sich keine Sorgen darüber, wie viel Flüssigkeit Ihre Katze zu sich nimmt, es sei denn, Sie geben ihr aus Bequemlichkeit ausschließlich Hartfutter. Es ist allgemein bekannt, dass Katzen bei einer Ernährung, die aus Fisch und Fleisch besteht, ausgezeichnet überleben können, ohne jemals Wasser zu trinken. Fleisch besitzt einen hohen Wassergehalt, und die Nieren der Katze sind in der Lage, den Urin zu konzentrieren und daher mit wenig Wasser auszukommen. Katzen, die

Hefetabletten

Mineral-/Vitamin-Pulver

Katzen-»Vitaminbonbons«

Angereichertes Milchpulver

FUTTERERGÄNZUNG Vitamine und Mineralstoffe, die Sie Ihrer Katze zusätzlich geben können.

ins Freie dürfen, werden natürlich bisweilen auch aus Pfützen trinken.

Es besteht also kein Grund zur Besorgnis, wenn Ihre Katze wirklich ohne Wasser auszukommen scheint – das ist ein allgemein übliches Phänomen. Außer aus dem Futter erhalten alle

MÄRCHEN UND IRRTÜMER

Gras essen

Wenn Sie sich nun wie Escoffier um Ihre Katze bemüht haben, erschrecken Sie nicht, wenn sie immer noch bei der nächstbesten Gelegenheit Gras kaut. Gras ist gut für Katzen. Es enthält bestimmte Vitamine und ist auch ein wirksames Brechmittel, das dem Tier hilft, unerwünschte Gegenstände wie z.B. Haarbällchen wieder auszuscheiden. Wenn Sie mit Ihrer Katze in einem hochgelegenen Apartment ohne Zugang zu einem Garten wohnen, so säen Sie etwas Gras in einem Blumenkasten aus. Es ist kein Zeichen für eine Erkrankung, wenn eine Katze Gras kaut.

Mäusefang

Katzen fangen Mäuse, Vögel, Insekten usw. aus Jagdlust und nicht, weil sie hungrig sind. Sicher mögen sie gelegentlich ihre Beute teilweise oder ganz verzehren, aber grundsätzlich sind sie aus Freude an der Jagd hinter ihnen her. Es ist daher eine Illusion, zu denken, dass Ihre Katze Ihr Grundstück von klei-

Entgegen einem weit verbreiteten Märchen ist das Fressen von Gras eine ganz normale Sache.

nen Nagetieren säubert, wenn Sie ihr wenig oder gar nichts zu essen geben. Das Gegenteil ist der Fall. Gutgenährte Katzen sind die besten Mäusefänger. Sie verfügen über die Vitalität, die Energie und die schnellen Reaktionen, die dieser Sport verlangt.

Fliegen

»Katzen, die Fliegen fangen und auffuttern, werden dünn«, lautet ein gebräuchliches

Sprichwort. Obwohl zwar durchaus die Möglichkeit besteht, dass eine Katze eine Schmeißfliege erwischt und damit Krankheitserreger aufnimmt, ist diese Gefahr doch als sehr gering einzuschätzen. Manchmal können Wurmeier durch Fliegen von einer Katze auf eine andere übertragen werden, aber abgesehen von diesem geringfügigen Risiko erleiden Katzen, die Fliegen fressen, selten Schaden.

Lebewesen einen großen Teil ihres täglichen Wasserbedarfs auf Grund von chemischen Reaktionen in ihrem Körper – bei der Verwertung der Fette und Kohlehydrate werden Wassermoleküle erzeugt.

Überdies verlieren Katzen auch sehr wenig Wasser durch Hecheln oder Schwitzen, und selbst durch die Atmung verdunstet nur eine sehr geringe Menge. Selbst große Wildkatzen wie Löwen können, wie man weiß, bis zu zehn Tage ohne einen Schluck Wasser auskommen. Trotzdem muss Ihrer Katze stets frisches, sauberes Wasser zur Verfügung stehen.

Wir wollen an dieser Stelle kurz innehalten und uns an einen gewissen Jack erinnern, einen schwarzen Kater, der in Brooklyn lebte und 1937 im Alter von drei Jahren aufhörte, Wasser zu trinken, und statt dessen nur noch Milch mit einem Schuss Pernod akzep-

FASZINATION WASSER Für alle Katzen ist Wasser lebensnotwendig und zugleich faszinierend. Wundern Sie sich daher nicht, wenn Ihre Katze gerne damit spielt.

tierte. Mit zunehmendem Alter verlangte er immer stärkere »Milchmixgetränke«, und schließlich kam es sogar soweit, dass der Pernod mit ein wenig Milch »gespritzt« wurde. Jack

starb im Alter von acht Jahren in der Bar, in der er lebte. Nach seinem Tode zeigte sich, dass seine Leber sich in einem außerordentlich traurigen Zustand befand.

GEWÜRZE UND ANDERE ZUSÄTZE

Die meisten Katzen schätzen gut gewürzte Speisen. Ich hatte Katzen, die geradezu abgöttisch Curryhuhn und Spaghetti mit Muschelsauce liebten und sehr kultiviert und genießerisch verspeisten. Falls Sie für Ihre Katze selber kochen, so würzen Sie das Futter nach (Ihrem) Geschmack mit jodiertem Salz. Auf diese Weise bekommt das Tier genügend Jod. Dieses Spurenelement ist besonders wichtig für trächtige Weibchen, um einer Rückbildung der Feten im Mutterleib vorzubeugen. Bouillonwürfel enthalten alle wesentlichen Salze.

Wenn Sie Fertigfutter verwenden, trocken oder feucht, denken Sie daran, dass diese Produkte meist nur einen geringen Fettanteil besit-

RICHTIG ERNÄHRT Eine gute, ausgewogene Ernährung in angemessener Menge, hygienisch zubereitet und verabreicht, ist wichtig für ein gesundes und langes Katzenleben.

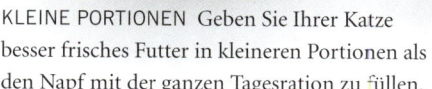

KLEINE PORTIONEN Geben Sie Ihrer Katze besser frisches Futter in kleineren Portionen als den Napf mit der ganzen Tagesration zu füllen.

zen. Fügen Sie auf 500 Gramm acht Teelöffel Fett, Butter oder Schmalz, hinzu.

BIOLOGISCHE ERNÄHRUNG

Die Argumente für eine biologische Ernährung bei Menschen – frei von chemischen Konservierungsstoffen und Pestiziden – gelten in der Regel auch für Katzen. Deshalb gibt es bereits Katzenfutter, das aus natürlichen, reinen Zutaten besteht. Es hat zudem den Vorteil, frei von Allergenen zu sein, enthält z.B. kein Weizengluten, das welches bei manchen Katzen Allergien verursachen kann.

Seit neuestem arbeitet man an der Entwicklung von Katzenfutter, das Antioxidanzien enthält und reich an Vitamin C und E ist. Man nimmt an, dass Antioxidanzien schädigende Chemikalien, so genannte freie Radikale, auffangen. Denn diese greifen das genetische Material der Katze an und stehen mit Alterskrankheiten in Verbindung. Man hofft, dass solche ernährungsbedingten Vorteile das Leben unserer Lieblinge verlängern wird.

DIE FUTTERMENGE

Wissenschaftler haben errechnet, dass der tägliche Futterbedarf einer Katze 25 Prozent Protein enthalten muss, das entspricht 15 Gramm Futter pro 400 Gramm Körpergewicht. Aber das ist nur eine theoretische Hilfestellung. In der Praxis haben Katzen, ebenso wie ihre menschlichen Gefährten, ganz unterschiedlichen Appetit. Die alten Griechen glaubten, dass die Katzen bei zunehmendem Mond zu- und bei abnehmendem Mond abnähmen. Übergewichtige Katzen haben ein erhöhtes Risiko, gesundheitliche Probleme zu bekommen. Die Wahrscheinlichkeit, dass diese dicken Tiere später an einer Herzkrankheit oder an Diabetes leiden, ist groß. Wenn Sie merken, dass Ihre Katze zunimmt, geben Sie ihr keine Leckerbissen zwischendurch, sondern täglich ein- bis zweimal zu fressen, aber nicht auf Verlangen. Bevorzugen Sie leichte Kost und Vorsicht bei Milch! Denn sie macht dick und ist, anders als Wasser, nicht lebenswichtig. Katzen haben sehr feine Nasen und brauchen unbedingt frisches Futter und frisches Wasser. Will man Futterreste und Verdauungsstörungen vermeiden, ist es ratsam, frisches Futter in kleineren Portionen und dafür häufiger zu geben.

In extremen Situationen können Katzen wochenlang ohne Futter auskommen – und bis zu 40 Prozent ihres Gewichtes verlieren, ohne zu sterben. Ein Flüssigkeitsverlust von 10 bis 15 Prozent ist allerdings meistens tödlich.

EIN GANZ BESONDERES MENÜ

Zar Nikolaus I. von Russland bestand darauf, dass seine Katze Vashka jeden Tag ein ganz besonderes Essen bekommen sollte. Das Rezept lautete:

1. Zwei Teelöffel Belugakaviar und zwei Teelöffel roten Kaviar in reichlich Champagner verrühren.
2. Das fein gehackte Fleisch einer Haselmaus, die aus Frankreich importiert wurde, dazugeben.
3. Das Ganze in heißer ungesalzener Butter mit dem Dotter eines Waldschnepfeneies und einem Löffel frischen Hasenbluts goldbraun anbraten.
4. Diese Mischung so lange kochen, bis eine dickcremige Masse entsteht.
5. Nach dem Erkalten mit gehacktem Kerbel und getrocknetem Sukhumikäse bestreuen.

An heißen Tagen bestand der Zar darauf, dass das »Essen« vor dem Servieren mit extra trockenem Champagner befeuchtet werden musste.

FÜTTERUNGSPLAN

ALTER	ANZAHL DER MAHLZEITEN PRO TAG	FUTTER-MENGE IN GRAMM
Von der Entwöhnung bis zu 3 Monaten	4–6	80–190
Von 4 bis 5 Monaten	4–6	275
Von 6 bis 7 Monaten	3–4	370
Von 7 bis 8 Monaten	3	370
Ab 9 Monaten	2–3	400
Tragende Weibchen	3–5	420–460
Alte Katzen	3–6	300–370

DIE WICHTIGSTEN FUTTERARTEN

Es gibt so viel verschiedene Katzenfutter, dass unzählige Zusammenstellungen möglich sind. Deshalb werde ich mich nur auf das Wichtigste beschränken.

Dosenfutter

Diese Produkte bestehen aus Fleisch und/oder Fisch, Salz, Gelierungsmitteln, Vitaminen, chemischen Farbstoffen, Konservierungsstoffen, Zucker, Wasser, und gelegentlich sind auch Getreideprodukte dabei.

Vorteil: Es ist sehr nahrhaft.

Nachteil: Dosenfutter ist relativ teuer und führt schneller zu Plaquebildung an Zähnen und zu Zahnstein als andere Futterarten. Oft weist es einen großen Wasseranteil auf, besonders dann, wenn die Dose viel Gelee enthält. Außerdem kann beim Abfüllen der Dose und während der Lagerung eine Verminderung des Vitamingehaltes eintreten. Das betrifft vor allem hitzeempfindliche Vitamine wie z.B. Vitamin B.

Feuchtfutter

Es sieht gut aus, schmeckt nicht ganz so gut und enthält Fleisch, Sojabohnen, Fett, Vitamine, Konservierungsmittel, Farbstoffe und meistens Dickungsmittel und Zucker.

Vorteil: Feuchtfutter ist wie Dosenfutter im

RICHTIGE ERNÄHRUNG Ihre Katze wird eine gut zusammengestellte Mahlzeit einem Fertigfutter sicher vorziehen.

Allgemeinen sehr nahrhaft und kann einen großen Anteil des Futters bestreiten. Sein Wasseranteil ist jedoch geringer, und man kann es gut lagern, wenn auch nicht so gut wie Dosen- oder Trockenfutter.

Nachteil: Leider ist es teuer und enthält im Allgemeinen zu wenig Fett.

Trockenfutter

Diese Mini-Biskuits enthalten Getreide, Fisch, Fleisch, Hefe, Vitamine, Fett und Farbstoffe.

Vorteil: Die Vorteile von Trockenfutter sind, dass es ziemlich ausgewogen ist, dass es billiger ist und weniger Wasser als Dosen oder Feuchtfutter enthält, sich gut aufheben lässt und angenehm zu handhaben ist. Darüber hinaus ist es gut gegen Zahnstein.

Nachteil: Nachteilig wirkt sich sein häufig viel zu geringer Fettanteil aus, der, wenn man es als Alleinfutter gibt, Blasenprobleme und Schwierigkeiten beim Urinlassen verursachen kann. Der niedrige Wassergehalt zusammen mit dem Salzanteil mancher Markenfutter kann »Grieß« im Urin der Katze erzeugen, der das Wasserlassen der Katze unter Umständen total blockiert. Wenn viel Trockenfutter gegeben wird, muss stets frisches Wasser in ausreichender Menge zur Verfügung stehen. Am besten aber ist es, die Bröckchen mit Fleischsoße oder -brühe, Milch oder Wasser zu mischen. Sehr sparsam – wenn überhaupt – sollte man Trockenfutter Katzen geben, die schon einmal Blasenprobleme hatten. Es gibt heute Trockenfutter, das die Bildung von Haarballen im Magen und Darm reduziert und die Zähne sauber hält sowie die Entstehung von Zahnstein verhindert.

Fleisch

Es kann vom Rind, Lamm oder Schwein sein. Außer Schweinefleisch, das unbedingt gegart werden muss, sollte man gelegentlich rohes, durchgedrehtes Fleisch verfüttern. Kaufen Sie es beim Fleischer und nicht an der Theke in einem

FUTTERARTEN Dosenfutter ist beliebt und nahrhaft. Es ist außerdem praktisch, steril und lässt sich gut aufbewahren. Die heute erhältlichen Marken stellen auch mäkelige Katzen zufrieden.

Supermarkt, wo es wahrscheinlich billiger, dafür aber oft mit Bakterien verseucht ist. Rohes Fleisch sollte besser gebraten oder gegrillt als gekocht werden, damit die Nährstoffe und der wohlschmeckende Saft erhalten bleiben. Wenn das Fleisch aber gekocht wird, sollte man das Garwasser aufheben und als Saft für trockeneres Futter verwenden. Innereien (Lunge, Kutteln, Euter usw.) sollten dagegen immer gekocht und wie alles gegarte Fleisch in kleine Würfel geschnitten werden.

Geflügel

Reste von gekochtem Geflügel, die vom Familientisch übrigbleiben, ergeben einen guten Imbiss für die Katze. Nur wenige Menschen essen Hühnerteile wie Nieren oder Bürzel mit, von Katzen werden sie aber sehr geschätzt. Die meisten Geflügelknochen splittern leicht und sollten deshalb auf keinen Fall an Haustiere verfüttert werden. Dasselbe gilt für Kaninchenknochen.

Eier

Eier sind ein guter Proteinlieferant, man gibt sie aber besser gekocht und zerkleinert als roh. Eiweiß sollte nie roh verfüttert werden, weil es einen Bestandteil enthält, der lebenswichtiges Vitamin B neutralisiert. Pro Woche sollte eine Katze nicht mehr als zwei ganze Eier erhalten. Eidotter allein können Sie dem Tier hingegen öfter geben.

Milch

Nicht alle Katzen mögen Milch. Wenn Ihre Katze keine Milch trinkt, müssen Sie also nicht besorgt sein. Während Wasser für alle Katzen notwendig ist, gilt dies nicht für Milch. Einige Katzen können den Milchzucker (Laktose) in der Kuhmilch nicht verdauen und bekommen Durchfall, wenn sie Milch trinken.

Käse

Käse ist eine ausgezeichnete Proteinquelle. Er wird entweder roh verfüttert, in diesem Fall sollte er gerieben oder gewürfelt werden, oder mit anderem Futter zusammen gekocht.

Fisch

Frischer Fisch, geschuppt und entgrätet, wenn er größer ist als ein Hering, ist ein großartiges Futter ein- oder zweimal pro Woche. In England verfüttert man Fisch oft roh, in Amerika

GETRENNTE FUTTERNÄPFE Wenn Sie mehrere Katzen im Haus haben, sollte jede von ihnen ihren eigenen Napf bekommen – so entsteht kein Futterneid.

wird er im Allgemeinen gegart gegeben. Man gart den Fisch besser durch Dämpfen oder Braten als durch Kochen, um den maximalen Nährwert zu erhalten. Dosenfisch wie Sardinen kann man sowohl in Öl als auch in Tomatensoße geben. Öl hat eine wohltuende Wirkung auf den Darm und hilft der Katze, Fellbällchen auszuscheiden, die sich besonders bei Langhaarkatzen manchmal im Darm ansammeln. Mahlzeiten, die jedoch nur aus Fisch bestehen, sind nicht ausgewogen und können eventuell bei älteren Katzen zu Schwierigkeiten führen. Dass zuviel Fisch, wie es in manchen Büchern steht und wie es auch im Volksmund heißt, eine giftige Wirkung habe oder eine Krankheit verursache, die man »Fisch-Ekzem« nennt, stimmt jedoch nicht.

Gemüse

Gekochte Kartoffeln können einer Fleisch- oder Fischmahlzeit zugemischt werden und dürfen etwa ein Drittel der Futtermenge ausmachen. Gewöhnen Sie eine Katze frühzeitig an Beilagen wie gekochtes Blattgemüse, gedämpften jungen Spinat, geriebene rohe Möhren, Erbsen u.ä.

Stärkehaltiges Futter

Zerbröckeltes, getoastetes Brot kann wie Kartoffeln mit Fleischsoße oder -brühe vermischt werden, ebenso Makkaroni, Spaghetti oder andere Nudeln. Auch Getreide-

erzeugnisse wie Cornflakes, Weizenflocken, Porridge oder Babybrei kann man, mit Milch vermischt, der Katze geben. Diese Speisen sind besonders geeignet als Morgenmahlzeit und für junge Kätzchen.

Obst

Wenn Ihre Katze gelegentlich gern ein Stück Mandarine oder Apfel nimmt (das machen überraschend viele Katzen, besonders Siamesen), so ist das gut für sie. Man nimmt an, dass etwa 75 Prozent aller Katzen eine Vorliebe für Grapefruit besitzen.

VIELSEITIGE ERNÄHRUNG Ein breites Nahrungsangebot ist gesünder als immer nur eine Art von »ausgewogenem« Katzenfutter.

Eine Katze im Haus

Wenn Sie eine respektvolle Beziehung mit Ihrer Katze aufbauen wollen, stellen Sie einige Grundregeln auf, sobald sie ins Haus kommt. Lassen Sie ihr einen eigenen Bereich, aber sorgen Sie dafür, dass sie im Gegenzug Ihren Bereich und den Ihrer Lieben respektiert.

KLO-TRAINING Kätzchen lernen schnell, ihre Katzentoilette zu benutzen. Stellen Sie eine bereit, wenn die Kätzchen drei bis vier Wochen alt sind.

DER ANFANG EINER SCHÖNEN, LEBENSLANGEN FREUNDSCHAFT Es ist wichtig, dass Kinder so früh wie möglich lernen, wie man Haustiere richtig anfasst.

WIE FASST MAN EINE KATZE AN?

Ihre Katze hat es gern, wenn Sie sie streicheln und hochnehmen, doch denken Sie bitte immer daran, den ganzen Körper zu stützen. Packen Sie die Katze nicht einfach hinter den Vorderpfoten an, so dass der übrige Körper herabbaumelt. Die Katze nimmt das übel und fängt möglicherweise an zu strampeln oder sogar zu beißen.

Wenn Sie eine erwachsene Katze hochnehmen, so legen Sie eine Hand unter die Brust, knapp hinter den Vorderpfoten, und die andere unter das Hinterteil, wobei Sie den Schwanz einschlagen. Wenn Sie das Tier im Arm haben, lassen Sie es in Ihrer Armbeuge sitzen, wobei es die Vorderpfoten auf Ihre Schulter stützt oder Sie beide in der anderen Hand halten.

Kätzchen sollten ganz besonders vorsichtig angefasst werden, da ihr Brustkorb sehr weich ist und sie durch raue Handhabung leicht innere Verletzungen erleiden können.

Obwohl Katzenmütter ihre Kätzchen am Nackenfell hochnehmen und herumtragen, sollten Sie das nicht tun, höchstens mal für einen

Augenblick, wenn Sie ein Kätzchen hochnehmen wollen, das nicht »mitspielen« oder gerade ausbrechen will. Wenn man eine Katze so am Nackenfell anfasst, dass man die lockere Haut an der Halsrückseite fest zwischen die Finger nimmt, tut es einer Katze nicht weh, aber es ist eine ziemlich unwürdige Prozedur. Bei Verletzungen, insbesondere bei Knochenbrüchen, ist das Hochnehmen am Nackenfell zulässig.

HÄUSLICHE ERZIEHUNG

Katzen sind sauber und intelligent, und hält man sie im Haus, entstehen nicht die Probleme, wie sie bei Hunden auftreten. Wenn es notwendig ist, können sie ständig im Haus leben und selbst das kleinste Apartment als ihr Territorium in Besitz nehmen. Einige Züchtungen sind dafür besonders geeignet. Ich habe bereits auf die Grundausrüstung hingewiesen, die nötig ist, um eine Katze gesund und glücklich zu erhalten. Hier möchte ich noch auf zwei Dinge besonders eingehen: die Handhabung des Katzenklos und das Krallenwetzen an der richtigen Stelle.

Man muss einige Zeit darauf verwenden, Katzen, besonders den jüngeren, beizubringen, wie sie sich zu verhalten haben. Das ist wichtig, und je eher Sie damit anfangen, desto besser. Wenn die Kätzchen im Alter von drei oder vier Wochen beginnen, festes Futter zu sich zu nehmen, sollte man mit der Erziehung zur Stubenreinheit beginnen. Stellen Sie eine Katzentoilette an einen bequem zu erreichenden und ruhigen Platz. Sobald das Tier den Eindruck macht, als wolle es urinieren oder defäkieren (was man daran erkennen kann, dass es sich mit erhobenem Schwanz und einem ganz bestimmten, weltentrückten Ausdruck in den Augen hinhockt), setzen Sie es auf seine Toilette. Stupsen Sie niemals ein Kätzchen mit der Nase in das »Unglück«, das ihm passiert ist. Katzen sind sauber und lernen schnell. Sehr alte

Katzen können vergesslich werden oder bei Gelegenheit die Kontrolle über sich verlieren. Tragen Sie es gemeinsam mit Geduld.

Ein Katzenklo sollte aus Metall oder Plastik bestehen und groß genug sein, dass die Katze darin stehen kann. Es sollte mit Zeitungen ausgelegt und dann mit einer vier Zentimeter hohen Schicht Katzenstreu oder Torfmoos bedeckt werden. Asche und Sägemehl sind zu staubig, werden schnell feucht und riechen unangenehm. Entfernen Sie täglich die Streueinlage, und säubern und desinfizieren Sie die Katzentoilette einmal in der Woche mit einem im Haushalt gebräuchlichen Reinigungsmittel.

PRIVATEINGANG Katzentürchen kann man leicht an einer Tür anbringen, und die intelligente Katze hat es schnell heraus, ihre eigene Tür zu benutzen.

KATZENTÜRCHEN

Um eine Katze an das Katzentürchen oder die Katzenklappe zu gewöhnen, lassen Sie sie offen stehen und geben Sie der Katze die Möglichkeit, sich in Ruhe damit vertraut zu machen. Danach legen Sie ihr ein wenig Futter hin, um sie dazu zu verlocken, durch das Türchen zu schlüpfen. Helfen Sie ihr beim ersten Mal, es aufzustoßen, dann wird sie es schnell lernen.

GEHORSAM

Man sollte einer Katze beibringen, auf ihren Namen zu hören. Verwenden Sie ihn regelmäßig, besonders zur Futterzeit, und halten Sie die Futter- und Pflegezeiten pünktlich ein. Man kann Katzen einige Tricks beibringen, wie z.B. um Futter zu bitten, aber das lässt sich nur mit Freundlichkeit und Belohnungen in Form von Leckerbissen erreichen und hängt außerdem immer davon ab, ob die Katze in der richtigen Stimmung ist.

Man kann Katzen nicht zwingen, etwas gegen ihren Willen zu tun. Trotzdem ist es möglich, ihnen unerwünschte Verhaltensweisen, wie das Beißen und Anspringen von Leuten, abzugewöhnen. Nehmen Sie die Katze vom frühesten Alter an bestimmt, aber freundlich hoch, setzen Sie sie auf den Boden und sagen Sie »Nein«. Einige unsoziale Verhaltensformen verschwinden von selbst, wenn die Katze ins Freie darf oder einen Kratzpfosten erhält.

KRALLENWETZEN

Das Krallenwetzen ist eine sehr heikle Angelegenheit, besonders wenn Ihre Katze keinen Sinn für Ihre Inneneinrichtung hat und es ausgerechnet an Ihrem wertvollen antiken Schreibtisch ausführt. Man muss deshalb für ein Kratzobjekt mit der richtigen Griffigkeit sorgen, das der Katze ein möglichst befriedigendes Gefühl gibt. Ein Stück Baumstamm mit Rinde, ein senkrechter Pfosten auf einem Ständer, mit grober Sackleinwand umkleidet, oder eine Pressröhre aus Wellpappe, wie man sie in Zoohandlungen

EIN NÜTZLICHER GEGENSTAND Ein typischer Kratzpfosten für Katzen – er sieht verführerisch aus und lenkt vielleicht von kostbarem Mobiliar ab.

bekommt, sind für diesen Zweck geeignet. Aber man muss der Katze beibringen, diese Gegenstände auch zu benutzen. Beim ersten Anzeichen dafür, dass sie Ihr Mobiliar nachdenklich betrachtet, sollten Sie sie schnappen und zum »genehmigten« Kratzplatz bringen. Mit ein wenig Geduld wird sie die Sache verstehen.

Es ist möglich, die Katzenkrallen unter Narkose vor einem Tierarzt entfernen zu lassen, aber eine solche Verstümmelung nur den Möbeln zuliebe ist in keiner Weise vertretbar und in Deutschland deshalb verboten.

SCHLAFPLATZ

Sie können Ihrer Katze einen speziellen Schlafplatz in einem Korb oder einer Kiste einrichten, aber das ist nicht unbedingt notwendig. Die meisten Katzen wählen sich selbst ihren Schlafplatz irgendwo im Haus. Jungen Kätzchen sollte man aber einen Behälter geben (ein einfacher Pappkarton genügt), in dem sie gemütlich schlafen können, vor Zugluft geschützt sind und sich nicht verletzen können. Man legt diesen mit einer Schicht Zeitungspapier und einer kleinen Decke aus, die regelmäßig gewechselt wird. Um Verunreinigungen zu vermeiden, sollten Sie ein Kätzchen nie an seinem Schlafplatz füttern.

Ich bin nicht dafür, meine Katzen in meinem Bett schlafen zu lassen, denn wie alle anderen Tiere, die nah am Boden leben, beschnüffeln sich Katzen gegenseitig die Rückfront, erkunden Abflüsse und können in engen Kontakt mit Krankheiten übertragenden Nagetieren kommen. Die Wahrscheinlichkeit, dass Katzen Infektionen auf den Menschen übertragen, wächst, wenn sie sich nachts auf einem Kopfkissen ausstrecken. Für Säuglinge besteht Erstickungsgefahr, wenn man die Katze in das Zimmer lässt, in dem das Kind schläft.

WENN SIE IHRE KATZE ALLEIN LASSEN

Man kann eine Katze für 24 Stunden allein im Haus oder in der Wohnung lassen, wenn entsprechend genug Futter und Wasser und eine Katzentoilette bereitstehen. Wenn Sie wahrscheinlich länger als einen Tag fortbleiben, bitten Sie einen Nachbarn, dass er mindestens einmal innerhalb von 24 Stunden nachsieht, um Futter und Wasser zu erneuern und die Katzentoilette zu entleeren. Es ist immer besser, einen Nachbarn darum zu bitten, als die Katze ins Katzenheim zu bringen. Dadurch wird das Tier nicht aus seiner vertrauten Umgebung gerissen.

AUSLAUF UND BEWEGUNG

Es kommt vielen Katzenbesitzern entgegen, dass Katzen nicht wie Hunde spazieren geführt und bewegt werden müssen, obwohl Bewegung gut für die Gesundheit ist.

Kätzchen verschaffen sich beim Spielen endlos Spaß und Bewegung, wenn sie einem Pingpong-Ball nachjagen oder mehrfach in einen Karton hinein- und wieder herausspringen. Für die ständig ans Haus gebundene erwachsene Katze sollten ein Kletterbaum und ein Kratzpfosten angeschafft werden. Wenn Sie in einem Hochhaus oder an einer verkehrsreichen Straße wohnen, halten Sie die Katze am besten immer im Raum. Rastlose Rassekatzen, die relativ viel Aufenthalt im Freien brauchen (Rex-, Somalikatzen und Abessinier) sollte man in solchen Wohnungen nicht halten. Obgleich auch erwachsene Katzen, die stets im Haus leben, sich durch Strecken und Spielen mit sich allein fit halten, tut es Ihrer Katze gut, wenn Sie mit ihr spielen – und es macht Spaß!

Man kann Katzen nicht so leicht an der Leine spazieren führen wie Hunde. Einige Katzen wehren sich dagegen, und man sollte sie nie zwingen, weiter zu gehen, als sie wollen. Gerade entwöhnte Katzen sind im richtigen Alter, um das Gehen an einer Leine zu üben. Die Spaziergänge sollten zunächst nur im Hause stattfinden, später im Garten und, nur wenn alles gut geht, dann auf dem Bürgersteig. Für Katzen verwendet man eine lange, dünne Leine aus Leder oder besser eine Kordel. Es gibt Rassen, die sich schneller an die Leine gewöhnen als andere; dazu gehören Siam- und Burmakatzen, Russisch Blau, Foreign Weiß, Foreign Schwarz, Foreign Blau und Foreign Smoke.

AN DER LEINE GEHEN Nur einige Katzen gehen bereitwillig an der Leine spazieren, andere wehren sich energisch dagegen.

Mit einer Katze auf Reisen

Der Reisestress für Ihre Katze sollte immer so gering wie möglich sein. Gute Vorbereitung ist dafür unverzichtbar. Normalerweise irritiert ein Umzug – ein sehr wichtiger Grund für eine Reise – die Katze nicht. Sie behält ihre geliebten menschlichen Gefährten und meist auch viele ihr vertraute Möbel.

TRAGEKÖRBE Zwei Ausführungen von Transportkörben für kurze Reisen. Der Weidenkorb ist zwar heimeliger, aber nicht so gut zu reinigen und zu desinfizieren wie das mit Plastik überzogene Drahtmodell.

TRAGEKÖRBE

Jede Katze sollte einen Tragekorb besitzen. Für kurze Reisen, z.B. zum Tierarzt, eignet sich auch ein Karton, wie man ihn bei Tierärzten, Tierschutzvereinen und in Zoohandlungen kaufen kann. Für längere Reisen ist ein stabilerer Behälter erforderlich. Er muss gut zu verschließen, luftig genug und leicht zu säubern sein. Weidenkörbe sind sehr beliebt, sie sind jedoch nicht immer sicher genug und außerdem schwer zu reinigen und zu desinfizieren. Vorzuziehen ist ein Transportkorb aus Vinyl, Polyäthylen oder Fiberglas.

Bei kalter Witterung sollte der Transportbehälter mit einer Decke oder einer Isolationsschicht aus einem speziellen Webpelz ausgelegt werden. Bei warmem Wetter reicht eine dünne Decke aus. Wenn es heiß ist, sollte ein feuchtes Tuch über den Behälter gelegt werden (ohne die Ventilationslöcher zu blockieren), damit die Innentemperatur nicht ansteigt.

Die erste Bekanntschaft mit dem Tragekorb sollte Ihre Katze in einem geschlossenen Raum machen. Katzen lieben solche Behälter im Allgemeinen nicht und ebenso wenig die damit verbundenen Reisen. Einige protestieren heftig dagegen, in einen Tragekorb gesteckt zu werden. Noch ein Tipp: Vergewissern Sie sich, dass die Katze ihre Toilette benutzt hat, bevor es auf die Reise geht.

Im neuen Heim angekommen, wird die Katze rasch von ihrem Territorium Besitz ergreifen und ihre »Visitenkarte« für die Katzenpatriarchen der neuen Umgebung hinterlassen. Es kann vorkommen, dass eine Katze sich nach irgendeiner alten Flamme sehnt, die sie zurücklassen musste, oder dass sie die Umgebung, in der sie aufgewachsen ist, vorzieht und in ihr ehemaliges Heim zurückkehrt. Der längste Weg, den eine Katze dabei jemals zurückgelegt hat, war 950 Meilen lang – von Boston nach Chicago!

Katzen können zwar Menschen, die wegziehen und die Katze zurücklassen, nicht wiederfinden, sie besitzen aber die Fähigkeit, Orte zu lokalisieren. Wahrscheinlich registriert das Gehirn der Katze während der Monate oder Jahre im alten Zuhause automatisch die geographische Lage durch die je nach Tageszeit unterschiedlichen Einfallswinkel der Sonnenstrahlen. Katzen sind wie Menschen und viele andere

Tiere mit einer inneren »biologischen Uhr« ausgestattet. Wenn die Katze in ein neues Heim gebracht wird, wo der Winkel der Sonneneinstrahlung zu einer bestimmten Stunde ein wenig anders ist, versucht sie ihn zu »berichtigen«. Nach der Try-and-Error-Methode läuft sie erst in die eine Richtung und dann in eine andere, um den richtigen Winkel zu finden. Selbst wenn die Sonne hinter Wolken verschwunden ist, kann die Katze sie vermutlich durch polarisierte Lichtstrahlen orten. Möglicherweise verfügt sie wie Vögel über einen »biologischen Kompass« im Schädel, der ihr beim Navigieren hilft. Ist die Katze in der Nähe ihrer alten Heimat angelangt, beendet sie die Reise, indem sie sich an vertrauten Plätzen, Geräuschen und Gerüchen orientiert. Es gibt ein Spray, das der Katze helfen kann, sich leichter an ihre neue Umgebung zu gewöhnen, Ängste und Stress abzubauen sowie das Zerkratzen und Markieren von Möbeln zu verhindern. Es enthält natürliche Katzenpheromone, ein Stimmungshormon, das von Menschen nicht wahrgenommen wird und völlig harmlos ist.

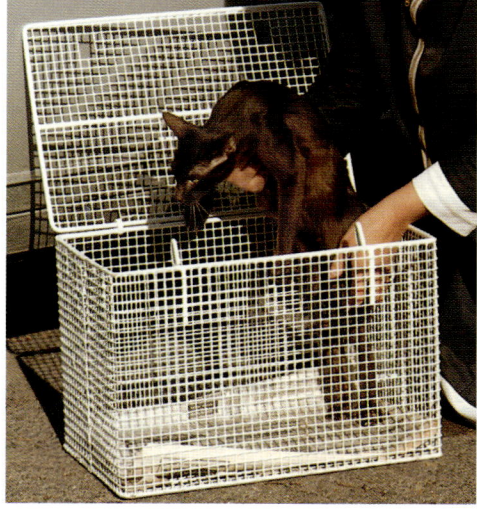

EINGEWÖHNUNG Machen Sie Ihre Katze mit ihrem Transportbehälter vertraut, bevor Sie mit ihr auf Reisen gehen.

KATZENHEIME Dies ist ein durchschnittliches Katzenheim. Die Innenausstattung ist ordentlich und trocken, und für jedes Tier ist ein Auslauf vorhanden. Die Anlage mit direktem Zugang ins Freie ist besser als Anlagen, die keinen Auslauf besitzen. Trotzdem können sich auch hier leicht Krankheiten ausbreiten. Ich ziehe ein Doppeltor mit einer Absicherung vor, die einem zufälligen Entweichen vorbeugt, wenn Leute kommen und gehen. Zwei Katzen aus demselben Haushalt können sich eine Unterkunft teilen. Inspizieren Sie jedes Katzenheim, bevor Sie Ihr Haustier dorthin bringen.

Falls Ihre Katze nicht zu den ganz wenigen gehört, die Autofahren gewohnt sind und dabei friedlich auf dem Rücksitz liegen, überlassen Sie nichts dem Zufall, sondern setzen Sie das Tier in einen Transportbehälter. Halten Sie regelmäßig an, sofern die Reise länger als eine halbe Stunde dauert, damit die Katze die Toilette benutzen und Futter und Wasser aufnehmen kann. Das alles sollte im Auto, bei geschlossenen Türen und Fenstern, geschehen, um eine Flucht zu vereiteln.

Bei heißen Temperaturen sollten Sie weder eine Katze noch andere Tiere längere Zeit im geschlossenen Wagen lassen. Es kann überraschend schnell eine Hyperthermie (Überhitzung) eintreten, die einen tödlichen Ausgang nehmen kann, besonders bei Tieren, die aufgeregt und verängstigt sind – und das sind fast alle, wenn sie eingesperrt sind. Deshalb sollten Sie immer dafür sorgen, dass ein Fenster einen Spalt geöffnet ist, selbst wenn die Katze nur kurz allein im Auto zurückbleibt.

Katzen, die unter der Reisekrankheit leiden, kann man zwar Beruhigungsmittel oder andere Medikamente geben, aber man sollte dies eigentlich vermeiden. Holen Sie lieber den Rat eines Tierarztes ein, wenn Sie eine Katze haben, die Reisen hasst.

FLUGREISEN
Die Beförderung einer Katze in ein anderes Land bedarf einer sorgfältigen Planung. Die wichtigsten Faktoren sind die herrschenden Einfuhrbestimmungen des Landes, in

das man einreisen möchte. Setzen Sie sich deshalb mit Ihrer Reiseagentur, der Schiffsagentur (falls Sie eine Strecke mit dem Schiff zurücklegen müssen), der Luftfracht-Gesellschaft und vor allem mit dem Konsulat des Einreiselandes in Verbindung, und klären Sie, ob Sie Quarantänebestimmungen oder Vorschriften für ein Gesundheitszeugnis berücksichtigen müssen und wie die Transportbedingungen sind.

Bei internationalen Reisen nimmt man Tiertransporte im Allgemeinen am liebsten per Flug vor, bei Fernreisen ist die damit verbundene Zeitersparnis einfach ideal.

Bei Flugreisen müssen Sie einen Transportbehälter benutzen, der von der International Air Transport Association (IATA) genehmigt ist. Hier sind außerdem Vorschriften zu berücksichtigen, die sicherstellen, dass die Transportkiste stabil genug und gut belüftet ist. Außerdem müssen Futter- und Wasserbehälter vorhanden

FÜR LANGE REISEN Zwei ausgezeichnete Katzenbehälter, die für Flug-, Schiffs- und Bahnreisen genehmigt sind. Sie sind sicher und stabil, haben eine gute Lüftung, sind abzuschließen und bestehen aus Materialien, die leicht zu säubern und zu desinfizieren sind.

sein, die von außen zu erreichen sind. Der Transportbehälter muss mit einem offiziellen Aufkleber »Live Animal« (»Lebendes Tier«) und einem Etikett mit einer 24 Stunden erreichbaren Telefonnummer sowie dem Namen und der Adresse des Empfängers versehen sein. Auf jeden Fall müssen alle Transportbehälter auf Dichte geprüft, ausbruchsicher und stoßfest sein. Die meisten Fluglinien befördern keine Tiere, wenn nicht die Bestimmungen der IATA eingehalten werden, und einige haben noch zusätzliche Auflagen. Sprechen Sie deshalb alle Einzelheiten mit Ihrer Fluggesellschaft genau durch, und zwar vor dem Flug.

Bevor Sie Ihre Katze zum Flugplatz bringen, sollten Sie dem Tier ungefähr zwei Stunden vor dem Aufbruch eine leichte Mahlzeit und etwas Wasser geben. Hat Ihr Tierarzt ein Beruhigungsmittel empfohlen, so geben Sie es nach Vorschrift oder kurz bevor Sie die Katze übergeben.

BAHN- UND SCHIFFSREISEN

Im Allgemeinen gelten hier die gleichen Richtlinien für Transportbehälter wie bei Flugreisen. Einige Eisenbahngesellschaften gestatten, dass Sie Ihre Katze in einem Tragekorb mit ins Abteil nehmen, andere hingegen bestehen darauf, dass die Katze in ihrem Behälter im Gepäckwagen mitfährt.

Seereisen dauern viel länger als Flugreisen, und unterwegs gibt es keine tierärztliche Hilfe. Wenn der Besitzer nicht selbst mit an Bord ist, muss die tägliche Versorgung der Katze durch die Crew geregelt sein. Seekrankheit tritt bei Katzen zum Glück selten auf.

REISEN INS AUSLAND

Wenn Sie mit Ihrer Katze ins Ausland reisen wollen, genügt es nicht, sich lediglich um das Wohl des Tieres zu sorgen, denn es gibt Reisebestimmungen, die beachtet werden müssen. Seit dem 1. Oktober 2004 gelten innerhalb der Europäischen Union einheitliche Bestimmungen für Katzen im privaten Reiseverkehr. Sie betreffen alle EU-Länder mit Ausnahme von Großbritannien, Irland und Schweden. Diese Mitgliedstaaten dürfen für eine Übergangsfrist von fünf Jahren ihre bisherigen schärferen Anforderungen an den Impfschutz gegen die Tollwut und besondere Bestimmungen für eine Behandlung gegen Bandwurm und Zeckenbefall beibehalten.

Der Tierhalter muss einen einheitlichen Pass, den so genannten EU-Heimtierausweis mitführen. Dieser Ausweis kann von einem niedergelassenen Tierarzt ausgestellt werden und muss dem Tier eindeutig zugeordnet werden können, d.h. das Tier sollte mittels Tätowierung oder Mikrochip/Transponder identifizierbar und die Kennzeichnungsnummer im Ausweis eingetragen sein. Außerdem wird der Nachweis gefordert, dass die Katze über einen gültigen Impfschutz gegen Tollwut verfügt. Die Impfung muss mindestens 30 Tage und maximal 12 Monate vor dem Grenzübertritt erfolgt sein.

Für diesen privaten Reiseverkehr wurden außerdem Übergangsmaßnahmen beschlossen. Demnach können die bisher benutzten Gesundheits- und Impfzeugnisse weiter verwendet werden, wenn diese

• vor dem 1. Oktober 2004 ausgestellt wurden;
• noch gültig sind, d.h. bis 12 Monate nach der letzten Tollwutimpfung;
• den inhaltlichen Anforderungen des EU-Heimtierausweises entsprechen (hinsichtlich der Angaben zum Tier, seiner individuellen Kennzeichnung durch Tätowierung oder Mikrochip/Transponder und seinem Besitzer).

Reisen in Drittländer sind nicht durch die EU-Bestimmungen geregelt; es gelten die Vorschriften des jeweiligen Landes.

In Mitteleuropa und in südlichen Ländern kann sich Ihre Katze mit bei uns zum Teil unbekannten, gefährlichen Krankheiten wie Herzwürmern, Leishmaniose, Babesiose oder Borreliose infizieren. Denken Sie deshalb rechtzeitig an eine Parasitenbehandlung, insbesondere gegen diejenigen Parasiten, die als Überträger in Frage kommen können.

In Deutschland unterliegen Katzen und andere Haustiere unter drei Monaten speziellen Bestimmungen.

ESSEN UND TRINKEN Vor einer Reise, egal wie lange sie dauert, sollten Sie darauf achten, dass Ihre Katze isst, trinkt und am besten auch ihr Geschäft erledigt.

BESTIMMUNGEN FÜR AUSLANDSREISEN

Wenn Sie als Katzenhalter Ihr Tier auf eine Reise ins Ausland mitnehmen wollen, müssen Sie bestimmte Vorschriften beachten. Die Bestimmungen der Europäischen Union gelten nicht für Großbritannien, Irland und Schweden. Im Folgenden werden die Bestimmungen für diese drei Länder sowie für einige Länder außerhalb der EU aufgeführt.

Großbritannien (Eu-Mitglied): Die Einreisevorbereitungen dauern etwa 7 Monate! Die Voraussetzungen sind:
- Ein Mikrochip/Transponder muss implantiert werden.
- Das Tier muss gegen Tollwut geimpft werden.
- 30 Tage nach der Impfung ist eine Blutprobe zu entnehmen und zu testen, danach beginnt eine Wartezeit von 6 Monaten. Ein Amtstierarzt stellt darüber eine Tollwutimpfbescheinigung aus.
- 24-48 Stunden vor der Einreise muss das Tier gegen Bandwürmer und Zecken behandelt werden, darüber stellt der Tierarzt eine Bescheinigung aus.
- Nur folgende Einreisewege sind erlaubt: mit dem Schiff von Calais und Ostende nach Dover oder von Cherbourgh, Caen, St. Malo und Le Havre nach Porthmouth; über den Kanaltunnel von Calais nach Folkestone, mit dem Flugzeug von Frankfurt nach London/Heathrow.

Ohne die genannten Voraussetzungen ist eine Einfuhrgenehmigung erforderlich und das Tier muss 6 Monate in Quarantäne.

Irland (EU-Mitglied): Einfuhrgenehmigung und 6 Monate Quarantäne

Schweden (EU-Mitglied)
- ID-Kennzeichnung des Tieres mit einem Mikrochip/Transponder oder einer deutlich erkennbaren Tätowierung.
- Tollwutimpfung mit einem Präparat, das von der Weltgesundheitsorganisation zugelassen ist.
- Antikörpertest, der mindestens 0,5 IE/ml Anti-Tollwut-Körper ausweist. Dieser Test muss frühestens 120 Tage und spätestens 365 Tage nach der letzten Tollwutimpfung erfolgen.
- Entwurmung auf Bandwurm (Echinococcus), ausgeführt von einem Tierarzt innerhalb von 10 Tagen vor der Einreise. Der Wirkstoff muss Praziquantal enthalten.
- Dokumentation in dem EU-Heimtierpass.

Australien: Für eine Einreise von Haustieren sind unter anderem eine Einfuhrerlaubnis des Australian Quarantine und Inspection Service (AQIS), die Identifizierung des Tieres durch einen Mikrochip/Transponder, ein Bluttest und mehrere Impfungen erforderlich. Nach der Ankunft müssen die Tiere mindestens 30 Tage in Quarantäne bleiben.

Norwegen: Erforderlich sind:
- Identifikation durch Tätowierung oder Mikrochip/Transponder
- Tollwutimpfung
- Nachweis des positiven Antikörpertests frühestens 120 Tage und spätestens 365 Tage nach der letzten Tollwutimpfung durchgeführt
- Behandlung gegen Bandwurm (Echinococcus), ausgeführt von einem Tierarzt innerhalb von 10 Tagen vor der Einreise. Der Wirkstoff muss Praziquantal enthalten. Die Behandlung muss von einem Tierarzt im Pass beglaubigt sein.

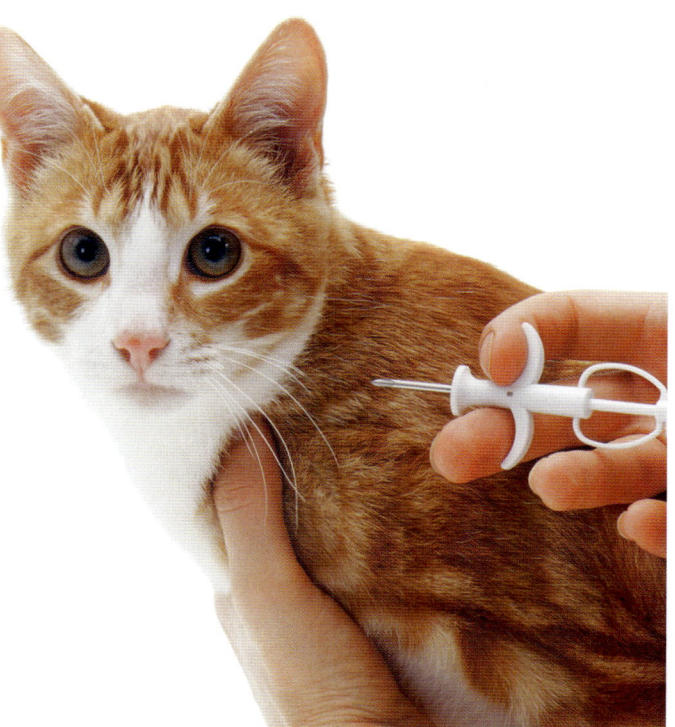

MIKROCHIP Bei der elektronischen Kennzeichnung wird ein Transponder (etwa 12 mm lang) unter die Haut der Katze auf der linken Halsseite eingesetzt. Er besteht aus einer Glaskapsel, die einen Mikrochip mit einem Zahlencode enthält. Dieser Code wird mit einem speziellen Gerät abgelesen.

REISEN MIT EINER KATZE INS AUSLAND

EUROPA:	Großbritannien	Österreich
	Island	Portugal
Andorra	Italien	San Marino
Belgien	Liechtenstein	Schweden
Dänemark	Luxemburg	Schweiz
Finnland	Malta	Spanien
Frankreich	Monaco	Vatikanstaat
Gibraltar	Niederlande	Zypern
Griechenland	Norwegen	

AUSSER-EUROPÄISCHE LÄNDER:	Falkland-Inseln	Montserrat
	Fiji	Neukaledonien
	Französisch Polynesien	Neuseeland
		Reunion
Antigua und Barbuda	Guadelupe	Singapur
	Hawaii	St. Helena
Australien	Jamaika	St. Kitts & Nevis
Bahrain	Japan	St. Vincent
Barbados	Kanada	USA
Bermuda	Martinique	Vanuatu
Cayman-Inseln	Mauritius	Wallis & Futuna

Fellpflege

Katzen sind anspruchsvoller im Hinblick auf ihr Äußeres als Hunde und pflegen sich regelmäßig und oft.

Reihen von hakenförmigen, hornigen und nach hinten gerichteten Plättchen (papillae) auf der Zungenoberfläche bilden einen wirksamen Kamm zum Säubern von Haut und Fell.

Die Pflege dient sowohl dazu, das Fell ordentlich, sauber und glänzend zu halten, als auch der Entfernung von toten Haaren und Hautzellen. Gleichzeitig wird die Blutzirkulation der Hautoberfläche und der darunter liegenden Muskeln verstärkt.

Hauskatzen – und unter ihnen besonders die Langhaarkatzen – benötigen über das eigene oder gegenseitige Putzen hinaus eine zusätzliche Pflege. Dies ist Aufgabe des Besitzers. Langhaarkatzen haaren das ganze Jahr über und brauchen eine tägliche Fellpflege.

Bei gutem Wetter erledigen Sie das am besten im Freien. Wenn Ihnen nur geschlossene Räume zur Verfügung stehen, wählen Sie das Badezimmer oder die Veranda dafür und stellen Sie die Katze auf eine Unterlage aus Kunststoff oder Zeitungspapier.

LANGWIERIGE KÖRPERPFLEGE Diese drei Bilder zeigen verschiedene typische Stellungen der Katze bei ihrer eigenen Fellpflege. Manchmal verursachen fremde Stoffe im Fell ein hektisches Putzen der Katze, so dass sie dabei giftige Substanzen verschlucken kann. Wenn Sie bemerken, dass Ihre Katze ungewöhnlich viel Zeit aufs Putzen verwendet, sollten sie unbedingt nachschauen, ob ihr Fell und ihre Haut in Ordnung sind.

VORBEREITUNGEN ZUR PFLEGE

Dem Kopf sollten Sie bei der Pflege besondere Aufmerksamkeit widmen. Fangen Sie mit den Ohren, Augen und Zähnen an.

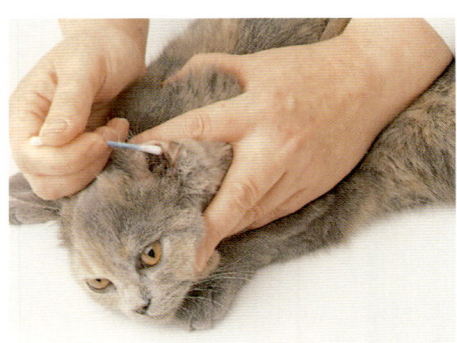

1 Prüfen Sie, ob sich in den Ohren Schmutz oder dunkles Ohrenschmalz angesammelt hat. Säubern Sie die Ohren mit Wattestäbchen, die leicht mit Olivenöl angefeuchtet werden.

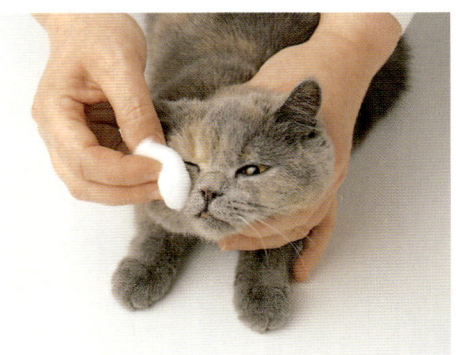

2 Kontrollieren Sie die Augen. Wenn Tränenfluss vorliegt, was bei Langhaarkatzen oft durch einen blockierten Tränenkanal auftritt, finden Sie unter dem inneren Augenwinkel dunkle Schmutzteilchen. In den Augenwinkeln selbst können sich Krusten von getrocknetem Schleim anhäufen. Säubern Sie das betreffende Gebiet sanft mit warmem Wasser, in dem etwas Salz gelöst ist. Hartnäckige Tränenabsonderungen verlangen eine tierärztliche Behandlung.

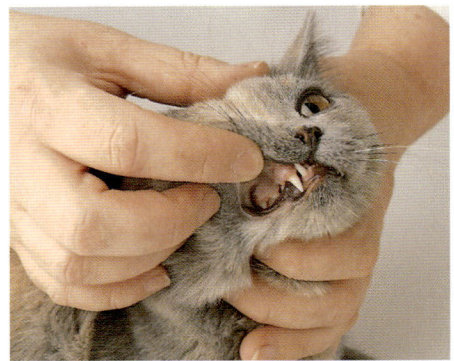

3 Untersuchen Sie die Zähne auf Ablagerungen von Zahnstein. Riecht der Atem gut? Ideal ist es, wenn Sie Ihre Katze daran gewöhnen, dass sie sich einmal wöchentlich mit einer weichen Zahnbürste (ihrer eigenen), Salz und Wasser die Zähne pflegen lässt. Es gibt auch eine spezielle Zahncreme für Haustiere. Wenn sich der Zahnstein einmal festgesetzt hat, muss er von einem Tierarzt entfernt werden.

Pflege einer Kurzhaarkatze

Kurzhaarkatzen besitzen nicht so ein üppiges Fell wie Langhaarkatzen und können sich daher besser selber säubern. Deshalb benötigen sie nur zweimal in der Woche eine Fellpflege.

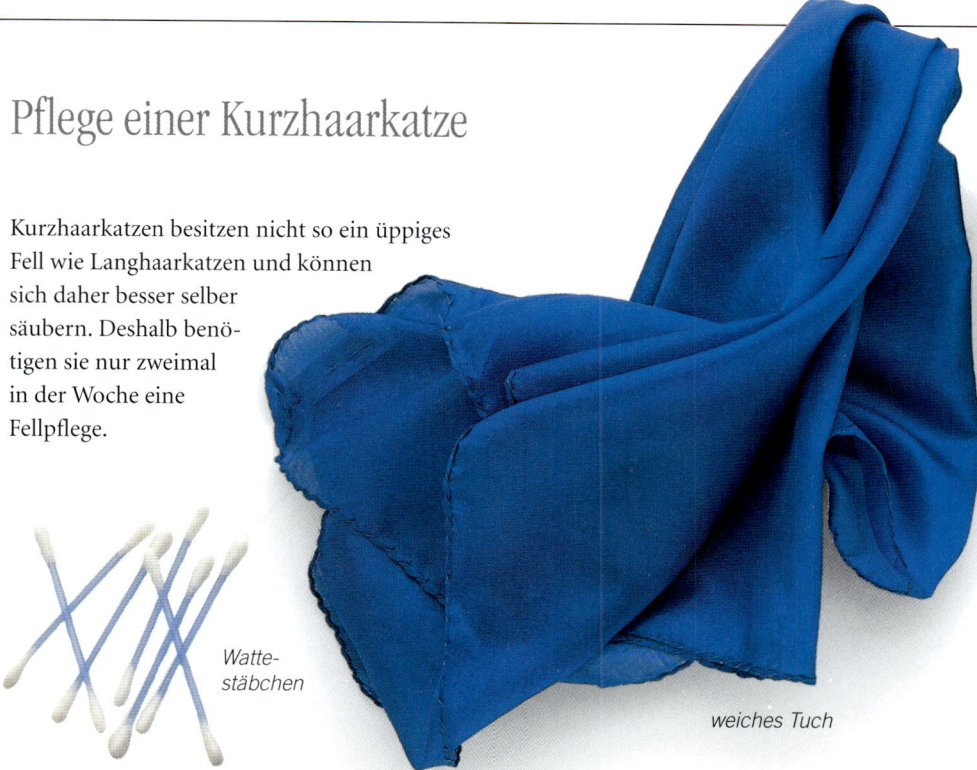

Watte-stäbchen

weiches Tuch

Bürste mit weichen Borsten

Gummibürste

Enggezähnter Kamm

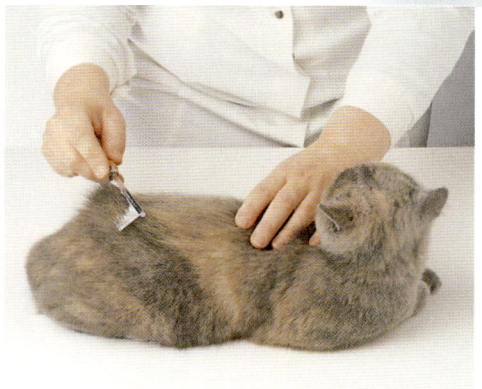

1 Mit einem enggezähnten Metallkamm gehen Sie das Katzenfell vom Kopf bis zum Schwanz durch. Beim Kämmen achten Sie bitte auf schwarze, glänzende Flecken – ein Anzeichen für Flöhe.

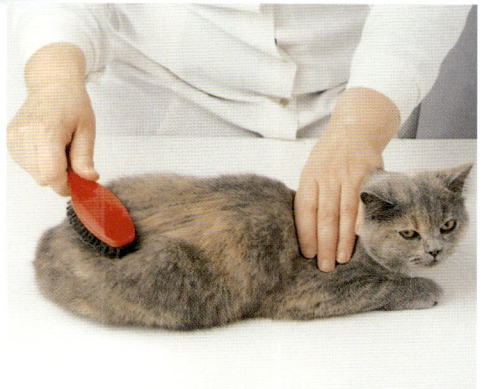

2 Benutzen Sie eine Gummibürste, um das Fell zu glätten. Wenn Sie eine Rexkatze haben, ist diese Gummibürste besonders wichtig, weil sie die Haut nicht zerkratzt.

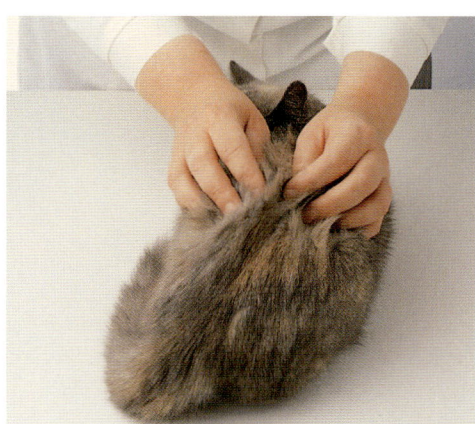

3 Nach dem Kämmen und Bürsten reiben Sie etwas Bayrum-Festiger ins Haar. Dadurch wird das überschüssige Fett aus dem Fell entfernt und die Leuchtkraft seiner Farbe verstärkt.

4 Abschließend »polieren« Sie das Fell mit einem Stück Seide, Samt oder Polierleder, um es zum Glänzen zu bringen.

KRALLENPFLEGE

Wenn Sie im Zweifel darüber sind, wie Sie die Krallen kürzen sollen, bitten Sie den Tierarzt, dies vorzunehmen oder es Ihnen zu zeigen.

KRALLEN KÜRZEN Benutzen Sie entweder eine sehr scharfe Schere, eine Nagelzange oder eine spezielle Krallenschere. Halten Sie das Tier fest und drücken Sie mit den Fingern gegen die Unterseite seiner Pfote, damit es die Krallen ausfährt.

Mark

Schnitt-linie

Harte Nagel-substanz

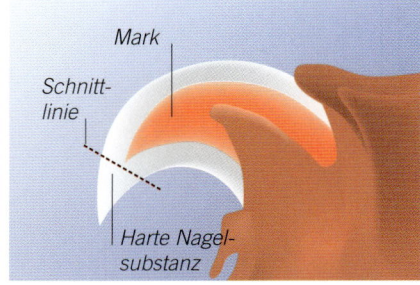

KATZENKRALLE Der größte Teil der Kralle enthält das rosafarbene Mark mit den Nerven und Blutgefäßen. Das dürfen Sie auf keinen Fall verletzen! Die weißen Spitzen bestehen aus totem Gewebe und können abgeschnitten werden, aber nur bis zu etwa zwei Millimetern vor dem Mark.

Pflege einer Langhaarkatze

Für Langhaarkatzen ist die tägliche Fellpflege lebensnotwendig. Ohne sie können sich Knoten von verfilztem Haar im Fell bilden. Zweimal fünfzehn bis dreißig Minuten am Tag für die Fellpflege sollten ausreichen. Wenn Sie trotz Ihrer besten Bemühungen auf eine stark verzottelte Haarpartie stoßen, halten Sie das Fell mit einer Hand fest und versuchen Sie, es mit der anderen zu entwirren. Schneiden Sie es nie mit einer Schere ab – es kann allzu leicht passieren, dass Sie bis auf die feine Haut der Katze vorstoßen und sie verletzen. Wenn Sie den Knoten nicht ohne größere Schwierigkeiten auflösen können, gehen Sie mit dem Tier zum Tierarzt.

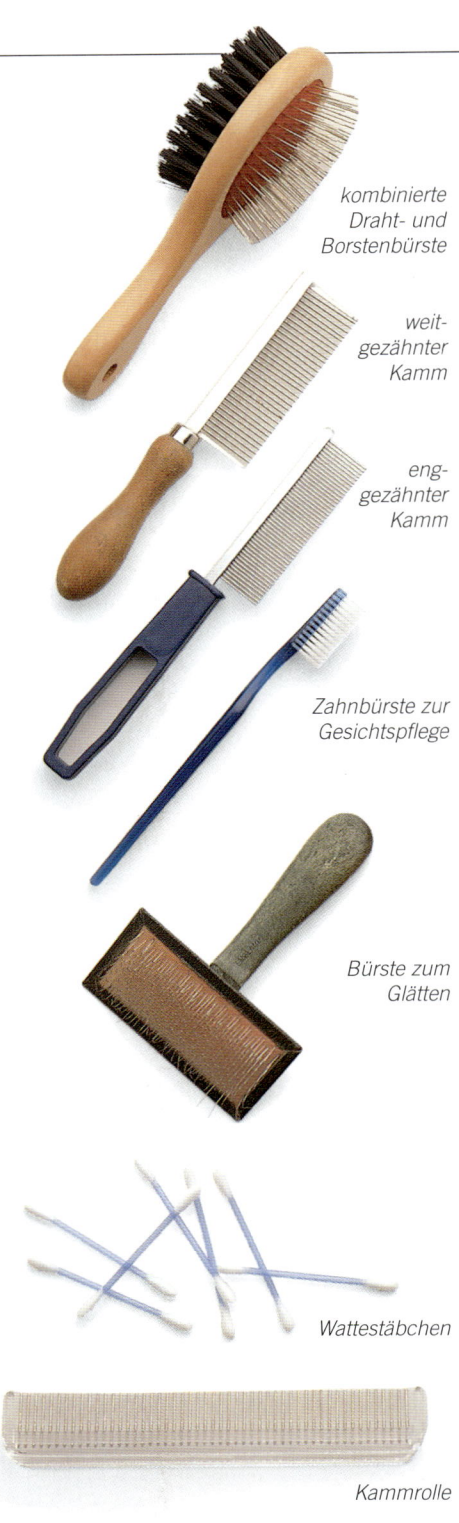

kombinierte Draht- und Borstenbürste

weit- gezähnter Kamm

eng- gezähnter Kamm

Zahnbürste zur Gesichtspflege

Bürste zum Glätten

Wattestäbchen

Kammrolle

1 Einmal in der Woche pudern Sie zu Beginn das ganze Fell in einzelnen Abschnitten ein. Dazu können Sie einen Pflegepuder verwenden oder eine Mischung aus Getreidemehl und Talkumpuder. Das gibt mehr Fülle und trennt die Fellhaare voneinander.

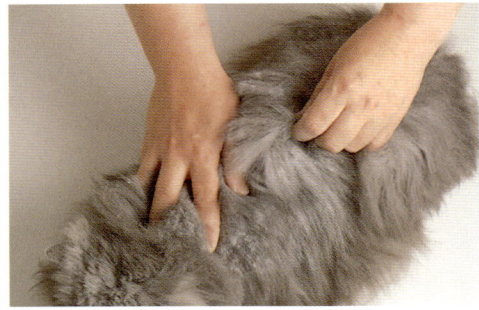

2 Verteilen Sie den Puder mit den Händen gut im Fell, achten Sie darauf, dass nicht einzelne Partien stärker eingepudert sind als andere. Die meisten Katzen lieben diese Behandlung, die sie offenbar als angenehme Ganzkörpermassage betrachten.

3 Mit einer echten Borstenbürste (die keine statische Elektrizität erzeugt und keine Haare abbricht) bürsten Sie die Katze gründlich von oben her durch. Das lockert das Fell und entfernt bereits Verunreinigungen und abgestorbene Haare.

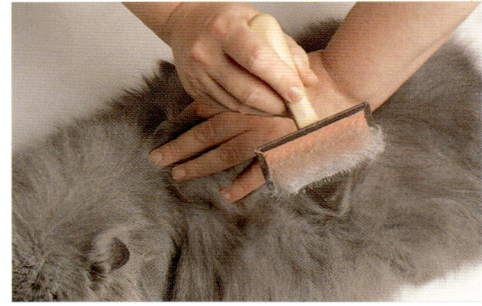

4 Wenn Sie mit dem Ergebnis zufrieden sind und alle Fellpartien bearbeitet haben, bürsten Sie das Fell am ganzen Körper abwechselnd von oben und unten, auch den Schwanz und die Bauchseite.

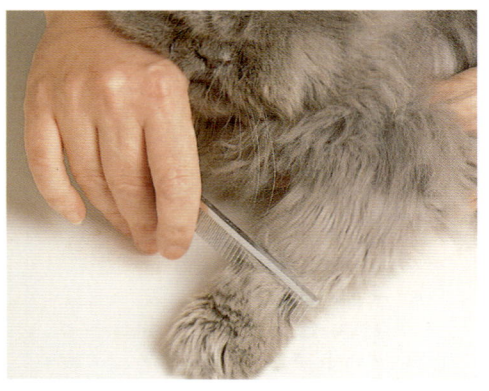

5 Nehmen Sie einen enggezähnten Kamm, um alle Knoten und Knäuel zu beseitigen.

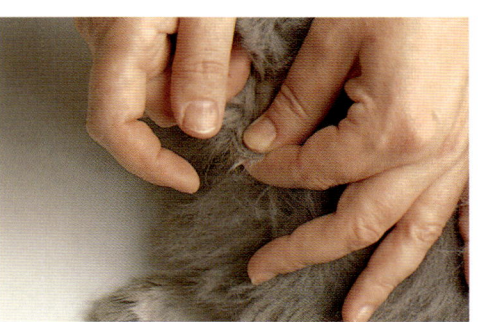

6 Sie können die Härchen oben am Ohr sanft auszupfen, damit die Ohren runder wirken, nötig ist das aber nicht.

7 Zum Schluss nehmen Sie eine Zahnbürste, um die Halskrause, die Seiten des Gesichts, die Stirn und die Nase in Form zu bringen. Seien Sie vorsichtig, damit Sie nicht zu nah an die Augen kommen.

Waschen

Ist das Fell Ihrer Katze sehr schmutzig geworden, sollten Sie ihr ein nasses oder trockenes Bad gönnen.

Wenn Ihre Katze sich heftig gegen Wasser sträubt, geben Sie ihr ein trockenes Kleiebad. Wenden Sie diese Methode aber nur bei Kurzhaarkatzen an, die nicht zu schmutzig sind. Erhitzen Sie zuerst ein bis zwei Pfund Kleie zwanzig Minuten lang bei 150 Grad Celsius in einem Ofen. Stellen Sie Ihre Katze dann auf eine Zeitung, und massieren Sie ihr die warme Kleie ins Fell. Nachdem das gesamte Fell mit Kleie bedeckt ist, kämmen Sie diese wieder heraus.

Das Waschen mit Wasser wird auf den Fotos gezeigt. Sie können sich glücklich schätzen, wenn Ihre Katze sich dabei so ruhig verhält wie unser Modell!

1 Benutzen Sie eine Wanne oder das Waschbecken. Schließen Sie alle Fenster und Türen. Legen Sie eine genoppte Gummieinlage hinein, damit die Katze nicht ausrutscht. Füllen Sie Wasser mit Körpertemperatur ein (testen Sie die Wärme mit Ihrem Ellenbogen).

2 Fügen Sie ein die Schleimhäute nicht reizendes Baby- oder Katzenshampoo hinzu, während Sie die Katze mit der anderen Hand festhalten.

3 Schäumen Sie das Fell ein, indem Sie es mit den Fingern sanft massieren. Seien Sie besonders vorsichtig mit dem Kopf, und passen Sie auf, dass weder Wasser noch Schaum in die Ohren und Augen gerät.

4 Spülen Sie den Schaum sorgfältig mit warmem Wasser ab – ein Sprühgerät ist dabei sehr nützlich.

5 Wickeln Sie die Katze in ein großes, angewärmtes Handtuch.

7 Die Katze sollte an einem warmen Platz bleiben, bis sie völlig trocken ist. Man kann auch einen Haarfön verwenden, wenn es die Katze nicht nervös macht – prüfen Sie die Wärme mit Ihrer Hand. Anschließend kämmen Sie das trockene Fell aus.

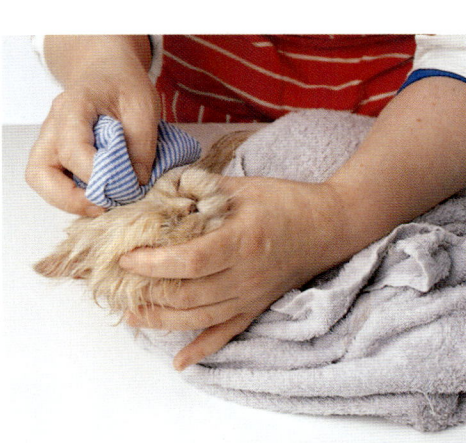

6 Jetzt waschen Sie ihr das Gesicht mit Baumwollwatte oder einem weichen Lappen, den Sie in warmes Wasser getaucht haben.

Die Gesundheit der Katze

Ein Katzenhalter braucht natürlich kein tiefschürfendes tierärztliches Wissen zu haben, es ist aber ganz nützlich, über einige Probleme, die auftreten können, Bescheid zu wissen.

DIE WAHL EINES TIERARZTES

Suchen Sie sich frühzeitig, und bevor Ihre neue Katze erkrankt, einen guten Tierarzt in Ihrer Gegend, der die nötigen Vorsorgeuntersuchungen vornimmt. Dieser wird Sie außerdem auf vorbeugende Medikamente oder besondere Pflegemaßnahmen hinweisen, falls Ihre Katze diese benötigen sollte. Er sollte über einen 24-Stunden-Bereitschaftsdienst für Notfälle verfügen.

Eine Tierarztpraxis, die auf Kleintiere spezialisiert ist, ist natürlich am besten. Andere Katzenbesitzer, Züchter und Tierkliniken in Ihrer Nähe werden Ihnen dabei behilflich sein, eine solche ausfindig zu machen. Es ist fast immer möglich, die Räume Ihres Katzendoktors nach vorheriger Vereinbarung zu besichtigen und dabei alle verfügbaren Einrichtungen zu sehen.

Ein Tierarzt hat üblicherweise ein tiermedizinisches und -chirurgisches Studium absolviert und musste sich dabei auch einige Zeit mit den besonderen Problemen der Feliden beschäftigen. Er kann also jederzeit helfen, wenn ein

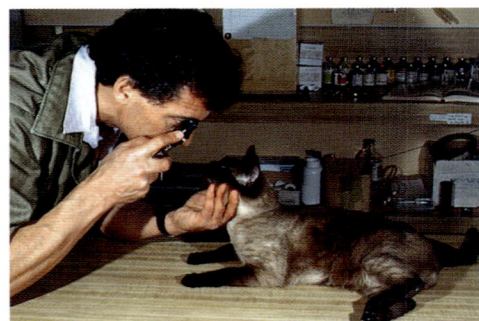

SPEZIELLES WISSEN Manche Tierärzte spezialisieren sich auf Katzenkrankheiten oder aber auf Erkrankungen bestimmter Körperteile.

Ernstfall eintritt, aber auch wenn Sie Fragen zur Züchtung, Ernährung oder anderen Aspekten der Behandlung Ihrer Katze haben. Versuchen Sie nicht, den Tierarzt zu belehren, nachdem Sie dieses Buch gelesen oder mit dem dogmatischen Züchter gesprochen haben, der Ihnen Ihre Katze beschaffte. Der Tierarzt kann Ihnen am besten einen unvoreingenommenen Rat geben.

Wenn Sie mit der tierärztlichen Behandlung Ihrer Katze nicht zufrieden sind, steht es Ihnen

natürlich immer frei, eine zweite Meinung einzuholen.

HÄUFIGE KRANKHEITEN

Katzen mögen neun Leben haben, aber sie sind wie Menschen und andere Geschöpfe gelegentlich nicht auf der Höhe und manchmal ernstlich krank. Das Studium feliner Krankheiten und ihrer Behandlung durch Medikamente oder chirurgische Eingriffe sind wichtige Bestandteile der tiermedizinischen Wissenschaft, und zum Teil gibt es auf diesem Gebiet viele wichtige neue Forschungsergebnisse. Erst kürzlich wurde z. B. ein Virus (FIV) entdeckt, der bei Katzen ein Immunschwäche-Syndrom erzeugt, in mancher Hinsicht ähnlich dem Aids-Virus, das Menschen befällt. Dieses Virus ist aber auf Menschen nicht übertragbar. Wie gut Ihr Tierarzt auch sein mag, es liegt in der Verantwortung des Besitzers, sich einige Grundkenntnisse über die häufig auftretenden Katzenkrankheiten anzueignen. Der Besitzer ist normalerweise der erste, der bemerkt, dass mit seinem Tier etwas nicht in Ordnung ist, und muss deshalb wissen, wann es tierärztliche Hilfe braucht und was man zur Wiederherstellung der Gesundheit tun muss.

Dieses Kapitel beschreibt die Symptome der häufigsten Katzenkrankheiten und erklärt, was Sie dagegen tun sollen und welche Behandlung der Arzt anwenden kann. Es werden einfache, nützliche Ratschläge für die Erste Hilfe gegeben, doch im Vordergrund steht die tierärztliche Behandlung, welche der jeweiligen Lage entsprechend, so sanft und kurz wie möglich ausgeführt werden sollte.

Der Mund

Symptome für Munderkrankungen sind Speichelfluss (Sabbern), Bepfoten des Mundes, übertriebene Kaubewegungen sowie vorsichtiges Kauen, so als habe die Katze eine heiße Kartoffel im Mund.

Den Mund sollten Sie von Zeit zu Zeit inspizieren, um festzustellen, ob alles in Ordnung ist. Zahnstein z. B., eine braune, zementartige Substanz, verursacht zwar keine Löcher in den Zähnen, aber Schäden am Zahnfleisch. Dadurch können sich Bakterien einnisten und es kann leicht zu Infektionen kommen, wodurch sich die Zähne lockern. (Bei Zahnstein treten immer auch Zahnfleischentzündungen auf.) Um der Bildung von Zahnstein vorzubeugen, bürsten Sie Ihrer Katze einmal wöchentlich die Zähne

mit einer weichen Zahnbürste oder mit Baumwollwatte, die Sie vorher in Salzwasser getaucht haben. Bringen Sie die Katze einmal jährlich zur Zahnreinigung zum Tierarzt.

Schauen Sie nach, ob keine Fremdkörper zwischen den Zähnen stecken. Oft geraten Knochenreste zwischen die Zähne und den Gaumen, und manchmal lagern sich Fischgräten zwischen zwei benachbarten Backenzähnen im hinteren Teil des Mundes ab. Vielleicht können Sie einen Fremdkörper mit dem Griff eines Teelöffels oder einem ähnlichen Instrument beseitigen. Wenn kein Fremdkörper da ist, halten Sie Ausschau nach weichen, roten, vereiterten Stellen auf der Zunge. Diese können entstehen, wenn die Katze an einer Substanz geleckt hat, die Reizungen verursacht. Weit häufiger aber ist daran ein Virus schuld, welches zur Gruppe der Katzenschnupfen erzeugenden Viren gehört, und das die Ulcerativa glossitis verursacht. Geschwüre dieser Art gehen einher mit starkem Sabbern, mangelndem Appetit und Mattigkeit. Suchen Sie einen Tierarzt auf, da eine antibiotische Injektion erforderlich sein kann, um einer Sekundärinfektion vorzubeugen.

Vergewissern Sie sich, dass kein Zahn Ihrer Katze locker sitzt oder erkrankt ist, indem Sie sanft jeden Zahn mit dem Finger oder einem Bleistift berühren. Wenn ein Zahn wackelt oder die Katze zeigt, dass sie Schmerzen hat, bringen

AUGENSALBE VERABREICHEN Eine Augensalbe können Sie auftragen, indem Sie die Tube parallel zum Auge halten und die Salbe auf die Augenoberfläche gleiten lassen.

AUGEN KONTROLLIEREN Das Vorfallen der »Nickhaut« zeigt immer eine Erkrankung an.

Sie sie zum Tierarzt. Geben Sie ihr kein Aspirin, um die Zahnschmerzen zu betäuben, denn Aspirin ist für Katzen giftig.

Machen Sie sich keine Sorgen, wenn einer älteren Katze viele Zähne gezogen werden müssen. Futter wie durchgedrehte gekochte Leber, Fisch und Getreidebrei mit Milch kann auch von einer zahnlosen Katze noch aufgenommen werden. Es ist allemal besser, wenn sie keine Zähne mehr hat, als wenn sie entzündetes Zahnfleisch und kranke Zähne besitzen würde, die weitere Leiden verursachen.

Die Augen

Entzündungen, Ausfluss, wässrige Augen oder bläuliche oder weiße Flecken auf der Augenoberfläche sind Anzeichen dafür, dass etwas mit den Augen der Katze nicht in Ordnung ist. Ein weiteres bekanntes Krankheitssymptom ist das Auftreten einer weißlichen Haut (Vorfall der Membrana nictatio, auch »Nickhaut« oder »drittes Augenlid« genannt) über einem Teil oder fast dem ganzen Auge, auf einer oder beiden Seiten, und zwar vom inneren Augenwinkel ausgehend.

Wenn das Auge entzündet ist, wenn auf ihm bläuliche oder weiße Flecke erkennbar sind oder wenn die Augenlider geschwollen sind, handelt es sich meist um eine Infektion, um eine Verletzung oder um eine Irritation auf Grund von Fremdkörpern wie z.B. Grassamen. Solche Krankheitsanzeichen bedürfen einer tierärztlichen Behandlung, denn wenn sie unbehandelt bleiben, kann das Auge allmählich in Mitleidenschaft gezogen werden, was möglicherweise zum Verlust der Sehkraft führt.

Bläuliche oder weiße Flecken, die auf der normalerweise durchsichtigen Hornhaut (cornea) auftauchen, sind keine Katarakte (Grauer Star). Letztere sind undurchsichtig, befinden sich an der Linse hinter der Pupille und rufen gleichfalls einen bläulichen oder weißen Effekt hervor, aber tiefer im Auge. Bei wenig Licht, wenn die Pupille erweitert ist, ist ein größerer Teil der undurchsichtigen Linse zu erkennen, und der Katarakt erscheint größer. Bei hellem Licht ist es genau umgekehrt.

Die Augen alter Katzen sehen manchmal so aus, als ob sie bläuliche Linsen hätten, aber das weist nicht unbedingt auf den Grauen Star hin. Ähnlich wie bei Menschen mittleren Alters wird dies vielfach durch eine Veränderung im Brechungsvermögen der Linsen bewirkt, die aber klar und transparent bleiben. Für solche Katzen besteht keine Gefahr, zu erblinden.

Die teilweise Bedeckung der Augen durch das »dritte Augenlid« ist ein bekanntes und sehr merkwürdiges Phänomen. Es ist kein Anzeichen für eine beginnende Erblindung und kommt sogar oft bei Katzen vor, die sonst gesund zu sein scheinen. Manchmal ist es auf eine Gewichtsabnahme zurückzuführen, bei der das Auge tiefer einsinkt, wenn die Fettschicht um das Auge abnimmt. Das Vorfallen der Nickhaut kann aber auch ein frühes Symptom für einen Katzenschnupfen sein. Beobachten Sie das Tier gut und gehen Sie mit ihm, wenn ein weiteres Symptom hinzukommen sollte, zum Tierarzt. Bleibt der Zustand konstant, ohne dass sich andere Symptome zeigen, versuchen Sie, der Katze mehr Futter zu geben und fügen Sie der Nahrung täglich 50 Mikrogramm Vitamin B$_{12}$ zu, oder geben Sie es der Katze in Tablettenform.

Der Tierarzt verfügt über viele Möglichkeiten, die verschiedenen Augenkrankheiten zu behandeln. Er kann eine Lokalanästhesie anwenden, um das Auge während der Entfernung von Fremdkörpern zu betäuben, er kann Medikamente nicht nur in Form von Salben und Tropfen verabreichen, sondern auch durch Injektionen unter die Konjunktiva (Bindehaut). Er kann das Augeninnere mit Hilfe eines Ophthalmoskops untersuchen, er kann Bakterien, die Infektionen bewirken, identifizieren, indem er einen Abstrich von der Tränenflüssigkeit macht. Augenleiden wie Schielen, verstopfte Tränenkanäle und Grauer Star können auf chirurgischem Wege behoben werden.

Die Nase

Die häufigsten Probleme, die eine Katze mit ihrer Nase haben kann, sind eine Laufnase, feuchte Nasenlöcher, Schniefen und Niesen.

Symptome, die beim Menschen eine normale Erkältung anzeigen, bedeuten in der Regel den Ausbruch eines Katzenschnupfens, der tierärztlicher Behandlung bedarf. Nach einem überstandenen Katzenschnupfen bleiben viele Katzen noch monate-, ja jahrelang verschnupft.

Wenn Ihre Katze schnieft, waschen Sie ihr die empfindliche Nasenspitze mit warmem Wasser, entfernen Sie dabei den angetrockneten Schleim, und geben Sie ihr ein wenig Vaseline in die Nase.

Die Ohren

Wenn Ihre Katze anfängt, den Kopf zu schütteln, sich am Ohr zu kratzen oder ihren Kopf auf eine Seite zu neigen, was manchmal mit dem Verlust des Gleichgewichtes und einem torkeligen Gang einhergeht, dann sind dies Anzei-

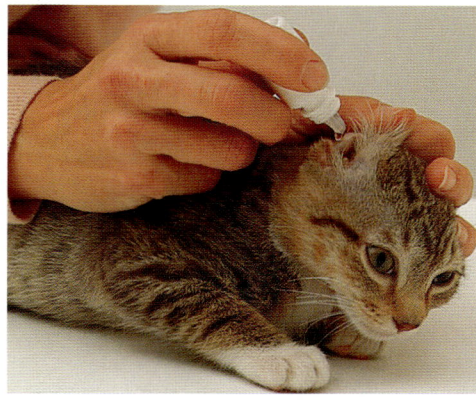

OHRENTROPFEN VERABREICHEN Nachdem Sie die Tropfen in das Ohr geträufelt haben, klappen Sie die Ohrmuschel darüber und massieren Sie das Ohr sanft.

chen für eine Ohrerkrankung. (In seltenen Fällen können die letztgenannten Symptome auch auf eine Gehirnerkrankung hinweisen.) Andere Symptome schließen das plötzliche »Sich-Aufblähen« einer Ohrmuschel ein, die Anwesenheit winziger weißer »Insekten«, die sich langsam im äußeren Gehörgang bewegen, sowie einen übelriechenden schokoladenfarbenen oder eitrigen Ausfluss.

Wenn ein Ohrenleiden plötzlich ausbricht, so träufeln Sie reichlich körperwarmes Paraffinöl in das betroffene Ohr.

Das Schrägstellen des Kopfes und der Verlust des Gleichgewichtes können eine Mittelohrentzündung ankündigen. Das Mittelohr befindet sich hinter dem Trommelfell. Eine Infektion erreicht dieses Gebiet im Allgemeinen über die Eustachische Röhre, die von der Kehle ausgeht,

JUCKREIZ IN DEN OHREN Wiederholtes Kratzen am Ohr verlangt eine Untersuchung.

deshalb sind an der Infektion oft auch der Hals und die Atemwege beteiligt. Hier ist sofortige Hilfe durch den Tierarzt erforderlich. Moderne Medikamente wirken direkt auf die Entzündung im Mittelohr ein und können in den meisten Fällen einen dauerhaften Schaden am Gleichgewichtsorgan sowie die Ausbreitung der Infektion auf das Gehirn verhindern.

Ein plötzlich aufgeblähter Ohrlappen ist die Folge einer Blutung und der Bildung einer großen Blutblase oder eines Hämatoms. Meistens entsteht er durch häufiges Kratzen am Ohr oder durch den Schlag oder Biss eines anderen Tieres. Die Katze ist dann beunruhigt, dass das Ohr so seltsam schwer wird, und sie schüttelt den Kopf, um das Gewicht zu verlagern. Das Hämatom ist nicht schmerzhaft wie etwa ein Abszess, es sei denn, es kommt zu einer Sekundärinfektion, was aber nur selten geschieht. Es ist vergleichbar mit den angeschwollenen Stellen von Boxern, die »Treffer« einstecken mussten. Ohne Behandlung gerinnt das Blut im Hämatom und schrumpft zu einer knubbeligen Narbe zusammen, welche den Ohrlappen schrumpeln lässt.

Der Tierarzt kann eine Entstellung verhindern, indem er unter Vollnarkose das Blut entfernt; dies geschieht meist durch einen Einschnitt. Anschließend näht er den Einschnitt, wobei er zum Fixieren Stahlknöpfe verwendet, die etwa eine Woche lang an Ort und Stelle bleiben müssen. Dieser Eingriff ist keine allzu ernste Angelegenheit, und die Erfolgsquote ist sehr hoch. Trotzdem muss die Ursache für das Kratzen am Ohr untersucht werden, um eine Wiederholung zu vermeiden.

Wenn Ihre Katze häufig mit den Ohren zuckt, die Ohren trocken sind, aber »Insekten« aufweisen – es handelt sich um die Ohrräudemilben –, geben Sie ihr einige Tropfen gegen Ohrräude, die Sie in der Tierhandlung erhalten.
Jede Art von Ohrausfluss bedeutet, dass die Katze Behandlung braucht.

Der Brustraum

Katzen können an Bronchitis, Lungenentzündung und Rippenfellentzündung erkranken. Die allgemeinen Anzeichen dafür sind Husten, Keuchen und schweres Atmen.

Husten und Niesen können aber auch Symptome eines Katzenschnupfens sein, der gleichfalls von einem Virus verursacht wird. Diese Erkrankung kann unterschiedlich verlaufen. Manchmal tritt zusätzlich eine sekundäre, bakterielle Lungeninfektion auf, die sogar zum Tod führen kann. Ein Katzenschnupfen ist keine typische Erkrankung für kaltes, feuchtes Wetter. Im Gegenteil, vielfach bricht der Katzenschnupfen epidemieartig im Sommer aus – und besonders während der heißen Urlaubsmonate in Katzenheimen. Schützen Sie Ihre Katze davor, indem Sie sich vergewissern, dass sie dagegen geimpft worden ist und dass die Impfung regelmäßig wiederholt wird. Übrigens besteht zwischen dem Schnupfen beim Menschen und dem Katzenschnupfen kein Zusammenhang.

Schweres Atmen ohne die Symptome einer Erkältung kann ein Anzeichen für eine Rippenfellentzündung sein oder bei älteren Katzen auch auf eine Herzerkrankung hinweisen.

Halten Sie eine Katze mit einem Brustleiden warm und trocken. Sorgen Sie dafür, dass sie

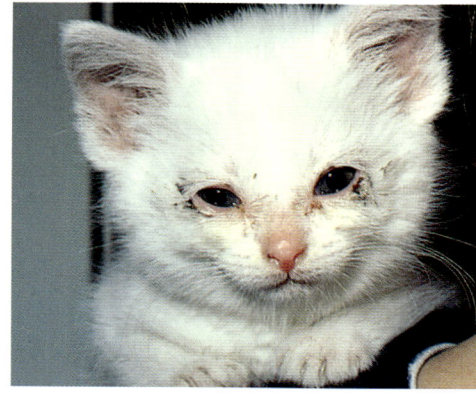

FOLGEN DES KATZENSCHNUPFENS Dieses arme Kätzchen hat den typischen Gesichtsausdruck während eines Katzenschnupfens.

sich nicht anstrengt, und geben Sie ihr nahrhaftes Futter, entweder fein passiert oder in flüssiger Form. Auch ein Tropfen Brandy oder Whisky kann dazugegeben werden. Halten Sie die Nasenlöcher der Katze soweit möglich frei, indem Sie sie abwischen, und reiben Sie sie mit ein wenig Vaseline ein. In leichten Fällen, wenn die Katze weiterhin ihr Futter zu sich nimmt und die Atmung nicht allzu schlecht ist, kann man ihr teelöffelweise warmen Fenchel- oder Kamillentee einflößen.

Ernstere Fälle müssen vom Tierarzt behandelt werden, der Antibiotika, Medikamente, die den Schleim in der Lunge lösen, und wenn das Herz in Mitleidenschaft gezogen wurde, besondere Herzmittel verabreichen wird. Sammelt sich bei einer Rippenfellentzündung in der Brust Flüssigkeit an, so wird der Tierarzt die Katze unter Einfluss von Beruhigungsmitteln punktieren. Viele Katzen mit schwachem Herz können ein langes, glückliches Leben führen, wenn ihr Problem erkannt und sofort einer entsprechenden Behandlung unterzogen wurde.

Magen und Darm

Anzeichen für Störungen im Magen-Darm-Trakt sind Erbrechen, Durchfall, Verstopfung und Blut im Kot. Es gibt zahlreiche Ursachen für jedes dieser Symptome, und manchmal kommen mehrere zusammen. Hier werden die häufigsten Ursachen beschrieben, ohne jedoch alle Krankheiten der Verdauungsorgane aufzuzählen.

Erbrechen kann leicht und vorübergehend auftreten und auf eine harmlose Mageninfektion (Gastritis) oder einen Haarball zurückzuführen sein. Wenn es aber länger anhält und von anderen Symptomen begleitet wird, kann es eine schwere Erkrankung wie Katzenseuche, Tumore oder einen Darmverschluss anzeigen.

Leichter Durchfall wird meist durch zu häufige Fütterung mit Leber verursacht oder durch eine Darminfektion. Er kann aber auch ernsthafte Ursachen haben wie z.B. Katzenseuche.

Verstopfung kann durch Alter oder eine falsche Ernährung bedingt oder auch Anzeichen einer Darmblockierung sein. Blut im Stuhl lässt verschluckte Knochensplitter vermuten, welche die Darmwände verletzt haben. Es kann sich dabei aber auch um einen Nebeneffekt einer akuten Lebensmittelvergiftung handeln.

Verlassen Sie sich in solchen Situationen auf Ihren gesunden Menschenverstand. Falls irgendeines dieser Symptome länger als ein

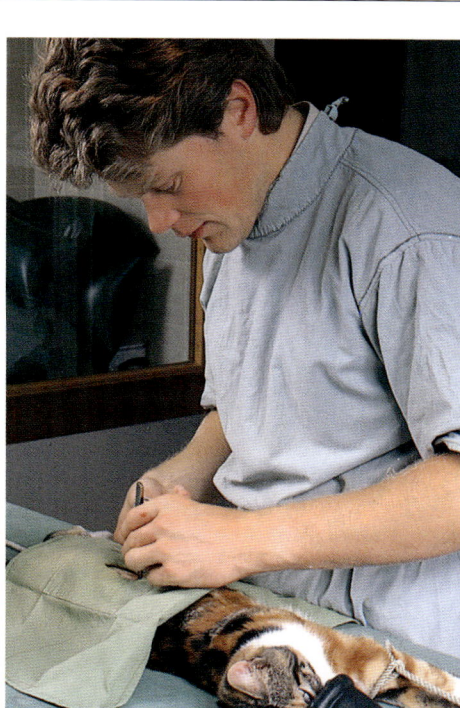

KASTRATION Dieses Weibchen wird unter Narkose kastriert.

paar Stunden anhält oder von großer Unpässlichkeit und Schwäche der Katze begleitet wird, brauchen Sie fachkundige Hilfe. Denken Sie daran, dass der Verlust von Wasser und Salz durch Erbrechen oder Durchfall ernste Folgen haben kann. Um Dehydrierung und Schwäche zu bekämpfen, geben Sie dem Tier löffelweise kleine Mengen von Wasser mit Glukose, die Sie nach Ihrem Geschmack mit Tafelsalz würzen, und zwar so häufig wie möglich. Wenn Erbrechen das Hauptsymptom ist, geben Sie kein festes Futter, sondern einen flüssigen Ersatz. Auch ein halber Teelöffel Lefax – ein Mittel für Babys, die Bauchschmerzen haben, – kann gegeben werden; geben Sie aber weder Milch noch Alkohol.

Ist das Hauptsymptom Durchfall, so beschränken Sie sich auf Flüssigkeitszufuhr. Ein sicheres Mittel ist etwa eine drittel Tasse starker, gesüßter Kaffee in Körpertemperatur, den man mit einer Einlaufspritze (ohne Nadel) für Menschen in den After einführt. Das muss man langsam und sanft machen. Ein Teelöffel Kaopektat kann man in den Mund flößen, nehmen Sie aber kein für Menschen bestimmtes Medikament gegen Durchfall, das Kaolin und Morphine enthält.

Im Anfangsstadium der Verstopfung können Sie versuchen, der Katze zwei oder drei Teelöffel Paraffinöl einzugeben. Hier eignen sich optimal die kleinen, gebrauchsfertigen Einwegspritzen, die man beim Apotheker bekommt. Nehmen

Sie die Menge, die für Menschen empfohlen wird, circa ein halbes bis ganzes Röhrchen. Wenn die Verstopfung chronisch ist, fügen Sie der Nahrung Ballaststoffe zu *(siehe Seite 184)*.

Ernste oder hartnäckige Fälle von Verstopfung müssen vom Tierarzt behandelt werden. Er kann den Verdauungstrakt mit den Fingern abtasten, mit Hilfe von Kontrastmitteln röntgen, oder aber mit dem Gastroskop untersuchen. Manchmal ist eine Operation notwendig, um eine Erkrankung diagnostizieren zu können.

Infektionskrankheiten

Die Katzenseuche (Feline Enteritis), eine der gefährlichsten Viruserkrankungen bei Katzen, greift nicht nur den Darm an, sondern auch die Leber und die weißen Blutkörperchen. Sie kann innerhalb von einigen Stunden zum Tode führen. Die Symptome sind unterschiedlich und Durchfall tritt nicht immer auf. Auch wenn der Tierarzt das Virus nicht bekämpfen kann, wird er vermutlich Antibiotika einsetzen, die gegen Sekundärinfektionen Wirkung zeigen. Er kann mit Sicherheit die Katze vor Dehydrierung durch Flüssigkeitsverlust bewahren, indem er ihr Kochsalz-Infusionen verabreicht. Das beste Mittel gegen diese fürchterliche Krankheit ist die Vorsorge. Lassen Sie deshalb Ihre Katze regelmäßig gegen Katzenseuche impfen.

Die infektiöse Anämie ist eine Krankheit, die durch den Erreger Hämobartonella verursacht wird. Die Bakterien werden vermutlich über Kratz- und Bisswunden sowie durch stechende Insekten (Flöhe) übertragen. Die oft nicht eindeutigen Symptome können lange anhalten. Es sind Mattheit, Gewichtsverlust, Blässe der Schleimhäute, Appetitlosigkeit und vereinzelt Gelbsucht. Zur Zeit gibt es keine Impfung gegen diese Erkrankung.

Die Feline Infektiöse Peritonitis (FIP) ist eine virale Bauchfellentzündung. Gewöhnlich befällt sie Katzen unter drei Jahren. Die Symptome sind ein ständig wachsender Leibesumfang, Appetitlosigkeit und Fieber. Auch gegen diese Krankheit gibt es keine Impfung. Eine Behandlung ist möglich, aber die Prognosen sind im Allgemeinen schlecht.

Die Katzenleukämie wird vom Felinen Leukämievirus (FeLV) verursacht. Die Krankheit ähnelt der Erkrankung bei Menschen, das Virus kann aber Menschen oder andere Tiere nicht infizieren. Die Symptome können sehr unterschiedlich sein, da die Krankheit den Unterleib, die Nieren, die Thymusdrüse oder die Augen befällt. Die Behandlung ist schwierig, vorsorgliche Impfungen sind jedoch sehr wirksam.

Die Infektion durch das Feline Immunschwächevirus (FIV) kann ebenfalls eine Reihe von Symptomen aufweisen, die beinahe jeden Körperteil der Katze betreffen. Infizierte Katzen können jahrelang frei von Symptomen sein. Man glaubt, dass diese Krankheit durch infizierten Speichel bei Bisswunden übertragen wird. Es gibt keine Behandlungsmethode gegen dieses Virus und auch keine wirksame Impfung.

Das Harnwegssystem

Erkrankungen des Harnwegssystems zeigen sich durch Schwierigkeiten beim Harnlassen, Blut im Urin, Gewichtsverlust und außergewöhnlich großen Durst.

Hat eine Katze Probleme, Urin zu lassen, könnte man irrtümlich annehmen, dass sie an Verstopfung leidet. Stattdessen kann sie aber »Harngrieß« haben. Katzen, die vorwiegend Trockenfutter oder zu wenig Wasser bekommen, oder Kater, die sehr früh kastriert wurden, sind besonders anfällig für diesen »Grieß«, eine Ablagerung von Salzkristallen in der Blase, die unter Umständen die Harnröhre (Urethra) männlicher Tiere blockieren kann. Wenn die Blase übervoll ist und gespannt wie eine Trommel, leidet das Tier so sehr an Schmerzen, dass es sich weigert, sich anfassen zu lassen. Es dreht sich dann meist häufig um, um ärgerlich auf sein Hinterteil zu schauen und zu fauchen. Bringen Sie Ihre Katze zur Behandlung zum Tierarzt, und versuchen Sie nicht, die angeschwollene Blase selber auszudrücken, denn sie ist sehr leicht verletzbar.

Blut im Urin zeigt im Allgemeinen eine Blaseninfektion (Zystitis) an. Sie tritt häufiger bei Weibchen auf und verlangt gleichfalls eine tierärztliche Behandlung.

Gewichtsverlust und übermäßiger Durst, besonders bei alten Katzen, können auf eine Nierenerkrankung hinweisen, aber auch auf andere Krankheiten einschließlich Diabetes.

Zu den vorbeugenden Maßnahmen gegen Erkrankungen der Harnwege gehört, dass die Katze immer einen ausreichenden Anteil an Feuchtfutter aufnimmt und dass ihr reichlich frisches Wasser zur Verfügung steht. Ein Kater sollte nicht zu früh kastriert werden.

Der Tierarzt kann Erkrankungen des Harnwegssystems mit Antiseptika und Antibiotika behandeln. Er kann die Blase einer Katze schmerzlos katheterisieren, um Blockaden zu beseitigen und Urinproben für die Analyse zu entnehmen. Die Nieren können unter Anwendung eines Kontrastmittels geröntgt werden und wenn nötig, können Blase und Harngang operiert werden.

Die Genitalien

Das häufigste Symptom für eine Infektion im Genitalbereich von Katzenweibchen ist ein eitriger Ausfluss aus der Vagina, der weiß, rosa, gelb oder braun sein kann. Katzen, von denen man weiß, dass sie trächtig sind, sollen dann sofort zum Tierarzt gebracht werden. Bei nicht trächtigen Weibchen kann es ein Zeichen für eine Infektion der Gebärmutter sein (oft nach einer Geburt von Jungen) oder der Anfang der hormonell bedingten Krankheit Pyometra (Gebärmuttervereiterung). Diese kommt meist bei jenen Weibchen vor, die nie oder nur ein einziges Mal Junge gehabt haben. Die Erkrankung gleicht einer septischen Infektion und kann das Tier durch die Absorption der eiterähnlichen Flüssigkeit, die die Gebärmutter ausdehnt, sehr schwächen. Glücklicherweise ist diese Flüssigkeit in vielen Fällen steril. Die Pyometra ist keine Infektionskrankheit, aber auch sekundäre bakterielle Erkrankungen stellen eine Gefahr für die Katze dar.

Wenn Sie nicht selber züchten wollen, so lassen Sie das Weibchen kastrieren, solange es noch jung ist. Falls ein Ausfluss auftritt, reinigen Sie das Gebiet der Vulva mit warmem Wasser und einem milden Antiseptikum, und bringen Sie die kleine Patientin zum Tierarzt.

Der Tierarzt kann eine Hormonbehandlung in Kombination mit Medikamenten verschreiben welche die Zunahme der Flüssigkeit in der Gebärmutter reduzieren, und Antibiotika, um andere Bakterien zu stoppen. Die wirksamste Methode ist jedoch der chirurgische Eingriff: die Entfernung der erkrankten Gebärmutter (Hysterektomie) durch einen Schnitt an der Seite oder in der Bauchmitte unter Vollnarkose. Befindet sich die Katze in einem schwachen und mitgenommenen Zustand, wird der Tierarzt die Operation zunächst zurückstellen und versuchen, die allgemeine Verfassung mit Vitaminen, antitoxischen Medikamenten und Antibiotika zu stärken.

Die Haut

Es gibt bei Katzen viele Arten von Hautkrankheiten. Verräterische Anzeichen dafür sind u.a. dünne oder kahle Stellen im Fell, Kratzen und nasse oder trockene Entzündungen.

Krätzeartige Lichtungen des Fells am Rumpf mit feuchtem, rotem Schorf gehören zu den bekanntesten Hautkrankheiten. Man nennt dieses Leiden oft »Fisch-Ekzem«, es hat aber nichts mit dem Verzehr von Fisch zu tun, sondern ist drüsenbedingt.

Hautparasiten – Flöhe, Läuse, Zecken und Milben – kommen am häufigsten bei heißen Temperaturen vor. Flöhe und die seltener auftretenden Läuse und Zecken können dem Fell Schaden zufügen. Ein einziger Floh im Fell einer Katze kann eine umfangreiche juckende Hautirritation als allergische Reaktion auf die Speichelabsonderungen und Bisse des Flohs hervorrufen.

Im Spätsommer zeigen orangefarbene Flecken im Kopffell und an den Ohren oder zwischen den Zehen einen Befall mit Herbstgrasmilben an. Die unangenehme Räude, die durch eine mit bloßem Auge unsichtbare Milbe verursacht wird, kann zu trockenen Stellen an Kopf und Ohren führen, die aussehen, als seien sie durch Motten entstanden.

Falls Sie bei Ihrer Katze Hautparasiten entdecken oder vermuten, fragen Sie in der Zoo-

---

FLÖHE – ANZEICHEN UND BEKÄMPFUNG

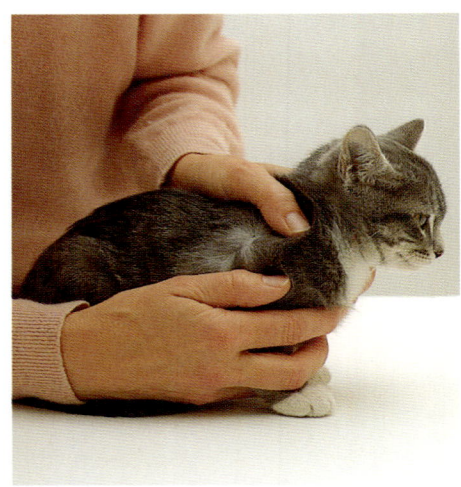

1 *Wenn Sie genau hinsehen, werden Sie im Fell dieser Katze einen Floh entdecken.*

2 *Geben Sie einen Puder (oder ein Spray) gegen Hautparasiten auf das Fell. Augen, Nase und Mund werden ausgespart.*

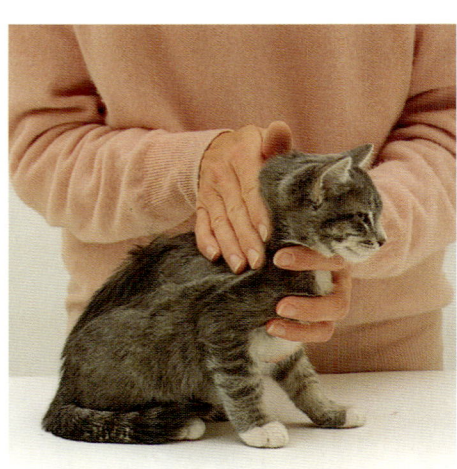

3 *Streichen Sie den Puder sanft und »gegen den Strich« ins Fell ein.*

4 *Kämmen Sie den überschüssigen Puder aus dem Fell.*

DRASTISCHE MASSNAHMEN Ein fortgeschrittener Fall von Ringflechte. Die Katze musste für die Behandlung stark geschoren werden. Die meisten Fälle verlaufen weniger dramatisch.

handlung oder Apotheke nach Puder oder Spray gegen Parasitenbefall speziell bei Katzen. Verwenden Sie bei Katzen niemals DDT!

Lassen Sie wenn nötig die Ursache für die Hauterkrankung von einem Tierarzt klären. Er kann auf die Krankheit abgestimmte Medikamente verordnen, muss aber unter Umständen für die Analyse eine Probe entnehmen, um die Diagnose erstellen zu können. Bei der Ringflechte, die bei Katzen, ähnlich wie bei Menschen und Rindern, sehr schwere Formen annehmen kann, ist es z.B. erforderlich, eine Pilzkultur der Katzenhaare unter ultraviolettem Licht zu prüfen.

Ringflechte kann heute mit Hilfe von oral einzugebenden Medikamenten behandelt werden, Räude äußerlich durch Bäder, Cremes und Sprays oder auch durch Tabletten, die über die Blutbahn wirken. Das »Fisch-Ekzem« wird mit Hormontabletten behandelt.

Spulwürmer

Diese können, besonders bei Kätzchen, Darmstörungen herbeiführen. Spulwürmer sind auf den Menschen übertragbar und können z.B. Babys ernsthaften Schaden zufügen.

Befreien Sie Ihre Katze von Spulwürmern, indem Sie ihr regelmäßig alle drei Monate ein Wurmmittel geben, und zwar ihr Leben lang.

Bandwürmer

Diese Würmer bereiten der Katze meistens keine großen Probleme, können aber gelegentlich auf den Menschen übertragen werden.

Um diesem Übel vorzubeugen, halten Sie Ihre Katze frei von Flöhen, weil diese als Zwischenwirt der Bandwurmlarven fungieren. Wenn Sie Bandwurmsegmente (sie sehen wie gekochte Reiskörner aus) im Stuhl oder im Fell um den After entdecken, geben Sie der Katze ein erprobtes Bandwurmmittel. Es gibt mittlerweile sehr gute Mittel, die gleichzeitig gegen

Spulwürmer und Bandwürmer wirken und regelmäßig gegeben werden sollten. Sie sind in der Apotheke erhältlich.

Bisse und andere Wunden

Katzen werden oft gebissen, besonders unkastrierte Kater, die sich in »schlechte Gesellschaft« begeben. Die Bisswunden neigen dazu, sich zu entzünden, und können bösartige Formen annehmen wie z.B. Abszesse, die auf dem Rumpf großflächige leichte Schwellungen hervorrufen. Da sie durch das Fell verborgen bleiben, ist es nicht immer einfach, sie mit dem Finger ausfindig zu machen. Als einziger Anhaltspunkt dienen Anzeichen von Schmerzen, welche die Katze erkennen lässt, wenn man sie anfasst. An den Gliedmaßen und am Schwanz, wo die Knochen dicht unter der Oberfläche liegen, erreichen die Bakterien in der Regel die Knochenhaut, wenn der Fangzahn des Angreifers in die Haut eindringt. Wenn nicht rasch eine Behandlung erfolgt, kann bei Bissen in den Schwanz dieser gangränös werden. Entzündete Wunden an den Füßen können auffallend dicke Klumpfüße bewirken.

Sobald Sie eine Bisswunde entdecken, schneiden Sie das Haar ringsum mit einer Schere bis auf die Haut ab. Tragen Sie eine dreiprozentige Wasserstoffperoxyd-Lösung auf. Antiseptische Salben sind von wenig Nutzen, weil die Bakterien beim Biss bereits in die Blutbahn eingedrungen sind. Eine lang wirkende Penizillinspritze, vom Tierarzt verabreicht, ist hier das beste Mittel.

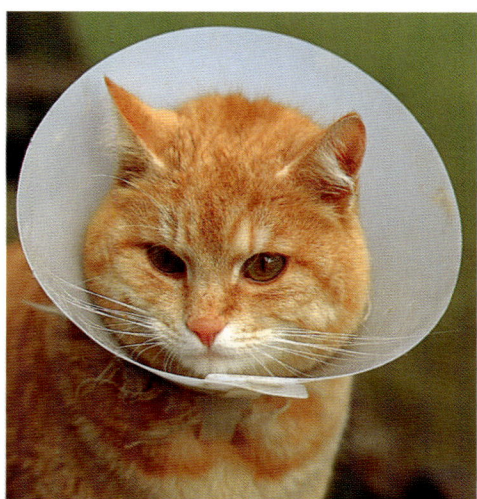

WUNDEN SCHÜTZEN Ein »Kragen« hindert die Katze daran, den Heilungsprozess von chirurgischen Wunden, entzündeten Ohren oder anderen Verletzungen am Kopf zu stören.

Wenn man feststellt, dass das Tier einen Abszess hat, geschwollene Gliedmaßen oder einen entzündeten Schwanz, ist immer tierärztliche Hilfe erforderlich.

Andere Wunden, bei denen die Haut verletzt wurde, sollten in leicht antiseptischem Wasser warm gebadet werden, dann abgetrocknet und mit einem antiseptischen Puder betäubt werden.

Tierärztliche Behandlung ist erforderlich bei Wunden, die so groß sind, dass sie genäht werden müssen. Für kleine schmutzige Wunden und besonders für ältere Verletzungen oder Stichwunden ist eine Behandlung mit Antibiotika wichtig.

Menschen, die von Katzen gebissen oder gekratzt wurden, sollten diese Wunden nie vernachlässigen, denn es besteht immer die Möglichkeit einer Infektion durch die Erreger des »Katzen-Kratz-Fiebers« oder von einer Bakterie, die oft im Mund von Katzen gefunden wird, der *Pasteurella septica*.

Geschwülste und Beulen

Möglicherweise entdecken Sie einmal irgendwo am Körper Ihrer Katze eine Wucherung, eine Verdickung oder Schwellung, vielleicht an einem Bein, am Augenlid oder am Bäuchlein. In der Mehrheit der Fälle ist es unwahrscheinlich, dass es sich um einen Tumor handelt, egal ob er gut- oder bösartig ist. Es handelt sich eher um Blutblasen, Entzündungen oder verfilzte Haarbällchen.

Gelegentlich treten bei Katzen jedoch Tumore auf, und ein kleiner Prozentsatz von ihnen kann bösartig sein. Werden sie frühzeitig entdeckt, also wenn sie noch klein sind, ist es für den Tierarzt leichter, sie zu entfernen. Tumore neigen dazu, sich langsam zu entwickeln, während Entzündungen eher wie aus heiterem Himmel auftreten.

DAS ALTER

Auch Katzen werden älter. Sollte Ihre Katze länger als 17 Jahre leben, so hat sie ein hohes Alter erreicht. Sehr wenige Tiere werden noch älter; der Rekord liegt derzeit bei 34 Jahren, aufgestellt von einem Tabbyweibchen in Devon, England.

Alte Katzen brauchen besondere Aufmerksamkeit und viel Verständnis. Der Körper einer Katze verändert sich mit zunehmendem Alter, und oft werden alte Katzen ziemlich dünn. Das kann Hand in Hand gehen mit einem abneh-

FIT IM ALTER Diese ehrwürdige, 17 Jahre alte Katze befindet sich in ausgezeichnetem Zustand.

menden oder sogar erhöhten Appetit. Ältere Katzen oder Kater können einen größeren Flüssigkeitsbedarf haben als in früheren Zeiten. Einige dieser Veränderungen sind das Ergebnis einer nachlassenden Leber- oder Nierenfunktion, die, wenn andere Symptome fehlen, vom Tierarzt nur schwer bekämpft werden können.

Zeigt Ihre Katze einen größeren Appetit als üblich, lassen Sie ihre Mahlzeiten etwas üppiger ausfallen oder noch besser, geben Sie ihr mehrere Mahlzeiten am Tag. Hochwertiges Eiweiß (Fisch, Fleisch und Geflügel) und ein reichliches Angebot von Gemüsen und Früchten sind für Katzen-Pensionäre sehr wichtig. Geben Sie der Katze mehr Wasser oder Milch, wenn sie danach verlangt, denn es kann gefährlich für sie sein, wenn ihr zunehmender Durst ignoriert wird.

Im hohen Alter kann ein größerer Bedarf an hochwertigem Protein zu Darmträgheit und Verstopfung führen. Obgleich in Öl eingelegter Fisch, wie Sardinen in Dosen, die Darmtätigkeit unterstützt, besteht das Grundübel im Allgemeinen darin, dass die Katze nicht genügend Ballaststoffe bekommt, welche die Darmtätigkeit anregen. Ein wenig Paraffinöl unters Futter gemischt kann gelegentlich als Laxativ verwendet werden (ein- bis zweimal in der Woche zwei Teelöffel). Regelmäßiger, täglicher Gebrauch von Paraffinöl ist dagegen schädlich, weil es die Aufnahme der Vitamine A, D und E aus dem Futter verhindert.

Falls Ihre Katze Faserstoffe wie zerbröseltes, getoastetes Vollkornbrot im Futter nicht annimmt, ist der tägliche Zusatz von einem ballaststoffreichen Granulat-Laxativ die Lösung. Ideal ist eines aus den Samenhülsen bestimmter

Pflanzen. Mit Fleisch und Fisch vermischt, werden Laxative dieser Art im Allgemeinen von Katzen akzeptiert. Einmal geschluckt, absorbieren die Samenhülsen Flüssigkeit und quellen auf, sodass sie genug Masse bekommen, um die Kontraktionen der erschlafften Darmmuskulatur anzuregen.

Im Alter sollte man besonders auf den Mund der Katze achten. Reinigen Sie die Zähne der Katze ein- bis zweimal wöchentlich (siehe Seite 178). Regelmäßige Untersuchungen beim Tierarzt sollten die bisherige Bildung von Zahnstein zwar verhindert haben, aber eine im Alter entwickelte Vorliebe für weiche Leckerbissen kann zu einer rapiden Zahnsteinbildung, sekundären Schäden am Gaumen, Entzündungen der Zahnhälse und lockeren Zähnen führen. Kümmern Sie sich frühzeitig um diese Probleme, weil entzündete Zonen im Mundbereich und schlechte Zähne die Degeneration von Nieren und Leber begünstigen. Eine Vollnarkose, die für größere Mundoperationen (Ziehen mehrerer Zähne usw.) erforderlich ist, kann in hohem Alter gefährlich sein. Deshalb sollten Sie die Mundpflege in frühen Jahren auf keinen Fall vernachlässigen.

Katzendamen, welche die Blüte ihrer Jahre hinter sich haben, neigen dazu, ihr prächtiges Erscheinungsbild zu verlieren. Entweder vergisst die Mieze, sich zu putzen, oder es ist ihr zu beschwerlich geworden. Pflegen Sie ihr Fell daher täglich mit Kamm und Bürste, und achten Sie bei Langhaarkatzen auf Knoten, die sich im Fell bilden.

Einige alte Katzen verlieren zeitweise die Kontrolle über ihren Darm oder ihre Blase. Das kann Vergesslichkeit sein, es kann aber auch daran liegen, dass die Nervenkontrolle über die entsprechenden Organe nachlässt. Wenn solche Zwischenfälle unangenehm oft auftreten, lassen Sie Ihre Katze vom Tierarzt untersuchen. Eine Entzündung der Harnblase (Zystitis) kann die Ursache von unfreiwilligem »Tropfen« sein. Sie sollte tierärztlich behandelt werden. Ein träger Darm hingegen braucht vielleicht nur mehr von den bereits erwähnten Ballaststoffen.

Taubheit oder nachlassende Sehkraft treten, wenn überhaupt, dann schrittweise ein, und der Besitzer sollte in der Lage sein, den Verlust dieser Sinne kompensieren zu helfen. Denken Sie z.B. daran, dass eine taube Katze nicht hören kann, wenn Sie Möbel verrücken, den Teppich saugen oder einen fremden Hund ins Zimmer

bringen – alles potenzielle Gefahrenquellen in unmittelbarer Nähe, von denen eine Katze, die gut hört, sich schnell entfernt. Wenn Sie eine blinde Katze haben, lassen Sie ihre Futterschale am gewohnten Platz stehen, schützen Sie das Tier vor offenem Kaminfeuer und ähnlichen Gefahren und versuchen Sie auch, eine Umstellung der Möbel zu vermeiden.

Obwohl es kein Heilmittel gegen das Alter gibt, weder für Menschen noch für ihre Haustiere, gibt es doch einige Medikamente, die der Tierarzt verschreiben kann, um manchem Alterssymptom entgegenzuwirken. Eines davon ist Sulfadiazin, das Senilität, glanzloses Fell, das Ergrauen des Haarkleides und einen allgemeinen Mangel an Interesse und Vitalität beheben soll, sofern diese Symptome allein auf hohes Alter zurückzuführen sind. Eine Reihe von Anabolika können die Bildung von Zellgewebe anregen, dem Verlust von Körperprotein entgegenwirken, Heilungsprozesse beschleunigen und den Appetit, die Munterkeit und Aktivität steigern. Ob die

ALLES IM GRIFF Manchmal ist es notwendig, eine Katze ruhig zu stellen, indem man sie in eine Decke oder ein Handtuch einwickelt.

Behandlung mit irgendeinem dieser Präparate für Ihre Katze geeignet ist, muss der Tierarzt entscheiden.

KRANKENPFLEGE

Egal ob die Erkrankung Ihrer Katze harmlos oder ernst ist, Sie müssen darauf vorbereitet sein, ein wenig Krankenpflege zu leisten. Es gibt einige wichtige Pflegeanleitungen, die man unbedingt kennen sollte.

Wie man eine Katze während der Untersuchung richtig hält

Wie Sie Ihre Katze während der Untersuchung halten, hängt von deren Temperament ab:

- Nehmen Sie das Tier in die Arme, wenn es ruhig und schmerzfrei ist.
- Legen Sie die Katze mit dem Bauch nach unten auf einen Tisch, und halten Sie alle vier Pfoten so, dass sie ihre Krallen nicht benutzen kann.
- Halten Sie sie an der Halskrause fest und drücken Sie sie so nach unten auf die glatte Oberfläche, um zu verhindern, dass sie Sie kratzt.
- Stark widerspenstige Katzen wickelt man am besten in ein stabiles Netz.
- Soll der Kopf untersucht werden, wickeln Sie die Katze in eine Decke.

Die Eingabe von Medikamenten

Obwohl der Tierarzt versuchen wird, Präparate auszuwählen, die für die Katze so angenehm wie möglich sind, entdeckt sie doch sehr schnell Tropfen oder zerstoßene Tabletten im Futter und verzichtet lieber auf ihr Futter, als die Medizin zu nehmen.

Dieses Problem können Sie lösen, wenn Sie wissen, wie man den Kopf einer Katze hält, um ihr das Medikament direkt einzugeben: Biegen Sie ihn zurück, bis der Mund sich von selbst ein wenig öffnet. Dann halten Sie den Mund offen, indem Sie von beiden Mundwinkeln die Lippen mit Zeigefinger und Daumen zurückziehen. Wenn Sie eine Tablette geben, legen Sie sie genau auf die Kerbe hinten auf der Zunge und schubsen sie mit dem Zeigefinger der anderen Hand (oder vorsichtig mit einem Bleistift, wenn Sie besorgt um Ihre Finger sind) rasch über das nach hinten gebogene Zungenende hinunter. Schließen Sie unmittelbar danach den Mund der Katze.

Mit dem gleichen Griff können Flüssigkeiten langsam eingeträufelt werden. Seien Sie dabei nicht ungeduldig, und überfluten Sie den Mund Ihrer Katze nicht mit der Flüssigkeit. Die Katze würde dann nur anfangen zu würgen, in Panik geraten und wütend spucken.

Injektionen

Injektionen werden vom Tierarzt verabreicht und sind die am schnellsten wirkenden Mittel, die man der Katze geben kann.

Vorbeugende Beruhigungsmittel

Wenn Ihre Katze so wild ist wie ein Berglöwe, aus irgendeinem Grund aber zum Tierarzt gebracht werden muss, kann man dieses Verfahren oft für alle Beteiligten vereinfachen, indem man ihr Valium oder ein anderes vom Tierarzt empfohlenes Sedativum gibt, bevor man das Haus mit dem Tier verlässt.

Temperatur messen

Die beste Methode, um die Temperatur zu messen, ist die Einführung des Thermometers in den After. Im Allgemeinen ist der Versuch aber kaum der Mühe wert, weil die Katze sich gegen einen so unwürdigen Eingriff wehrt, sich aufregt und damit ein Ansteigen der Temperatur bewirkt. Wenn Sie es trotzdem probieren wollen: Die normale Temperatur liegt zwischen 38 und 39 Grad Celsius.

ERSTE HILFE

Manchmal hat es den Anschein, als ob Katzen neun Leben hätten. Ihre Körper sind so elastisch und drahtig, dass sie oft sogar schwere Unfälle überleben, ohne Knochenbrüche und ernsthafte Verletzungen davonzutragen. Dennoch können schwere Unfälle Verletzungen am Skelett und im weichen Muskelgewebe verursachen, die der Tierarzt operativ behandeln muss. Es ist wichtig zu wissen, wie man sinnvoll Erste Hilfe leistet, bis das Tier zum Tierarzt gebracht werden kann.

Zusammenbrüche und Unfälle

Ist eine Katze verletzt oder bewusstlos, bewegen Sie sie nicht, wenn Sie sich nicht gerade an einer gefährlichen Stelle befinden. Müssen Sie eine verletzte Katze in Sicherheit bringen, so schieben Sie ein Laken unter sie und tragen Sie sie wie in einer Hängematte oder halten Sie sie mit einer Hand am Nackenfell fest. Legen Sie die Katze im Haus an einen warmen ruhigen Platz, und decken Sie sie leicht zu. Legen Sie eine heiße Wärmflasche, in ein Tuch gewickelt, neben sie. Geben Sie ihr nichts zu essen, Sie können aber versuchen, ihr ein paar Teelöffel warmen, süßen Tee einzuflößen.

Kontrollieren Sie den Puls der Katze, den Sie an der Innenseite des Oberschenkels finden, dort wo die Beine den Körper berühren. Wenn die Atmung unregelmäßig oder überhaupt nicht auszumachen ist, nehmen Sie das Halsband ab, öffnen Sie der Katze den Mund und entfernen Sie Fremdkörper, Speichel, Blut oder Erbrochenes. In ganz schweren Fällen wenden Sie die Mund-zu-Mund-Beatmung an.

Blutungen

Wenn die Katze an irgendeiner Stelle stark blutet, wickeln Sie einen dicken Bausch Baumwollwatte, Verbandsmull oder ein zusammengefaltetes sauberes Handtuch um die betreffende Stelle und drücken Sie fest darauf.

Ertrinken und Ersticken

In Fällen auf Leben und Tod müssen Sie, wenn Sie nicht sofort die Ursache für die Verstopfung der Atemwege entfernen können, die Katze buchstäblich hin- und herschwingen. Nehmen Sie sie an beiden Hinterbeinen hoch und wirbeln Sie sie herum. Das bewirkt, dass die Zentrifugalkraft die Luftwege von der Blockade befreit. Wenn Sie damit keinen Erfolg haben, versuchen Sie es mit künstlicher Beatmung.

Vergewissern Sie sich zuerst, dass die Zunge nicht hinten im Mund liegt. Dann legen Sie beide Handflächen oberhalb der Rippen auf die Brust der Katze und drücken Sie sie fest herunter, um die Luft aus der Lunge zu entfernen. Pressen Sie aber nicht zu fest, sonst könnten Sie eine Verletzung hervorrufen. Bei der alternativen Mund-zu-Mund-Beatmung müssen Sie das ganze Maul der Katze in Ihren Mund nehmen und drei Sekunden lang ständig Luft hineinblasen, dann machen Sie eine Pause von zwei Sekunden und wiederholen den Vorgang.

EIN WARMES BETT Braucht eine Katze zusätzlich Wärme, dann ist eine heiße Wärmflasche, sicher verpackt in einer Decke, eine gute Lösung.

Fortpflanzung

Eine erfolgreiche Züchtung, wie z.B. von Schnee-
leoparden oder Ozeloten, ist ein bemerkenswertes
Ereignis und höchst erfreulich – je zahlreicher,
desto besser für solche vom Aussterben bedrohten
Arten. Bei Hauskatzen aber trägt der Besitzer eine
besondere Verantwortung. Nach Zuchtkätzchen
besteht immer eine Nachfrage, man kann sie oft
zu beachtlich hohen Preisen verkaufen; einfache
Hauskätzchen hingegen sind leider oft schwer an
den Mann zu bringen.

Katzen pflanzen sich rasch fort und sind den
größten Teil ihrer Lebenszeit fruchtbar. Mit
einer relativ kurzen Trächtigkeit und einer
durchschnittlichen Wurfzahl von fast vier Kätzchen können Katzen sich nahezu ebenso schnell
vermehren wie Kaninchen. Es ist jedoch ziemlich verantwortungslos, einer Katze oder einem
Kater zu erlauben, unerwünschte Kätzchen zu
erzeugen, die letztendlich getötet werden.

Zeugungsfähige Kater gehen das Risiko ein,
mehr Kampfverletzungen davonzutragen als ihre
neutralisierten Geschlechtsgenossen und bei
Weibchen können bei wiederholter Trächtigkeit
Stress und Strapazen oder Komplikationen auftreten. Wenn Sie all das vermeiden wollen, lassen
Sie das Tier kastrieren.

Besitzer von fruchtbaren Weibchen – Rassekatzen oder nicht – sollten aber auf jeden Fall mit
den wesentlichen biologischen Fakten eines
Katzenlebens vertraut sein.

DAS WUNDER DER GEBURT Die Geburt von Kätzchen und deren
Aufzucht ist etwas Wunderbares. Aber denken Sie daran, dass die Kleinen
lebenslang Geborgenheit brauchen.

Sexualverhalten

CHARAKTERISTISCHE STELLUNG Ein Weibchen fängt an, sich zu wälzen und zu rollen.

Weibchen werden im Alter zwischen sieben und zwölf Monaten geschlechtsreif. Züchten Sie nicht mit einem Weibchen, das nicht mindestens ein Jahr alt ist, denn in diesem Alter gebären sie außerordentlich leicht. Kater erlangen ihre sexuelle Reife im Alter zwischen zehn und vierzehn Monaten.

DER PAARUNGSZYKLUS

Die Paarungsbereitschaft (Rolligkeit) des Weibchens unterliegt einem jahreszeitlichen Rhythmus. Sie dauert zwei bis vier Tage und tritt in Intervallen von etwa zwei Wochen auf. Der Zyklus wiederholt sich im Allgemeinen zwei- oder dreimal im Frühling (März/April), dann wieder im Sommer (Juni/Juli), manchmal tritt auch eine dritte Rolligkeitsperiode im September ein. Da Katzenweibchen keine Maschinen sind, weichen einige ein wenig von diesem Schema ab und erleben ihre Zyklen etwas außerhalb dieser üblichen Hauptpaarungszeiten.

Wenn eine Katze paarungsbereit ist, nimmt sie eine charakteristische Stellung ein: Das Vorderteil liegt flach am Boden, das Hinterteil ragt in die Luft, und die Hinterbeine scheinen die Pedale eines unsichtbaren Fahrrads zu betätigen.

VORBEUGUNG GEGEN TRÄCHTIGKEIT

Ein guter Zeitpunkt für die Kastration eines weiblichen Kätzchens, mit dem sie nicht züchten wollen, ist die Vollendung des vierten Lebensmonats. Die Operation wird von einem qualifizierten Tierarzt unter Vollnarkose durchgeführt. Beide Eierstöcke und ein Teil vom Gebärmutterhorn werden dabei entfernt. Der Einschnitt erfolgt an einer der beiden Flanken. Diese Operation birgt nur sehr wenige Risiken, und das Kätzchen springt 24 Stunden nach dem Eingriff wieder herum. Meist werden die Fäden sieben Tage nach der Operation gezogen. Irgendwelche Nachwirkungen treten nur sehr selten auf.

Männliche Kätzchen kann man kastrieren, wenn sie vier Monate alt sind. Ich bin allerdings der Meinung, dass man damit warten sollte, bis sie zwei Monate älter sind. Denn in dieser Zeit kann sich der Durchmesser des Penis noch vergrößern, wodurch spätere Harnwegsverstopfungen durch Ansammlungen im Urin vermieden werden können. Bei der Kastration werden die Hoden durch einen Tierarzt schmerzlos entfernt.

Der Eingriff kann bis zum Alter von sechs Monaten unter Lokalanästhesie durchgeführt werden, danach ist immer eine Vollnarkose erforderlich. Kastrierte Kater werden sanfter, und ihr Urin verliert den scharfen Geruch. Das bedeutet aber keineswegs, dass sie fett, träge und faul werden müssen.

Manche Leute halten die Kastration für eine gewaltsame Unterdrückung der natürlichen Bedürfnisse einer Katze und empfinden sie daher als grausam. In der Praxis werden dem kastrierten Kater aber Bisse, Abszesse und andere unangenehme Folgen von mitternächtlichen Schlachten auf dem Hausdach erspart. Außerdem ist die Kastration eine humane Maßnahme, eine unerwünschte Trächtigkeit zu vermeiden.

Die Kastration kann, wenn erforderlich, in jedem Alter durchgeführt werden; der Tierarzt wird allerdings kein Weibchen kastrieren, das schon länger als zwei Wochen trächtig ist. Auch sollte der Eingriff nicht vorgenommen werden, wenn die Katze rollig ist, denn während dieser Zeit verlangsamt der hohe Anteil von Sexualhormonen im Blut die Blutgerinnung.

Eine Alternative zum chirurgischen Eingriff bei Weibchen ist die Pille. Sie kann auf zwei verschiedene Weisen angewendet werden: Entweder gibt man zwei Monate lang während der Fortpflanzungsperiode täglich die Hälfte einer 5-Milligramm-Tablette, oder man gibt dieselbe Menge wöchentlich bis zu eineinhalb Jahren, und zwar außerhalb des Fortpflanzungszyklus. Manche Katzen, besonders die, die an Diabetes leiden, sollten keine Pille bekommen. Sprechen Sie deshalb mit Ihrem Tierarzt.

PAARUNGSBEREIT Die klassische Stellung eines Weibchens, das zur Paarung bereit ist.

Paarung

»So lange man der Katze die Haare versengte, so lange würde sie auf dem Feuerherd sitzen und gern zu Hause bleiben; wenn aber ihre Haut einmal glatt wäre, so würde sie ihren Winkel verlassen, mit ihrem Schwanz spielen, und in der Sonne Muthwillen treiben; dann leckete sie ihr schönes rundes Gesicht, und spränge draußen umher, um ihren Pelz zu zeigen, und zu holzen.«

Alexander Pope, *Die Badefrau*

ANNÄHERUNGSVERSUCH Der erste Kontakt zwischen Kater und Katze.

DIE WAHL EINES KATERS

Wenn Sie mit Ihrer weiblichen Zuchtkatze weiterzüchten wollen, müssen Sie, wenn Sie nicht einen Kater vom gleichen blauen Blut besitzen, einen angesehenen Züchter finden. Diesen können Sie ausfindig machen, indem Sie sich bei einem Katzenzuchtverband, auf einer Katzenausstellung oder bei Ihrem Tierarzt erkundigen. Ein erstklassiger Züchter wird über großzügige, sichere, hygienische und warme Räume für den Kater und Ihr Weibchen verfügen. Alle Tiere, die bei dem Kater leben, sollten frei sein vom Virus der Katzenleukämie. Sie sollten sich die tierärztlichen Bescheinigungen darüber zeigen lassen und Ihrerseits zusammen mit den Impfzeugnissen Ihrer Katze auch eine vorlegen. Die Gebühr für den Kater wird sich im Rahmen halten. Wenn die erste Paarung nicht erfolgreich verlaufen sollte, ist ein zweiter Versuch im Allgemeinen gebührenfrei.

Vereinbaren Sie mit dem Züchter den nächstmöglichen Termin, an dem Sie Ihre Katze bringen könnten (obwohl dieses Datum natürlich nie mit völliger Sicherheit vorherzusehen ist).

DIE ANZEICHEN VON ROLLIGKEIT

Wie erkennen Sie, wann ein Weibchen rollig ist? Bevor die Paarungsbereitschaft tatsächlich einsetzt, verhält das Tier sich anhänglicher als sonst, es reibt und rollt sich mit übertrieben großer Begeisterung. Ist es dann soweit, fängt die Katze an zu »rufen« – sie jault in einer sehr lockenden Art und Weise, legt eine deutlich erkennbare Ruhelosigkeit an den Tag und will nach draußen, um sich einen Katzen-Don-Juan zu suchen.

Ihr Ruf kann ein leises, klagendes Liebeslied sein oder, wie z.B. bei Siamkatzen, eine mächtige Arie, die einer Callas Ehre machen würde. Am meisten müssen Sie auf die Stellung der paarungsbereiten Katze achten, wie sie auf der gegenüberliegenden Seite beschrieben und gezeigt ist. Sobald das Weibchen anfängt zu rufen, sollten Sie mit dem Züchter telefonisch das Stelldichein vereinbaren, vorausgesetzt, beide Katzen sind völlig in Ordnung.

DER ZYKLUS DES WEIBCHENS

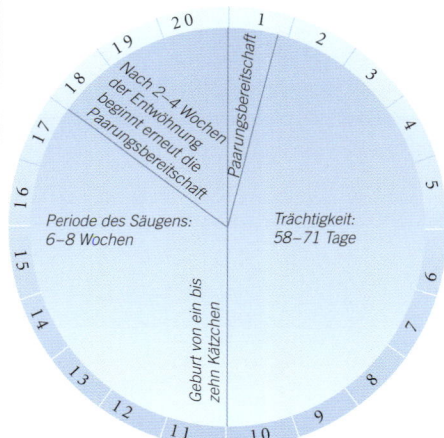

JAHRESZEITLICHE ZYKLEN Der Zyklus von Paarungsbereitschaft über Trächtigkeit, Geburt und Säugen bis zur erneuten Paarungsbereitschaft dauert etwa 20 Wochen. Die Zyklenphasen der Katze sind jahreszeitlich bedingt. In jeder Phase treten zwei oder drei Zyklen von ungefähr zwei Wochen auf. Die Paarungsbereitschaft dauert jeweils zwei bis vier Tage.

DER KOITUS

Beim Züchter wird das Weibchen in einem Raum untergebracht, der an den des Katers grenzt und nur durch einen Maschendraht abgetrennt ist. Die beiden dürfen zusammenkommen, wenn das Weibchen anfängt, dem Kater Avancen zu machen. Man gestattet dem Pärchen, sich drei- oder viermal zu paaren, und lässt die beiden dann vielleicht noch weitere zwei oder drei Tage zusammen. Dann können Sie Ihre hoffentlich trächtige Katze wieder abholen.

Wenn Sie nach Hause zurückkehren, kann das Weibchen immer noch rollig sein. Lassen Sie es deshalb ein paar Tage lang nicht aus dem Haus. Es kann passieren, dass eine zweite Befruchtung stattfindet – in diesem Fall empfängt die Katze (fast) gleichzeitig Nachwuchs von zwei verschiedenen Katern, von denen der eine vielleicht der schielende Kater ohne Stammbaum ist, der in der Nachbarschaft das Regiment führt. Der Wurf besteht dann aus einer Mischung von Zuchtkätzchen und nicht rassereinen Jungen.

Trifft eine Katze auf einen Kater – ob in dem sorgsam überwachten Katzenheim des Züchters oder auf einem Hausdach –, vollzieht sich, wie bei vielen Säugetieren, das Ritual von Werbung und Paarung durch eine Reihe von klar abgegrenzten Phasen, wie sie auf der folgenden Seite beschrieben werden.

Die Paarung

1 *Das aufreizende Umherrollen des Weibchens fesselt das Interesse des Katers.*

2 *Das Weibchen nimmt die klassische Paarungshaltung ein. Ihr Körper ist an den Boden gepresst, der Rücken hohl und das Hinterteil angehoben.*

3 *Der Kater besteigt das Weibchen und packt ihr Nackenfell mit den Zähnen.*

4 *Der Kater vollführt oft unmittelbar vor dem kurzen Koitus »Radfahrerbewegungen« mit den Hinterfüßen.*

5 *Das Zusammenwirken von Nackenbiss und Reizung durch den knochigen, stacheligen Penis gibt Nervensignale an die Hypophyse im Gehirn der Katze, wodurch ein Eisprung ausgelöst wird.*

6 *Die Ejakulation erfolgt unmittelbar nach der Einführung des Penis in die Vagina und kann vom Weibchen mit einem Schrei begleitet werden.*

7 *Der Kater trennt sich vom Weibchen und geht ein Stück beiseite. Manchmal beobachtet er sie im Liegen oder Sitzen. Hier putzt er sich.*

8 *Das Weibchen geht oft gleichfalls beiseite. Es kann auch eine wollüstige Vorstellung geben mit Umherrollen, Sichreiben und Strecken.*

9 *Diese Abfolge kann sich nach fünf oder zehn Minuten wiederholen – einmal oder noch viele Male.*

Trächtigkeit

Die Dauer der Trächtigkeit beträgt bei einer Katze zwischen 56 und 71 Tagen, im Durchschnitt sind es 65 Tage.

Die mittlere Wurfgröße bei Hauskatzen in den USA beträgt 3,88 Kätzchen (nur eine Statistik hat jemals 0,88 von einem Kätzchen gesehen!). Größere Katzen neigen dazu, mehr Kätzchen in einem Wurf zur Welt zu bringen.

Man weiß, dass beim Eisprung mehr Eier freigesetzt und danach wahrscheinlich auch befruchtet werden, als Kätzchen zur Welt kommen. Der Grund liegt darin, dass der Tod und die Rückbildung junger Feten bei Katzen üblich sind. Dies geschieht ohne irgendwelche erkennbaren Symptome.

Kätzchen, die vor dem 58. Tag der Trächtigkeit zur Welt kommen, sind entweder tot oder sehr schwach. Werden sie erst nach 71 Tagen geboren, sind sie meist größer als normal und können gleichfalls tot sein. Solche späten, großen Kätzchen verursachen manchmal Komplikationen bei der Geburt – reden Sie mit Ihrem Tierarzt, wenn der 71. Tag der Trächtigkeit kommt und keine Anzeichen einer beginnenden Geburtstätigkeit festzustellen sind. Ältere Weibchen neigen dazu, kleinere Würfe hervorzubringen, und gegen Ende ihres Lebens gebären sie vielleicht nur noch ein Kätzchen, das dann oft ziemlich groß ist. Solche sehr reifen Katzenmütter können ebenfalls Schwierigkeiten beim Gebären haben.

Die ideale Wurfgröße sind jedoch drei oder vier Junge. Die Mutter kann sich gut um sie kümmern, bei fünf oder sechs Kätzchen braucht sie manchmal Hilfe.

VORSICHT G HOCHHEBEN Das Anheben eines hochträchtigen Weibchens sollte noch vorsichtiger geschehen als sonst bei Katzen – mit einem Minimum an Druck auf das Bäuchlein.

ANZEICHEN FÜR TRÄCHTIGKEIT

Ist die Paarung erfolgreich verlaufen, so wird das Weibchen im Allgemeinen nicht wieder rollig. Wenn sie nicht erfolgreich war, wird die Katze zwei oder drei Wochen später erneut paarungsbereit sein. Gelegentlich treten bei trächtigen Weibchen einige Anzeichen von Rolligkeit und paarungsbereitem Verhalten auf, und zwar etwa um den 21. und 42. Tag herum – also genau zu den Zeiten, in denen sie gemäß ihres normalen Zyklus rollig wäre.

WICHTIGE HINWEISE

• Um die dritte Woche der Trächtigkeit tritt eine Rötung der Zitzen auf.
• Allmähliche Gewichtszunahme – ein bis zwei Kilo, je nach Wurfgröße.
• Ein gewölbter Bauch, in den Sie nicht stoßen und puffen dürfen, um die sich darin entwickelnden Kätzchen zu fühlen. Sie könnten sonst einen ernsthaften Schaden anrichten.

• Eine Änderung des Verhaltens – das Weibchen fängt an, »mütterlich« zu werden.

VORAUSBERECHNUNG DER NIEDERKUNFT

Wenn Sie das Datum der Paarung kennen, rechnen Sie neun Wochen hinzu. Für den Fall, dass Sie es nicht kennen, rechnen Sie mit sechs Wochen nach dem ersten Auftreten der Rötung der Zitzen.

WAS VOR DER GEBURT ZU ERLEDIGEN IST

• Sprechen Sie mit Ihrem Tierarzt über die bevorstehende Geburt.
• Geben Sie dem trächtigen Weibchen ein zuverlässiges Wurmmittel.
• Geben Sie ein nahrhaftes und ausgewogenes Futter mit zusätzlichen Vitaminen und Mineralstoffen.
• Im späten Stadium der Trächtigkeit können die in der Gebärmutter wachsenden Kätzchen eine Verstopfung verursachen. Wenn das vorkommt, mischen Sie ein paar Tropfen Paraffinöl unter das Katzenfutter.
• Bereiten Sie rechtzeitig eine Wurfkiste für das Weibchen vor. Sie sollte an einem ruhigen warmen Platz stehen und aus Holz oder Karton sein, oben und an einer Seite offen. Legen Sie sie mit Zeitungspapier aus (das ist bei Verschmutzung leicht zu wechseln und sorgt für eine wirksame Isolation). Hängen Sie in einem Mindestabstand von einem Meter eine Infrarotlampe darüber. Wenn die Katze sich weigert, die von Ihnen bereitgestellte Kiste zu benutzen, und sich einen anderen Platz aussucht, legen Sie dort Zeitungspapier aus und bringen Sie die Infrarotlampe an.
• In den letzten zwei Wochen der Trächtigkeit muss die Katze im Haus gehalten werden.

WERDENDE MUTTER Diese tragende Katze mit ihrem mächtig gewölbten Bauch und den roten Zitzen wird ihre Kätzchen wahrscheinlich in den nächsten Tagen zur Welt bringen.

Geburt

Die Trächtigkeit endet mit dem Zeitpunkt, zu dem spezielle Hormone, die von der Hypophyse ausgesandt werden, die Geburt in Gang setzen.

Bis zu einem Drittel aller Kätzchen kommen mit dem Schwanzende voran auf die Welt. Das ist vollkommen normal, und es handelt sich dabei nicht um Steißgeburten. Der Begriff »Steißgeburt« bezeichnet eine Geburtsstellung, bei der das Hinterteil der Kätzchen zuerst durch die Vagina kommt, wobei die Hinterfüße zum Kopf zeigen. Die Körper der Kätzchen sind so biegsam, dass sogar gelegentlich auftretende echte Steißgeburten im Allgemeinen ohne Komplikationen vonstatten gehen.

Die erste Phase der Wehen kann bis zu sechs Stunden dauern. Sie fängt damit an, dass sich der Gebärmutterhals öffnet und ein »Keil« von Plazentagewebe eintritt. Anschließend beginnen die unwillkürlichen Kontraktionen der Gebärmutter, durch welche die Kätzchen hinausbefördert werden. Sobald diese Kontraktionen einsetzen, wird das Katzenweibchen wahrscheinlich sein Wurflager aufsuchen. Die Katze kann jetzt möglicherweise schnell atmen, keuchen oder schnurren, aber nicht vor Schmerz. Ein klarer Ausfluss aus der Vagina kann einsetzen.

Das zweite Stadium sollte etwa 10 bis 30 Minuten dauern, jedoch nicht länger als 90 Minuten. Es fängt an, sobald der austretende Fetus in seiner Fruchtblase die Mutter zur Unterstützung der unwillkürlichen Kontraktionen zu absichtlichen Kontraktionen der Bauchmuskeln stimuliert. Dieser Vorgang wird auch Pressen genannt. Es findet einmal innerhalb von 15 bis 30 Minuten statt. Bald erscheint eine trübe graue Blase in der Öffnung der Vulva – das erste Anzeichen der Fruchtblase, welche das Kätzchen umschließt. Der Zeitabstand zwischen den Presswehen wird immer kürzer, bis alle 15 bis 30 Sekunden eine Presswehe erfolgt. Der herausgetretene Teil der Fruchtblase wird größer, und vielleicht kann man schon einen Teil des Kätzchens darin sehen. Mit wenigen letzten Kontraktionen stößt das Weibchen das Kätzchen aus.

Im dritten Stadium der Geburt wird schließlich die Plazenta ausgestoßen. Jedes Kätzchen besitzt eine eigene Fruchtblase und Plazenta; eine Ausnahme sind eineiige Zwillinge, wo die Kätzchen beides teilen.

Sobald ein Kätzchen geboren ist, fängt die Katzenmutter an, es abzulecken. Sie beißt die Nabelschnur zwei bis vier Zentimeter von seinem Nabel entfernt durch. Machen Sie sich keine Sorge, wenn sie versucht, die Plazenta aufzufressen – das ist bei vielen Säugetieren ein instinktiver Vorgang.

Wenn alle Kätzchen auf die Welt gekommen sind, sollten sie bereit sein zu saugen. Vergewissern Sie sich, dass jedes eine Zitze erreicht, um seine erste Ration an frischer Milch zu erhalten (Kolostralmilch), die mit wichtigen Antikörpern und Nährstoffen angereichert ist.

HILFE FÜR EIN SCHWACHES KÄTZCHEN

Wenn ein Kätzchen bei der Geburt sehr kalt und schwach ist, tauchen Sie es bis zum Hals in eine Schale mit körperwarmen Wasser. Halten Sie es vorsichtig am Kopf und streicheln und massieren Sie sanft den unter Wasser befindlichen Körper. Nach zwei oder drei Minuten sollte es lebhafter werden. Nehmen Sie das Kätzchen aus dem Wasser und trocknen Sie es in warmen Handtüchern ab.

DIE ABSTÄNDE ZWISCHEN DEN EINZELNEN GEBURTEN

Zwischen den Geburten der einzelnen Kätzchen können fünf Minuten bis zwei Stunden vergehen. Manchmal bringt die Katze den halben Wurf zur Welt und ruht sich dann 12 oder 24 Stunden lang aus, bevor sie die anderen gebiert.

Sollte man in solchen Fällen den Tierarzt rufen? Wenn die ersten Kätzchen normal und in kurzen Abständen ausgestoßen wurden und die Katzenmutter einen zufriedenen Eindruck

1 (oben) Nach einiger Zeit des Pressens erscheint eine trübe Blase. Das ist das erste Anzeichen für das Ausstoßen der Kätzchen.

2 (links) Das Kätzchen ist nun schon in seiner Fruchtblase zu erkennen, und nach ein paar weiteren Kontraktionen ist die Geburt vollendet. In etwa einem von drei Fällen kommt das Kätzchen zuerst mit den Hinterbeinen auf die Welt, aber das stellt nur selten ein Problem dar.

3 (unten) Das Kätzchen ist geboren. Die Plazenta wird meist kurz danach ausgestoßen.

macht, ihre Kätzchen säugt und Futter annimmt, gibt es eigentlich keinen Grund zur Beunruhigung.

Eine Verzögerung dieser Art kann aber unglücklicherweise auch mit einer »Inertia uteri«, einer primären Wehenschwäche, zusammenhängen, bei der die Kontraktionen allmählich abklingen, die Katze vom Pressen

4 *(unten) Die Mutter leckt das Kätzchen sauber, reißt die halbdurchsichtige Fruchtblase auf, falls sie noch intakt ist, und entfernt die Flüssigkeit aus der Fruchtblase vom Gesicht des Kätzchens. Dieses hartnäckige Lecken stimuliert die Atmungsreflexe des Kätzchens.*

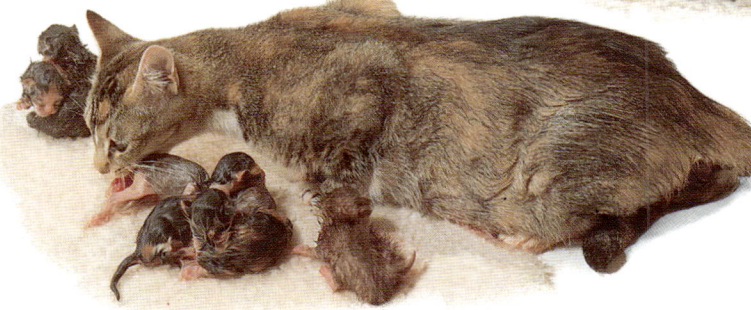

5 *(oben) Unmittelbar nach der Geburt eines Kätzchens durchtrennt die Mutter mit der Geschicklichkeit eines erfahrenen Geburtshelfers die Nabelschnur mit ihren Zähnen – ungefähr zwei Zentimeter vom Nabel des Jungen entfernt.*

6 *(unten) Fast sofort findet das Kätzchen eine Zitze und beginnt zu saugen. Ebenso schnell erwachen die mütterlichen Instinkte der Katze, und sie fängt an, viel Aufhebens um ihren Nachwuchs zu machen.*

erschöpft ist und es möglicherweise aufgibt. Das ist nicht normal, und hier ist die Hilfe eines Tierarztes erforderlich. Weibchen, die an einer Trägheit des Uterus leiden, wirken müder und uninteressierter als Katzen, die sich nur ausruhen. Da der Unterschied nicht leicht festzustellen ist, informieren Sie zwei Stunden nach der Geburt des letzten Kätzchens den Tierarzt, wenn Ihre Katze offensichtlich noch nicht alle Jungen zur Welt gebracht hat.

IHRE HILFE IST GEFRAGT

Falls ein Weibchen unerfahren ist und nicht weiß, was es mit den Kätzchen anfangen soll, wenn es die Fruchtblase nicht aufreißt, und die Nabelschnur nicht durchtrennt, müssen Sie in die Rolle einer Hebamme schlüpfen.
- Steckt das Kätzchen noch in seiner Fruchtblase, so reißen Sie diese einfach vorsichtig mit den Fingern auf.
- Trocknen Sie das Kätzchen mit warmen

Tüchern ab und vergewissern Sie sich, dass die Nasenlöcher und der Mund frei sind.
- Wenn das Kätzchen atmet, feine, quietschende Geräusche von sich gibt und zappelt, kümmern Sie sich um die Nabelschnur. Sterilisieren Sie ein langes Stück Baumwolltuch und eine Schere in einer antiseptischen Lösung. Wickeln Sie den Baumwollstreifen in einem Abstand von drei Zentimetern zum Nabel um die Nabelschnur. Machen Sie einen Doppelknoten in den Baumwollstreifen, und schneiden Sie dann die Nabelschnur einen halben Zentimeter unterhalb des Knotens, auf der Seite der Plazenta, durch.
- Legen Sie das Kätzchen in die Wurfkiste unter die Infrarotlampe.

PROBLEME BEI DEN WEHEN

Solche Probleme sind ungewöhnlich, wenn sie aber auftreten, setzen Sie das Tier in eine gut ausgepolsterte Kiste und bringen Sie es im Auto zum Tierarzt.

TIERÄRZTLICHE HILFE WÄHREND DER GEBURT IST ERFORDERLICH,
- wenn das Weibchen zwei Stunden lang gepresst hat, ohne ein Kätzchen auszustoßen;
- wenn sechs Stunden, nachdem Blut oder ein gefärbter Ausfluss aus der Vulva gekommen ist, immer noch keine Presswehen einsetzen;
- wenn das Pressen für länger als zwei Stunden aufgehört hat, obwohl die Katze offensichtlich immer noch ein oder mehrere Kätzchen trägt.

TIERÄRZTLICHE HILFE NACH DER GEBURT IST ERFORDERLICH,
- wenn die Katzenmutter auffallend stark aus der Vagina blutet (mehr als etwa zwei Teelöffel);
- wenn Sie einen weißen oder faulig riechenden Ausfluss aus der Vagina bemerken;
- wenn die Katze lethargisch oder schwerfällig wirkt;
- wenn sie nach zwölf Stunden nicht wieder anfängt, normal zu fressen;
- wenn das Weibchen nach der Geburt des letzten Kätzchens und dem Ausstoßen seiner Plazenta immer noch presst;
- wenn die Katze ungewöhnlich ruhelos oder fiebrig wirkt;
- wenn die Katze kein Interesse an ihren Kätzchen zeigt.

Mütterliches Verhalten

In den nächsten zwei bis drei Monaten bringt die Mutterkatze ihren Kätzchen schrittweise alles bei, was sie wissen müssen, um für sich selber sorgen zu können.

Das neugeborene Kätzchen ist 11 bis 15 Zentimeter lang und wiegt zwischen 70 und 135 Gramm. Es ist zunächst ein ziemlich hilfloses Geschöpf, denn wegen der geschlossenen Augenlider sieht es nichts, und da die Ohren nach hinten gefaltet sind, hört es auch nichts. Es kann zwar zappeln und sich winden, aber nicht laufen.

WARM HALTEN Brüder und Schwestern schmiegen sich instinktiv aneinander, um sich warm zu halten.

DIE BINDUNG

In den ersten paar Lebenstagen ist die Katzenmutter lebenswichtig für die Kätzchen, nicht zuletzt deshalb, weil sie sie schützt, da sie körperlich außerordentlich verletzlich sind. Das Weibchen weiß instinktiv, was es zu tun hat, selbst wenn es sich um den ersten Wurf handelt.

Zwischen der Mutter und ihren Jungen entsteht schnell eine feste Bindung. Obwohl ein Weibchen kurz nach der Geburt auch fremde Kätzchen akzeptiert, werden diese, sobald die Bindung zu den eigenen hergestellt ist, nicht mehr ohne weiteres angenommen. Dabei spielt der Geruchssinn eine große Rolle. Mutter und Kinder erkennen gegenseitig den jeweiligen Eigengeruch der Hautdrüsensekretionen. Das gilt besonders für die Drüsen, die sich am Kopf befinden. Das beliebte Reiben des Kopfes überträgt diesen charakteristischen Geruch.

Es ist möglich, dass die Katzenmutter sich in den ersten paar Tagen nach der Geburt entschließt, ihre Kätzchen in eine neue »Höhle« zu

LECKEN Das Lecken der Mutter stimuliert die Atmung, die Blutzirkulation und die Muskeln ihres Nachwuchses.

bringen. Das kommt bei Wildkatzen oft vor und ist eine Instinkthandlung. Die Babys sollen dadurch in Sicherheit gebracht werden, denn die bei der Geburt ausgetretene Flüssigkeit könnte Raubtiere anlocken. Wenn Ihre Katze sich zu Hause so verhält, stellen Sie die Wurfkiste einfach an eine andere Stelle.

DAS SÄUGEN

Die Kätzchen sind vor allem wegen ihres Bedarfs an Milch auf die Mutter angewiesen. Jedes Kätzchen nimmt seine eigene, individuelle Zitze in Beschlag, ein Wechsel kommt selten vor. Während des Saugens stoßen die Kätzchen mit ihren Vorderpfoten gegen den Bauch der Mutter, was einen Reflex auslöst, der die Milch zum Fließen bringt.

IM GENICK PACKEN Obwohl die Mutter ihre Kätzchen oft gnadenlos packt, macht sie das immer vorsichtig und ohne ihnen Schaden zuzufügen.

PFLEGEKINDER Diese Katzenamme sorgt so gut für die Kätzchen, als wären es ihre eigenen.

NÜTZLICHE HYGIENE Das Putzen des Hinterteils bewirkt bei den Kätzchen eine regelmäßige Darm- und Blasentätigkeit und hält die heikle Stelle blitzsauber.

Rastlose, gereizte Kätzchen, die viel schreien, können ein Zeichen dafür sein, dass die Milch nicht fließt oder, was seltener vorkommt, dass die Mutter einfach nicht genügend Milch produzieren kann.

Ist der »Fließ«-Mechanismus gestört, muss der Tierarzt möglicherweise ein Hormon der Hypophyse injizieren, was fast augenblicklich das Problem behebt. Wenn die Katzenmutter nicht genügend Milch produzieren kann, ist entweder eine Amme oder eine künstliche Aufzucht der Kätzchen erforderlich.

Manchmal scheint nur eines der Kätzchen an der Milchquelle zu kurz zu kommen. In diesem Fall sollte der Tierarzt es untersuchen und feststellen, ob ein Geburtsfehler vorliegt, wie z.B. ein Wolfsrachen oder irgendein anderes Problem.

DIE VERSTÄNDIGUNG

Eine Katzenmutter schleckt ihre Kätzchen oft ab. Das stimuliert ihre Atmung und die Blutzirkulation und regt den Muskeltonus an. Es ist wichtig, dass sie ihnen auch das Hinterteil leckt, um sie damit zu ermuntern, regelmäßig Kot und Urin abzugeben.

Die Mutter verständigt sich mit den Kätzchen anfangs vorwiegend durch unterschiedliche Laute. Je nach Tonlage und Intensität begrüßt, beschimpft, besänftigt und warnt sie ihre Jungen oder ruft sie nur herbei. Wenn die Kätzchen größer sind und ein Familienspaziergang unternommen wird, kommen visuelle Signale ins Spiel. Alle bleiben beieinander, da die Jungen der »Fahne« folgen, welche die Mutter auf-steckt, indem sie den Schwanz hochhält, mit nach rückwärts gebogener Spitze.

SCHRITTE ZUR SELBSTSTÄNDIGKEIT

Die Kätzchen lernen zwar, indem sie ihre Mutter und andere Katzen beobachten, aber einiges »wissen« sie instinktiv. Bereits vor der Öffnung der Augen reagieren sie auf bestimmte Reize – z.B. spucken und zischen sie, wenn sie gestört werden.

ZUFRIEDENE KÄTZCHEN Dieser Katzenwurf ist offensichtlich gut genährt, wohlgepflegt und rundum zufrieden.

Sie neigen auch dazu, nur zusammen mit den Wurfgeschwistern zu schlafen. Dieses instinktive Verhalten verhindert, dass einzelne von der Gruppe getrennt werden, und gleichzeitig halten sich die Kätzchen gegenseitig warm. Die Geborgenheit und das Geräusch ihres eigenen Herzschlages ist wahrscheinlich ein sehr angenehmes Gefühl für sie und erinnert sie an das Leben in der Gebärmutter.

Der erste größere Schritt in Richtung Selbstständigkeit ist das Öffnen der Augen, wenn die Kätzchen zwischen fünf und zehn Tage alt sind. Ganz öffnen sie sich zwischen dem achten und zwanzigsten Tag. Mit 16 bis 20 Tagen beginnen die Kätzchen zu krabbeln, mit drei bis vier Wochen fangen sie an, feste Nahrung zu sich zu nehmen, und mit zwei Monaten sind sie in der Regel entwöhnt. Ab diesem Zeitpunkt wird ihre Bindung an die Mutter schwächer, die bald selbst nicht mehr zwischen ihren eigenen und fremden Jungen unterscheidet. In diesem Stadium können die Kätzchen für sich selber sorgen.

Entwicklung der Kätzchen

NEUGIERIGES KÄTZCHEN
Kampfspiele können mit einem Spielzeugvogel anfangen.

HARMLOSER KAMPF
Ein Kampf wird ausgefochten, aber keiner nimmt Schaden.

Die Entwicklung der Kätzchen von blinden und hilflosen Neugeborenen zu völlig selbständigen Wesen dauert etwa sechs Monate.

Während dieser Zeit entwickeln sich die physischen und geistigen Fähigkeiten. Zugleich wird das instinktive, angeborene Wissen der Kätzchen durch Erfahrungen bereichert, die sie aus Beobachtungen, Nachahmung und Spielen sammeln. Im Spiel findet der Lernprozess statt – das Leben eines spezialisierten, natürlichen Jägers wird im Spielgeschehen erprobt und vervollkommnet.

Ein einsames, künstlich aufgezogenes Kätzchen, das keine Rollenträger um sich hat, die es kopieren und denen es nacheifern kann, wird nie das ganze Repertoire feliner Jagdgeschicklichkeit erlernen. Was in den prägenden ersten Wochen des Lebens nicht erlernt wird, kann später nicht mehr nachgeholt werden. Kätzchen, die ihre Mutter beobachten und in der vollen Bedeutung des Wortes von ihr unterrichtet werden, lernen schneller als solche, die nur irgendwelche nichtverwandten, erwachsenen Katzen zum Vorbild haben.

Sie müssen deshalb keine Sorge haben, wenn Ihre Kätzchen sich in regelrechte Kampfspiele verwickeln. Spiele dieser Art enden fast nie mit Wunden oder auch nur dem Verlust eines einzigen Blutstropfens. Sie trainieren die physischen und geistigen Fähigkeiten, die später, wenn sie erwachsen sind, nützlich sein werden, und sie bereiten den Kätzchen darüber hinaus großen Spaß. Ähnlich wie beim Menschenkind fördert das Spiel mit Gleichaltrigen das soziale Verhalten und die Geselligkeit des Kätzchens. Ein Kätzchen, dem die Gelegenheit zum Spielen fehlt, wächst isoliert auf und kann dadurch später vielleicht neurotisch werden.

Unter normalen Bedingungen lernt das Kätzchen innerhalb eines halben Jahres sehr viel und wächst dabei auch körperlich beträchtlich heran. Diese Entwicklung entspricht der des Menschen bis etwa zum zehnten Lebensjahr. Wie beim Menschen auch, erfolgt die perfekte Aufzucht einer Katze am besten in der familiären Umgebung (dabei handelt es sich im Fall der Hauskatze normalerweise um eine Familie mit nur einem Elternteil). Für das Heranwachsen einer starken und klugen Katze gibt es nichts Besseres als die Milch und die stetige Aufmerksamkeit der Katzenmutter, das endlose Spielen sowie den Wettbewerb mit den Geschwistern und die Möglichkeit, vom Beispiel der Mutter und anderer kluger, erwachsener Katzen zu lernen und das Gelernte zu verarbeiten.

Dasselbe gilt für die Jungen von Wildkatzen. Ich habe Hunderte von jungen Löwen, Tigern, Leoparden und anderen Katzenarten in Gefangenschaft behandelt, die von Menschen aufgezogen werden mussten, ohne jeden Einfluss von felinen Artverwandten. Solche Tiere sind meiner Meinung nach nie so ausgeglichen wie diejenigen, die natürlich aufgezogen wurden. Ihre Rückführung in ein natürlich aufgezogenes Rudel oder eine Gruppe ist oft schwierig.

VON DER MUTTER LERNEN
Um seine natürliche Geschicklichkeit bei der Jagd entwickeln zu können, ist es lebenswichtig für ein Kätzchen, bestimmte Techniken von der Mutter zu lernen.

DER ERSTE TAG

Es kann für ein Weibchen sehr anstrengend sein, eine große Anzahl von Kätzchen zur Welt zu bringen. Sie muss sich deshalb nach den Wehen etwa 12 bis 24 Stunden ausruhen. Unter normalen Bedingungen sollten die Kätzchen bei ihr bleiben.

Neugeborene Kätzchen sind vollkommen hilflos.

DER ZWEITE TAG

Am zweiten Tag sollte die Katzenmutter sich gut erholt haben, normal fressen und trinken und sich glücklich der Aufzucht ihrer Jungen widmen.

Blinde Kätzchen im Alter von zwei Tagen reagieren auf Berührung, Wärme und die durch Schnurren erzeugten Vibrationen ihrer Mutter.

DER ACHTE TAG

Jetzt wiegen die Kätzchen je nach Rasse und den körperlichen Merkmalen ihrer Eltern, zwischen 110 und 250 Gramm. Die Augen können sich jetzt jeden Augenblick öffnen, spätestens jedoch am 20. Tag.

Nach acht Tagen sieht dieses Kätzchen zum ersten Mal die Welt.

Dieses Kätzchen ist gerade zwei Wochen alt und im Begriff, ziemlich wackelig die ersten Krabbelversuche zu unternehmen.

DER 16. TAG

Das Gewicht der Kätzchen liegt jetzt zwischen 180 und 340 Gramm. Innerhalb der nächsten vier Tage beginnt das Krabbeln.

DER 21. TAG

Das Gewicht liegt jetzt zwischen 215 und 420 Gramm. Zu diesem Zeitpunkt kann, nach einer normalen Aufzucht, die Entwöhnung beginnen. Geben Sie einen Katzenmilchersatz in Pulverform oder, wie für menschliche Babys, Dosenmilch mit Wasser verdünnt, aber doppelt so stark konzentriert. Bieten Sie den Jungen diese Flüssigkeit viermal am Tag auf einem Teelöffel an.

Jetzt sollte auch die Gewöhnung an die Katzentoilette beginnen. Stellen Sie das Katzenklo an einen ruhigen und leicht erreichbaren Platz. Beim ersten Anzeichen dafür, dass ein Kätzchen darüber nachdenkt, ob es ein großes oder kleines Geschäft machen soll, setzen Sie es hinein. Wenn Sie mehr als

Die Gewöhnung an das Katzenklo sollte frühzeitig beginnen, wie bei diesen drei Wochen alten Kätzchen.

ein Kätzchen haben, sorgen Sie dafür, dass die Toilette groß genug ist für gemeinsame Sitzungen, und wenn Sie nur ein einziges, etwas nervöses Kätzchen haben, besorgen Sie ihm ein geschlossenes Katzenklo.

VIER WOCHEN

Ein Kätzchen im Alter von einem Monat wiegt 250 bis 500 Gramm und macht – buchstäblich – große Schritte. Im Alter von vier bis fünf Wochen fängt es an zu laufen und zu spielen. Und zur gleichen Zeit beginnt es, sich zum ersten Mal selber zu putzen. Spielzeug sollte bereitgestellt werden, entweder spezielles Katzenspielzeug oder einfache Haushaltsgegenstände wie leere Garnrollen oder auch Tischtennisbälle. Geben Sie aber Rassekatzen wie Burmesen und Siamesen keine Wollknäuel.

Ein Babybrei, pürierte Babynahrung oder solche aus der Dose oder Flasche (Fisch, Fleisch oder Käse) können jetzt der Milchmischung zugefügt werden.

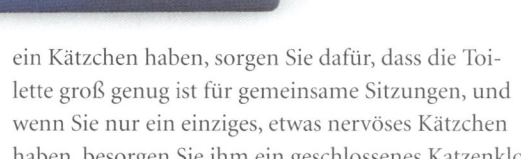

Einen Monat alt, und das Putzen beginnt.

Vier Wochen: Jetzt fängt das Spielalter an.

FÜNF WOCHEN

Das Gewicht liegt nun zwischen 290 und 620 Gramm. Jetzt ist es an der Zeit, Zuchtkätzchen registrieren zu lassen.

Fein gehacktes Fleisch, zerdrücktes Dosenfutter für Katzen oder zerdrückter, gekochter oder im Milch gegarter Fisch sollte jetzt eine der vier Milchmahlzeiten ersetzen. Füllen Sie das Futter in ein flaches Schälchen oder eine Untertasse, und geben Sie den Kätzchen so viel davon, wie sie bei einer Mahlzeit essen wollen, aber füllen Sie nicht zuviel auf einmal auf.

Heranwachsende Kätzchen haben einen steigenden Bedarf an Muttermilch.

Wenn das Kätzchen vier Wochen alt ist, sollte man ihm langsam Spielzeug besorgen.

ACHT WOCHEN

Das Kätzchen hat jetzt ein Gewicht von 400 bis 900 Gramm, ist vollständig entwöhnt und hat alle Milchzähne. Das Futter sollte aus zwei bis drei festen Mahlzeiten pro Tag bestehen und einer Untertasse voll Kuhmilch – diese kann, sobald die Kätzchen sechs Monate alt sind, durch frisches Wasser ersetzt werden. Es sollte immer Milch oder Wasser bereitstehen, aber wechseln Sie beides mindestens zweimal am Tag.

NEUN WOCHEN

Im Alter von acht bis neun Wochen erhalten die Kätzchen ihre erste Impfung gegen die Viruskrankheiten Katzenschnupfen und Katzenseuche. Eine zweite Injektion erfolgt drei bis vier Wochen später. Versäumen Sie niemals, Kätzchen gegen diese möglicherweise tödlichen Krankheiten zu schützen, und auch später, wenn sie erwachsen sind, sollten Sie dafür sorgen, dass sie jedes Jahr eine Nachimpfung erhalten. In besonderen Fällen, wenn ein hohes Infektionsrisiko besteht, kann der Tierarzt die Impfung von Kätzchen empfehlen, die jünger als acht oder neun Wochen sind.

Doch normalerweise wird diese Impfung vor diesem Alter nicht vorgenommen, denn die von der Mutter auf die Kätzchen übertragenen Antikörper zirkulieren noch in deren Blut und könnten die Wirkung der Impfung neutralisieren.

SECHS WOCHEN

Das Gewicht der Kätzchen hat nun zwischen 315 und 700 Gramm erreicht. Im Alter zwischen sechs und acht Wochen unternehmen die Jungen die ersten Versuche, das Jagen zu lernen.

Obwohl es am besten ist, wenn ein Kätzchen bis zur vollkommenen Entwöhnung bei der Mutter bleibt, kann man es auch schon ab der sechsten Woche von der Mutter trennen.

Erhöhen Sie den Anteil von festem, zerkleinertem Futter in der Nahrung, indem Sie zwei weitere Milchmahlzeiten durch ein ausgewogenes Dosenfutter für Katzen ersetzen.

Mit sechs Wochen setzt normalerweise der Jagdtrieb ein.

DIE ERSTEN NEUN WOCHEN VON THEODOR
Theodor ist ein typisches junges Kätzchen, und die ersten neun Wochen seines Lebens sind voll wichtiger und spannender Ereignisse.

Eine Minute alt.

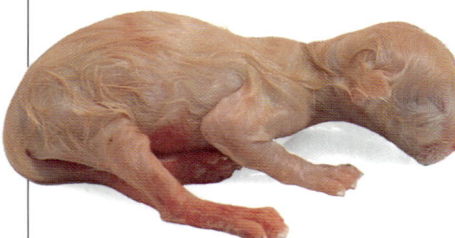

Fünf Tage alt, und Theo macht sich lautstark bemerkbar, wenn er hungrig ist.

Zehn Tage – er öffnet die Augen.

Nach 15 Tagen macht Theo erste Krabbelversuche.

Diese neun Wochen alten Kätzchen haben gerade ihre erste Schutzimpfung bekommen.

WORAN SIE DENKEN SOLLTEN

- Impfungen sind nicht gefährlich und rufen nur selten Nebenwirkungen hervor. Sollten jedoch welche auftreten, so kann sie der Tierarzt leicht in den Griff kriegen.
- Der Impfschutz tritt erst zehn Tage nach der ersten Impfung ein; während dieses Zeitraums sollte man die Kätzchen nicht ins Freie lassen.
- Trächtige Katzen dürfen nur tote oder inaktivierte Vakzine bekommen, niemals lebende.
- Nur gesunde Kätzchen dürfen geimpft werden.
- Vergessen Sie nicht, die Kätzchen zum vereinbarten Termin zur zweiten Impfung zu bringen. Kätzchen, die auf tierärztlichen Rat vor der achten Lebenswoche geimpft wurden, erhalten normalerweise die zweite Impfung im Alter von ungefähr 12 Wochen oder auch wiederholte Injektionen im Abstand von drei bis vier Wochen, bis sie 12 Wochen alt sind. Der Tierarzt wird Ihnen sagen, was für Ihr Kätzchen das Beste ist.
- Vergewissern Sie sich, dass Sie ein handschriftlich unterzeichnetes Impfzeugnis vom Tierarzt bekommen. Nehmen Sie es mit, wenn Sie Ihre Katze zu den jährlichen Auffrischungsimpfungen bringen, zu einem Züchter oder in ein Katzenheim.
- Wenn Sie im Zweifel sind, ob ein Kätzchen, das Sie gekauft haben, bereits geimpft ist, gehen Sie auf Nummer Sicher und lassen Sie es impfen. Eine zusätzliche Impfung ist unschädlich.

12 WOCHEN

In diesem Alter ändert sich die Augenfarbe der Kätzchen und nimmt ihre bleibende Tönung an. Innerhalb der nächsten sechs Wochen kommen die zweiten Zähne durch. Ihr Kätzchen erhält seine zweite Impfung gegen Katzenschnupfen und Katzenseuche.

16 WOCHEN

Wenn Sie nicht die Absicht haben, mit einem Weibchen zu züchten, vereinbaren Sie mit Ihrem Tierarzt einen Termin, um es kastrieren zu lassen. Bei der Kastration werden beide Eierstöcke und ein Großteil des Uterus unter Vollnarkose entfernt. Es handelt sich um eine Operation, deren Folgen nicht rückgängig gemacht werden können und die keine Nachwirkungen hat. Da eine Vollnarkose notwendig ist, dürfen Sie der Katze 12 Stunden vorher weder Futter noch etwas zu trinken geben.

Die Operationswunde wird anschließend genäht – entweder mit einem Material, das sich später selbst auflöst oder mit einem, das man wieder entfernen muss. Wenn die Fäden gezogen werden müssen, macht das der Tierarzt fünf bis zehn Tage nach dem Eingriff.

24 WOCHEN

Jetzt ist das Kätzchen vollständig unabhängig von der Katzenmutter.

Dieses 16 Wochen alte Weibchen ist gerade kastriert worden.

36 WOCHEN

Das ist ein gutes Alter, um einen Kater kastrieren zu lassen. Die Operation ist sicher, einfach und wird schmerzlos unter Vollnarkose ausgeführt. Geben Sie dem Tier zwölf Stunden vorher kein Futter und keine Flüssigkeit mehr. Man kann den kleinen Kater am selben Tag wieder abholen. Er braucht keine besondere Pflege, außer Ruhe, Wärme, leichtem Futter und Zuwendung. Normalerweise müssen keine Fäden gezogen werden.

21 Tage: Er zottelt zu seinem Katzenklo.

Mit einem Monat kann er schon laufen.

Der neun Wochen alte Theo ist bereits eine rundum hübsche Katze.

Aufzucht und Pflege

Wenn eine Katzenmutter stirbt oder
nicht genug Milch hat, kann es sein,
dass Sie sich persönlich um die
Aufzucht der Kätzchen kümmern
müssen.

PFLEGEMUTTER Eine Katzen-
amme ist einer künstlichen
Aufzucht immer vorzuziehen.

Sie haben zwei Möglichkeiten: Entweder lassen Sie
das Tier von einer Katzenamme ernähren, oder
Sie ziehen es künstlich auf. (Sollten Sie die Kätzchen in einer solchen Situation töten wollen, denken Sie bitte nicht daran, sie zu ertränken. Die
Euthanasie bei Tieren darf nur von einem Tierarzt
oder in einer Tierklinik durchgeführt werden. In
der Bundesrepublik Deutschland ist es laut Tierschutzgesetz vom 1.1.1987 verboten, gesunde
Tiere ohne vernünftigen Grund zu töten.)

ADOPTION
Ein Tierarzt, eine Tierhandlung, ein Züchter
oder ein Katzenverein kann Ihnen vielleicht eine

Adresse von dem Besitzer einer Katze vermitteln,
die kürzlich Junge zur Welt gebracht hat und in
der Lage ist, noch weitere zu ernähren. Im Idealfall sollte eine solche Adoption so rasch wie
möglich nach der Geburt der Kätzchen erfolgen,
bevor die Bindung der Adoptivmutter an ihren
eigenen Nachwuchs schon zu eng geworden ist.

Um ihr ein fremdes Kätzchen »unterzuschieben«, streichen Sie ihm ein wenig Butter aufs
Fell. Die Katze wird sie abschlecken und dabei
den Neuling als ihr eigenes Kind annehmen.
Um die Entwicklung eines Adoptivkätzchens zu
kontrollieren und sicherzugehen, dass es tatsächlich genügend Milch erhält, sollten Sie es

REGELMÄSSIGE KONTROLLE Um seine
Entwicklung zu kontrollieren, ist es wichtig, ein Kätzchen regelmäßig zu wiegen.

regelmäßig wiegen. Es sollte jeden Tag einige
zehn Gramm zunehmen.

KÜNSTLICHE AUFZUCHT
Es ist nicht schwierig, Kätzchen mit der Flasche
aufzuziehen, aber gehen Sie sicher, dass es wenigstens einige Tropfen der ersten Muttermilch
(Kolostralmilch) erhält. Drücken Sie sanft an den
Zitzen und flößen Sie dem neugeborenen Kätzchen diese Milch mit einer Pipette ein. Die
Kolostralmilch enthält wertvolle Antikörper
gegen Krankheiten.

WELCHE MILCH IST GEEIGNET?
Reine Kuh- oder Ziegenmilch ist für Kätzchen
zu wässerig, und den noch ganz jungen sollte
man nie Kuhmilch geben. Stattdessen können
Sie zwischen zwei Möglichkeiten wählen: Entweder Sie verwenden ein spezielles Katzenmilchpulver, welches man beim Tierarzt oder
im Zoogeschäft erhält; es wird entsprechend der
beiliegenden Anweisung mit Wasser angerührt.
Oder aber Sie geben Milchpulver für Säuglinge
(oder evaporierte Dosenmilch), rühren aber nur
mit halb soviel Wasser an wie für Babys.

DAS »FLÄSCHCHEN«
Es gibt spezielle Fläschchen zur Fütterung von
Kätzchen, aber Babyfläschchen für menschliche
Frühgeburten erfüllen ihren Zweck ebenso gut.
Auch Pipetten oder Einwegspritzen ohne
Nadeln können verwendet werden. Zwischen

FÜTTERN Junge oder schwache Kätzchen, die nicht richtig saugen, sollten mit einer Pipette gefüttert werden.

MUTTERMILCH »Flaschenkätzchen« gedeihen am besten, wenn Sie wenigstens einige Tropfen von der ersten Milch (Kolostralmilch) ihrer Mutter erhalten haben.

den einzelnen Fütterungen müssen alle »Fläschchen« ausgewaschen und sterilisiert werden.

DIE FÜTTERUNGSMETHODEN

Das Fläschchen eignet sich für die meisten Kätzchen am besten, bei solchen aber, die sehr schwach sind oder zuerst nicht so recht saugen und schlucken wollen, haben die Pipette und die Einwegspritze Vorteile. Ein zwei Zentimeter langes Plastikröhrchen über der Einwegspritze befördert die Milch in den Mund, während ein längeres Röhrchen von fünf Zentimetern es Ihnen ermöglicht, die Milch direkt in den Magen zu bringen, indem man es sanft über den Zungenrücken in den Schlund schiebt. Dieses Verfahren ist sehr Erfolg versprechend, sollte aber nur nach Anweisungen des Tierarztes ausgeführt werden. Wenn das Plastikröhrchen falsch aufgesteckt ist oder in die Luftröhre gerät, kann ein Schock oder eine böse Pneumonie auf Grund von Milchfett die Folge sein. Nehmen Sie sich grundsätzlich für die Fütterung genügend Zeit.

Welche Methode Sie auch anwenden, die Milch sollte immer Körpertemperatur haben, also 37 Grad Celsius. Bis zum Alter von sieben Tagen geben Sie alle zwei Stunden drei bis sechs Milliliter. Zwischen sieben und fünfzehn Tagen

erhöhen Sie die Ration auf sechs bis acht Milliliter alle zwei Stunden am Tag und alle vier Stunden in der Nacht. Vom 14. bis zum 21. Tag sollte die Ration noch einmal erhöht werden auf acht bis zehn Milliliter alle zwei Stunden am Tag und einmal in der Nacht zwischen 22.00 Uhr und 8.00 Uhr morgens. Wenn ein Kätzchen gefüttert wurde, sollte es die Blase und den Darm leeren. Dafür müssen Sie das Lecken der Katzenmutter imitieren, indem Sie etwas mit warmem Wasser angefeuchtete Baumwollwatte nehmen und das Analgebiet damit abwischen. Streicheln Sie dabei sanft das Bäuchlein mit den Fingern. Wenn das Kätzchen entsprechend reagiert hat, reinigen und trocknen Sie die Stelle unter dem Schwanz und cremen sie mit ein wenig Babycreme ein.

Zwischen den Fütterungen halten Sie das Kätzchen in einer warmen, sauberen Kiste mit einem Schlafplatz, einem Heizkissen und einer Infrarotlampe. Als Mutterersatz dient am besten eine Wärmflasche, die in ein Wolltuch eingewickelt wird. Die Temperatur in der Kiste sollte in den ersten zwei Wochen zwischen 25 und 30 Grad Celsius liegen und bis zur sechsten Woche schrittweise auf 20 Grad Celsius gesenkt werden.

KLEINE PLAGEN Es ist nicht gut, wenn bereits entwickelte Kätzchen bei ihrer Mutter immer noch saugen wollen.

DIE ENTWÖHNUNG

Die Entwöhnung eines Flaschenkätzchens beginnt, wenn es drei Wochen alt ist. Fügen Sie zunächst einige Tage lang dem Flascheninhalt etwa einen halben Teelöffel fein pürierte Babynahrung hinzu. Dann entwöhnen Sie das Kätzchen genauso wie natürlich aufgezogene Junge.

ALLGEMEINE RATSCHLÄGE FÜR DIE AUFZUCHT

- Nehmen Sie junge Kätzchen nie am Nackenfell hoch.
- Wenn die Kätzchen drei Wochen alt sind, sprechen Sie mit Ihrem Tierarzt über die Entwurmung.
- Halten Sie Kätzchen und Mutter bis zu einer Woche nach der Impfung der Jungen im Alter von etwa neun Wochen im Haus. Verhindern Sie, dass die Katzenmutter sich vor der Entwöhnung ihrer Kätzchen mit Katern trifft, weil viele Katzen schon wenige Tage nach der Geburt wieder paarungsbereit sind.
- Wenn Kätzchen nach der vollständigen Entwöhnung immer noch bei der Mutter trinken wollen, wird diese dünn und schwach werden. Während der Säugezeit und auch noch einige Tage danach muss die Katzenmutter genügend qualitativ hochwertiges Futter bekommen. Halten Sie bereits entwöhnte Kätzchen vom Saugen ab, indem Sie die Zitzen der Mutter mit einem nicht giftigen, abstoßenden Aerosol einreiben.

Katzen-Shows

Katzenfreunde können sich heute an einer großen Palette von Züchtungen erfreuen. Zum Großteil verdanken sie diese den Katzenausstellungen im 20. Jahrhundert. Züchter fühlten sich angespornt, speziell für die Ausstellungen neue Rassen zu entwickeln und sie dort zu zeigen.

Natürlich ist die künstliche, von Züchtern durchgeführte Auslese völlig auf das menschliche Idealbild von einer schönen Katze ausgerichtet. Man war derart darauf fixiert, Katzen zu züchten, die das menschliche Auge erfreuen sollten, dass die damit verbundenen möglichen physischen Nachteile völlig in Vergessenheit gerieten. Aber glücklicherweise hat die genetische Beeinflussung bei Zuchtkatzen weniger schädliche Nebenwirkungen hervorgebracht als auf manchen Gebieten der Hundezüchtung.

Sollten Sie sich entschließen, ernsthaft für Katzenausstellungen zu züchten, müssen Sie bereit sein, viel Zeit und Geld zu investieren. Als Lohn erwartet Sie jedoch eine sehr reizvolle und aufregende Aufgabe.

Wenn Sie eine Zuchtkatze besitzen – und nicht nur dann –, besuchen Sie eine oder zwei Katzenausstellungen. Sie werden dort viel Spaß haben, auch wenn Sie danach feststellen müssen, dass der treue alte Kater, den Sie dösend am Kamin zu Hause gelassen haben, nicht die vollkommenste Katze ist!

»BEST IN SHOW« Jeder Katzenfan liebt Katzenausstellungen. Auch wenn Ihre Katze nicht den Standards entspricht oder Sie nicht durchs Land ziehen wollen, eine Ausstellung ist ein Schönheitswettbewerb für Katzen und das interessante Ereignis einer jeder Ausstellung ist die Wahl der »Best in Show«.

Vererbung und Züchtung

Das Züchten von Katzen für Ausstellungen hängt von genetischen Veränderungen ab - ob beabsichtigt oder zufällig.

GRUNDLEGENDE MECHANISMEN DER VERERBUNG

Ein Zuchtergebnis ist sowohl von genau berechenbaren als auch von zufälligen Gegebenheiten abhängig. Jede Zelle eines Tieres oder einer Pflanze enthält die so genannten Chromosomen. Sie sehen aus wie mikroskopisch kleine »Perlenschnüre«, welche die Gene enthalten. Jedes Gen eines Chromosomenstrangs ist für das Aussehen und die Beschaffenheit eines bestimmten Teils des Körpers verantwortlich – einige Gene legen die Augenfarbe fest, andere die Fellfarbe usw. Die Gene sind in einer bestimmten Reihenfolge in den Chromosomen angeordnet. Ein Chromosom enthält den gesamten Entwurf für das Aussehen eines Individuums.

Die Zellen von domestizierten Katzen besitzen 38 Chromosomen, die zu 19 Paaren angeordnet sind. 18 davon sind fast identisch. Ein Paar unterscheidet sich jedoch geringfügig von den übrigen – dieses entscheidet über das Geschlecht des Kätzchens. Weibchen besitzen ein Paar von so genannten XX-Chromosomen, während Männchen ein Paar XY-Chromosomen haben. Ein Kätzchen erbt von der Mutter eines ihrer X-Chromosomen und vom Vater entweder ein X- oder ein Y-Chromosom.

Jedes Kätzchen eines Wurfs erbt von Vater und Mutter gleich viele Gene, aber sie sind in den Chromosomen ein wenig unterschiedlich angeordnet. Diese unterschiedliche Anordnung verleiht jedem Kätzchen seine eigene Individualität.

Gelegentlich können äußere Faktoren wie z.B. Röntgenstrahlen die Gene beeinflussen. Die Veränderungen, die dadurch hervorgerufen werden, nennt man Mutationen. Manchmal, allerdings sehr selten, kommt es zu spontanen Gen-Mutationen, die zum plötzlichen Auftreten von neuen Rassen, Farbschlägen und Typen führen.

KATZEN-STAMMBAUM Der Stammbaum zeigt zwei Generationen von Zuchtkatzen in einer typischen Katzenfamilie, mit einem Vater in Ginger (Rotbraun) und einer Mutter in Schildpatt. Als Ergebnis der Vererbungsregeln weist ihr Nachwuchs eine Vielfalt von Farben auf.

GEKOPPELTE GENE

Manche Gene sind an Geschlechtschromosomen gekoppelt und werden von Generation zu Generation in dieser Form weitergegeben. Im Fall einer Genkopplung trägt das Geschlechtschromosom neben geschlechtsbestimmenden Erbanlagen weitere Gene, die für verschiedene äußere Merkmale verantwortlich sind. Ein gutes Beispiel für geschlechtsgebundene Vererbung sind Schildpattkatzen, die immer weiblich sind. Das Schildpattfell wird von einer Kombination von Genen bestimmt, die mit dem weiblichen X-Chromosom verknüpft sind, weshalb es kein männliches Tier erben kann.

DOMINANTE UND REZESSIVE GENE

Dominante Gene sind stärker und setzen sich meistens durch, während die rezessiven eher zurückhaltend und dezent sind. Wenn sich zwei farbbestimmende Gene in einem gerade befruchteten Ei begegnen, legt das dominante Gen die Farbe des Kätzchens fest. Die Gene für das Tabbyfell (agouti) sind z.B. dominant, während die Gene für einfarbiges Fell (nicht-agouti) rezessiv sind.

Ginger

Schildpatt

Schildpatt

Braun-Tabby

Schildpatt-Tabby

Colourpoint mit Weiß

Blau-Tabby mit Weiß

Creme

Braun-Tabby

UNERWÜNSCHTE GENETISCHE AUSWIRKUNGEN

Ein dominantes Gen für die Farbe Weiß führt häufig zu einem Schwund der Innenohrstrukturen. Deshalb haben weiße Katzen, und zwar besonders solche mit blauen Augen, eine Neigung zu Taubheit.

Das Gen, das die Schwanzlosigkeit bei den Manxkatzen verursacht, ähnelt demjenigen, das bei Menschen Spaltwirbel (Spina bifida) hervorruft. Wenn diese Gene von beiden Elternteilen weitergegeben werden, sterben die Kätzchen bereits im Mutterleib. Deshalb sind Manxkatzen keine echten Zuchtkatzen. Damit sie überleben können, darf in jedem Chromosomenpaar nur ein Manx-Gen vorhanden sein.

Das Siam-Gen kann einen Defekt am Sehnerv hervorrufen, der das Auge mit dem Gehirn verbindet. Das führt zu einer Störung des beidseitigen Sehens und in gewissem Maß zur Doppelsichtigkeit, was die Katze durch Schielen auszugleichen sucht.

Einige andere unerwünschte, genetisch bedingte Folgen sind Haarlosigkeit (manchmal verbunden mit Genen für rotes Fell), Hodenhochstand, schlechte Ohrenstellung, zusätzliche Zehen (Polydaktylie) und ein Spalt im Vorderfuß (Spaltfuß).

Cornish Rex

Devon Rex

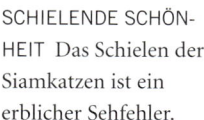

VERERBTE SCHWANZLOSIGKEIT Das Gen für die Schwanzlosigkeit bei der Manx ist dominant und mit einem Letalfaktor (letal = tödlich) gekoppelt: Paart man schwanzlose Katzen, so sterben alle reinerbigen Nachkommen schon vor der Geburt.

DAS MIMIKRY-GEN Gelegentlich können ganz verschiedene Gene die gleichen körperlichen Merkmale erzeugen. Man nennt sie »Mimikry-Gene«. Zwei bekannte Rexkatzen sind auf solche Mimikry-Gene zurückzuführen: Cornish Rex und Devon Rex. Beide Züchtungen sehen sehr ähnlich aus, haben sich aber genetisch getrennt voneinander entwickelt.

SCHIELENDE SCHÖNHEIT Das Schielen der Siamkatzen ist ein erblicher Sehfehler.

MASKIERUNG

Ein als Maskierung bekannt gewordenes Phänomen tritt auf, wenn einige Gene so stark dominieren, dass sie die von anderen Genen bestimmten Merkmale überlagern. Das beste Beispiel dafür ist das Nicht-agouti-Gen, das die verschiedenen Tabby-Gene »maskiert«. Das erklärt, weshalb eine schwarze Katze mit Tabby-Genen im Allgemeinen keine Tabby-Merkmale

POLYDAKTYLIE Zusätzliche Zehen sind genetisch bedingt.

MASKIERTE GENE Das Creme dieses Britisch-Kurzhaar-Kätzchens zeigt ein zartes Tabby-Muster, das von einem »maskierten« Gen herrührt.

aufweist – das Nicht-agouti-Gen hat das agouti-Ticking aus dem Fell eliminiert und einen einheitlich schwarzen Pelz erzeugt. Manchmal kommt auch eine teilweise Maskierung vor. Das ist die Erklärung dafür, dass man im Fell von jungen, einfarbigen Katzen oft ein feines Tabby-Muster erkennen kann.

SELEKTIVE ZUCHT

Ein Züchter von Ausstellungskatzen muss bei seiner Arbeit in das Labyrinth von geheimnisvollen Naturprozessen eingreifen. Für eine genetische Steuerung gibt es heute noch wenig Möglichkeiten, aber eines Tages können wir vielleicht tatsächlich genau die Katzen »produzieren«, die wir haben wollen.

Der Züchter muss diejenigen Merkmale, die er fördern will, auswählen und durch einen sorgfältig aufgestellten Zuchtplan verstärken. Er kann unerwünschte Merkmale unterdrücken (schielende Siamkatzen wurden bereits mit gutem Erfolg »herausgezüchtet«), und er kann durch Kreuzung von Katzen verschiedenen Körperbaus, unterschiedlicher Farbe, Haarlänge usw. experimentieren.

Um auf einer Katzenausstellung einen Preis zu gewinnen, muss das Endergebnis natürlich optimal dem Standard entsprechen, der für diese Zuchtkatzen gerade Mode ist.

Gezüchtete Birmakätzchen.

AUSSTELLUNGSKATZEN

Auf Katzenausstellungen werden Zuchtkatzen nach einer für jede Rasse aufgestellten Punkteskala bewertet. Die höchste Punktzahl ist 100. Davon werden für alle Merkmale, die nicht dem Zuchtstandard entsprechen, Punkte abgezogen. Wenn Ihre Katze für Ausstellungen nicht geeignet ist, überlegen Sie, ob Sie ein gutes Zuchtkätzchen erwerben wollen. Lassen Sie es registrieren oder lassen Sie den Wechsel des Besitzers eintragen. Wenn man Katzen für Ausstellungen züchten will, empfiehlt es sich, mit einem oder zwei weiblichen Kätzchen anzufangen. Denken Sie aber daran, dass es schwierig sein könnte, einen geeigneten Kater zu finden, wenn Sie mit einer seltenen Rasse beginnen wollen.

- Lassen Sie sich von einem erfahrenen Katzenzüchter beraten und treten Sie einem Züchterverband bei, bevor Sie mit einer Züchtung beginnen.
- Warten Sie, bis Ihr Weibchen ein Jahr alt ist, bevor Sie anfangen, mit ihr zu züchten.
- Vergleichen Sie verschiedene Zuchtkater, und wählen Sie den für Ihr Weibchen am besten geeigneten aus. Ihr Ziel sollte es sein, die Merkmale Ihrer Katze zu verbessern.
- Besuchen Sie Katzenausstellungen, um die in Frage kommenden jungen Kater auszusuchen, und achten Sie darauf, wie sie bewertet werden. Machen Sie sich nichts daraus, wenn Sie keine Zuchtkatze besitzen. Bei vielen Ausstellungen gibt es eine Sonderklasse für Hauskatzen, in der die hübschesten und charaktervollsten Tiere Preise gewinnen können.

Ausstellungen

Die erste Katzenausstellung, von der berichtet wird, wurde bereits 1598 in England im Rahmen einer Messe abgehalten. Doch die erste große offizielle Ausstellung fand erst 1871 im Londoner Kristallpalast statt. Dort wurden ausschließlich Britisch Kurzhaar und Perserkatzen gezeigt.

Etwa um die gleiche Zeit veranstaltete man die erste amerikanische Katzenausstellung in Neuengland, und zwar für Maine-Coon-Katzen. Die englischen Ausstellungen verlaufen heute immer noch nach denselben Spielregeln wie vor 100 Jahren, wobei der Richter jede Katze in ihrem Käfig besichtigt. Später kam bei einigen Ausstellungen ein Ring hinzu, in dem die Katzen gleichzeitig von ihren Besitzern an Leinen herumgeführt wurden. Man kann sich das Spektakel, das dabei oft entstand, lebhaft vorstellen. Heute werden bei amerikanischen und auch bei deutschen Ausstellungen die Katzen aus ihren Käfigen herausgenommen und von einem Richter auf dem Prüftisch bewertet, wobei das Publikum zusehen kann.

WIE AUSSTELLUNGEN ORGANISIERT WERDEN

Jedes Land hat ein Kontrollorgan, das für alle Katzenklubs und Zuchtverbände zuständig ist. In England ist es der Governing Council of the Cat Fancy (GCCF). In den USA ist die größte Körperschaft die Cat Fanciers Association

BERÜHMTE ZÜCHTERIN Mrs. W. Eame Colburn, die berühmteste Katzenzüchterin Amerikas, im Jahre 1901 mit ihrem Champion »Paris«.

(CFA). Für die Bundesrepublik Deutschland ist die Fédération Internationale Feline (F.I.Fé) zuständig. Diese Dachverbände legen die anerkannten Standards für alle Rassen fest, sorgen für die Eintragung von Zuchtkatzen und des Wechsels der Besitzer und genehmigen die Ausstellungstermine.

Wenn Sie Ihre Katze in England zu einer Ausstellung anmelden wollen, wird man Ihnen Unterlagen mit den Einzelheiten über die Ausstellungsregeln und die Klassen und ein Anmeldeformular zusenden. Die Ausstellungsregeln wurden festgelegt, um einen fairen Verlauf zu garantieren und die Tiere zu schützen.

AUSSTELLUNGSARTEN UND -KLASSE

In England gibt es drei verschiedene Arten von Ausstellungen.

Championship: Dies sind die wichtigsten Ausstellungen, und sie ziehen die Besitzer der edelsten Katzen an. Die wahrscheinlich größte Championship-Ausstellung in der Welt ist die »National Cat Club Show« in London mit mehr als 2000 Teilnehmern. Gewinner in der Open Class werden mit Wanderpreisen ausgezeichnet. Eine Katze mit drei Preisen kommt als Champion in der Champion-Klasse in Frage. Wer in dieser Klasse dreimal Sieger war, wird Grand Champion (kastrierte Katzen werden Premiers).

Sanction: Bei diesen Ausstellungen gelten die gleichen Regeln wie bei Championships, aber es werden keine Wanderpreise verliehen.

Exemption: Bei diesen Ausstellungen sind die Regeln nicht so streng, sie sind deshalb ein idealer Start für Anfänger.

Bei englischen Ausstellungen gibt es in der Regel vier Kategorien.

Open Class: Dies ist die wichtigste Klasse. Sie steht allen registrierten Zuchtkatzen offen, auch den Kastraten und Jungkätzchen. Wenn Ihre Katze bereits qualifiziert ist, muss sie in der Open Class angemeldet werden.

Side Class: Die Ausstellungskatzen sollten im Allgemeinen für mindestens vier Klassen angemeldet werden, dazu können auch die vielfältig gestaffelten Side Classes gehören. Wenn Ihre Katze z.B. noch nie zuvor bei einer Ausstellung Sieger war, könnten Sie sie für die »Maiden« Class anmelden.

Club Class: Diese Klasse wird von bestimmten Katzenklubs gesponsert und steht nur Mitgliedern offen.

Household Pet Class: In dieser Klasse können nur kastrierte Tiere von unbekannten oder nicht registrierten Eltern mitmachen.

AUSTRALISCHE AUSSTELLUNGEN

In Australien gibt es viele Katzenausstellungen, die von verschiedenen Katzenverbänden veranstaltet werden und von Verband zu Verband unterschiedlich ablaufen. Die üblichen Ausstellungsklassen sind: Championship aller Klassen, zugelassen alle Rassen mit Stammbaum; alle Langhaar- und Kurzhaarkatzen-Ausstellungen, veranstaltet von spezialisierten Katzenzüchtern, ohne Bewertung; Ausstellungen für jeweils eine bestimmte Katzenrasse. Die Standards sind so

FRÜHERE AUSSTELLUNGEN Eine Katzenausstellung, wie sie früher abgehalten wurde.

BEWERTUNG EINER AUSSTELLUNGSKATZE
Zuchtkatzen werden nach einer 100-Punkte-Skala bewertet. Die einzelnen Punkte werden für Merkmale erteilt, die dem Zuchtstandard entsprechen. Hier die Punktsysteme für Champion Perser Blau und Champion Siam.

PERSER BLAU

AUGEN *Farbe und Schnitt: 20 Punkte*

KOPF *Typus und Form: 25 Punkte*

SCHWANZ *10 Punkte*

KONDITION (ALLGEMEINZUSTAND) *10 Punkte*

FELL *20 Punkte*

KÖRPER *15 Punkte*

SIAM

AUGEN *Form und Schnitt: 5 Punkte, Farbe: 15 Punkte*

OHREN *Form und Schnitt: 5 Punkte*

SCHWANZ *Typus und Form: 5 Punkte*

KOPF *Form und Schnitt: 15 Punkte*

FELL *Struktur: 10 Punkte, Farbe und Abzeichen: 10 Punkte, Farbe des Körpers: 10 Punkte*

KONDITION (ALLGEMEINZUSTAND) *5 Punkte*

BEINE UND PFOTEN *Typus und Form: 5 Punkte*

KÖRPER *Typus und Form: 15 Punkte*

hoch, dass Katzenbesitzer, die an Ausstellungen teilnehmen wollen, sich vorher genau informieren sollten. Bei einer Katze vom »Typ Hauskatze« (weist Fehler auf, die in der Auflistung der Standars enthalten sind) wäre die Teilnahme an einer Ausstellung reine Zeit- und Geldverschwendung. Aber ein Anfänger muss Erfahrungen sammeln, daher sollte jeder Katzenhalter, der glaubt den richtigen Katzentyp zu besitzen, sein Glück versuchen.

DIE VORBEREITUNG IHRER KATZE FÜR EINE AUSSTELLUNG

• Vergewissern Sie sich, dass Ihre Katze rechtzeitig vor der Ausstellung geimpft wurde oder ihre jährliche Wiederholungsimpfung erhielt. Bringen Sie Ihre Katze nicht zu einer Ausstellung, wenn sie nicht in guter Verfassung ist.
• Gewöhnen Sie Ihre Katze an den Ausstellungskäfig und daran, sich anfassen zu lassen. Setzen Sie sie zu Beginn für ein paar Minuten täglich in den Käfig, und verlängern Sie allmählich den Zeitraum. Lassen Sie andere Familienmitglieder und Fremde die Katze regelmäßig anfassen, um peinliche Ausbrüche von Aggression oder Panik zu vermeiden, wenn der Ausstellungsrichter sie anfasst.
• Gewöhnen Sie Ihre Katze an Autofahrten. Reisekrankheit bei der Katze kann den Ein-

druck erwecken, dass sie ernstlich krank ist, und dazu führen, dass die Katze bei der Ausstellung nicht zugelassen wird.
• Pflegen Sie regelmäßig das Fell und inspizieren Sie dabei Augen, Ohren, Mund, Hinterteil und Füße.

DIE PFLEGE

Das Fell einer Langhaarkatze sollte voll und flauschig sein *(siehe Seite 176)*. Benutzen Sie keinen Pflegepuder, wenn die Ausstellung an einem Ort stattfindet, der weniger als zwei Tagesreisen entfernt ist, weil Puderspuren im Fell Strafpunkte bringen. Wenn das Fell Ihrer Katze weiß ist oder viel Weiß aufweist, können Sie einen Puder auf Kreidebasis einbürsten, um das Weiß zu verstärken, aber entfernen Sie sorgfältig alle Reste. Wenn das Fell Ihrer Katze schwarz ist, schildpattfarben oder irgendeine andere dunkle Farbkombination aufweist, benutzen Sie keinen weißen Puder, weil er schwer wieder zu entfernen ist und die Farben dämpft. Wenn Sie es für erforderlich halten, verwenden Sie Fullererde und dann Bayrum.

Kurzhaarkatzen pflegen Sie in gewohnter Weise *(siehe Seite 175)*, wobei Sie gleichfalls Bayrum anstelle von Puder nehmen. Um das Fell auf Hochglanz zu bringen, polieren Sie es mit Samt oder Sämischleder.

FÜTTERUNG

Füttern Sie Ihr Kätzchen entweder bevor Sie sich auf den Weg machen oder warten Sie damit bis nach der Ausstellung. Wenn Sie Ihre Katze füttern wollen, geben Sie ihr Fleisch oder Dosenfutter, keine Milchprodukte.

WAS MITZUNEHMEN IST
Sie werden folgende Dinge benötigen:
• eine weiße Katzentoilette,
• Zeitungspapier und Streu,
• eine weiße Ausstellungsdecke,
• weiße Futterschalen,
• eine weiße Wasserschale,
• eine Flasche mit Trinkwasser,
• eine Marke (eine kleine weiße Scheibe mit der Anmeldungsnummer Ihrer Katze),
• ein weißes Band, um die Marke am Hals der Katze zu befestigen,
• einen Reisebehälter,
• eine Reisedecke,
• Katzenfutter,
• Desinfektionsmittel und Tücher,
• Bürsten und Kämme,
• das Anmeldungsformular für die angegebenen Klassen,
• das Eintrittsbillet und eine Ausgangserlaubnis,
• die Karte für die Vorstellung beim Tierarzt,
• ein Impfzeugnis (gegen Katzenseuche).

BRITISCHE AUSSTELLUNGEN

Auf der Ausstellung werden die Katzen zuerst sorgfältig von einem Tierarzt untersucht. Besteht Ihre Katze aus irgendeinem Grund, z.B. wegen tränender Augen oder wundem Zahnfleisch, diese Prüfung nicht, so müssen Sie sie wieder nach Hause bringen, und die von Ihnen entrichtete Gebühr verfällt. Halten Sie das Impfzeugnis bereit, vielleicht müssen Sie es dem Tierarzt zeigen.

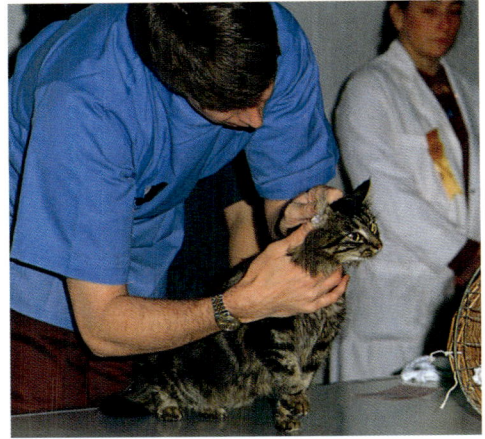

UNTERSUCHUNG Die Vorstellung beim Tierarzt wurde in den USA allgemein aufgegeben, in Deutschland und Großbritannien ist sie jedoch nach wie vor erforderlich.

Die Katze in ihrem Ausstellungskäfig

Nach der Vorstellung beim Tierarzt bringen Sie Ihre Katze an ihren Platz in der Ausstellungshalle – einem Metallkäfig, der die gleiche Nummer wie die Marke Ihrer Katze hat. Obwohl die Veranstalter dafür sorgen, dass die Käfige sauber sind, ist es besser, auf Nummer Sicher zu gehen und die Stäbe mit einem ungiftigen Desinfektionsmittel abzuwischen. Ausstellungsdecke, Katzentoilette und eine gefüllte Wasserschale

LETZTE KONTROLLE

- Kontrollieren Sie, ob die Marke sicher am Hals der Katze befestigt ist.
- Pflegen Sie die Katze ein letztes Mal.
- Kontrollieren Sie ihre Augenwinkel und, wenn nötig, säubern Sie sie.
- Wenn Sie die Katze im Käfig gefüttert haben, entfernen Sie die Futterschale und erneuern Sie die Einstreu in der Toilette.
- Stellen Sie den Transportbehälter unter die Bank, und zwar so, dass das Namensschild nicht zu lesen ist.

sind in England die einzigen Gegenstände, die man zur Katze in den Käfig geben darf.

Die Bewertung

Vor der Bewertung richtet ein Steward den fahrbaren Tisch des Richters her und sorgt dafür, dass eine gefüllte Sprayflasche mit einem Desinfektionsmittel und Papiertücher zur Hand sind. Danach kontrolliert er, ob die Katzen sich in den richtigen Käfigen befinden.

Für alle Zuchtkatzen gibt es einen Standard von Punkten, nach dem die Katze bewertet wird (siehe Seite 207). Hauskatzen, für die es keine Punkteskala gibt, werden nach ihrer Allgemeinverfassung und dem Temperament, das sie bei dieser Prozedur entwickeln, bewertet.

Nach jeder Prüfung schreibt der Preisrichter oder die Preisrichterin einen Kommentar in das Bewertungsbuch. Ein Zettel mit der Bewertung wird dann auf einer großen Anschlagtafel befestigt. Wenn alle Tiere geprüft worden sind, wird jeder Richter aus denen, die er bewertet hat, eine Katze, einen Kastraten und ein Kätzchen auswählen und nominieren. Anschließend wird über die »Beste Katze«, das »Beste kastrierte Tier«, das »Beste Kätzchen« und die »Beste Katze der Ausstellung« entschieden. Eine Siegerkatze bekommt eine Gewinnerkarte, die an ihrem Käfig angebracht wird. Als Preise werden kleinere Geldbeträge oder auch Rosetten gegeben.

AMERIKANISCHE AUSSTELLUNGEN

Bei Ausstellungen in Nordamerika findet keine Vorstellung beim Tierarzt mehr statt. Das liegt

BEWERTUNG Auf englischen Ausstellungen hält ein Steward die Katze, während der Richter sie bewertet.

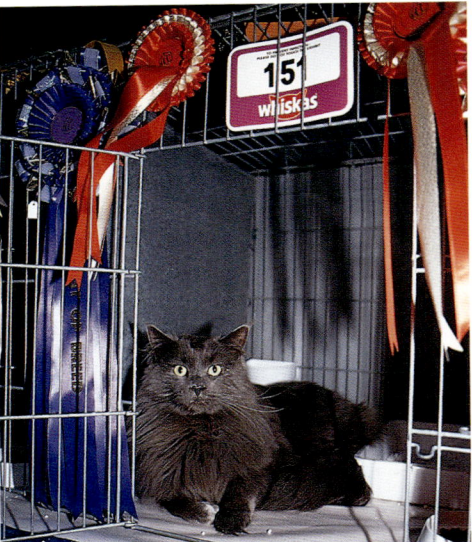

GROSSER ERFOLG Rosetten schmücken den Käfig einer Siegerin auf einer englischen Ausstellung.

hauptsächlich daran, dass die Organisatoren festgestellt haben, dass die Besitzer von Zuchtkatzen viel zu sehr um ihre Katzen besorgt sind, als dass sie ein offensichtlich krankes Tier mitbrächten. Außerdem kann der Tierarzt Infektionskrankheiten im Frühstadium ohnehin nicht erkennen.

Die Richter suchen die Katzen nicht an ihren Käfigen auf, die die Besitzer ausstatten und schmücken dürfen. Einige Enthusiasten betreiben förmlich einen Kult, wenn es um die Innenausstattung der Käfige geht. Man kann maßgearbeitete Auskleidungen in Goldlame, Spitze, Satin, Samt und sogar Straußenfedern kaufen. Um Katzen vor Schäden oder sogar böswilligen Verletzungen durch eifersüchtige Rivalen zu schützen, benutzen einige Besitzer Sicherheitskäfige mit eingebautem Ventilator und Luftfiltern.

Der Ablauf

Wenn Sie bei der Ausstellung ankommen, müssen Sie sich als erstes am Eingang anmelden. Dort erhalten Sie einen Umschlag, in dem sich die Käfig- und Katalognummer Ihrer Katze sowie ein Katalog befinden. Dieser ist meistens kostenlos, aber manchmal wird auch eine kleine Gebühr erhoben. An einer Anschlagtafel finden Sie einen Lageplan, auf dem innerhalb der verschiedenen Bankreihen die Namen der Katzenbesitzer bei dem ihnen zugewiesenen Platz aufgeführt werden.

Die Ausstellung ist normalerweise so angelegt, dass sich Kurzhaarkatzen und Langhaarkatzen in verschiedenen Abteilungen befinden. Für die Aussteller werden Stühle zur Verfügung gestellt.

Die Bewertung

Wenn Sie den Bewertungsplan zu Rate ziehen, können Sie grob überschlagen, wann Sie aufgerufen werden. Jeder Richter und jede Richterin hat einen eigenen Ring mit eigenen Käfigen (oft über zehn), einen Tisch mit einem Podest aus einem abwaschbaren Material, um die zu bewertende Katze auf eine bequemere Ebene zu bringen, sowie einen Vorrat an Papiertüchern, Desinfektionsmitteln und Ausstellungs-Halsbändern. Außerdem hat jeder Richter ein Bewertungsbuch, in das die Zuchtrasse, das Geschlecht, das Geburtsdatum, der Farbschlag, die Farbe und der Status (Open, Champion, Grand) der Katze eingetragen werden.

Ein Sekretär vergleicht die Daten mit denen des betreffenden Tieres in den Katalogen, die der Richter nicht einsehen darf, bevor die Ausstellung vorüber ist, und er wirft die Nummer für jede Katze oben in den Schlitz des Käfigs im Ring, und zwar so, dass die Nummer anschließend für alle sichtbar ist. Die Käfige sind so angeordnet, dass Kater und Weibchen einander abwechseln oder zwei Kater wenigstens durch einen leeren Käfig getrennt sind. Stewards wischen und desinfizieren die Käfige vor jeder neuen Besetzung.

Im Allgemeinen steht auf jedem Richtertisch ein Mikrophon, über das der Sekretär die einzelnen Katzen in den Ring ruft. Wenn Sie nach der dritten Durchsage nicht eintreffen, wird Ihre Katze als »abwesend« registriert. Wenn Sie aufgerufen werden, tragen Sie Ihre Katze zum Ring und setzen sie in den Käfig, der ihre Nummer trägt. Der Richter soll nicht wissen, welche Katze wem gehört, und die Besitzer sollen ihn nicht ansprechen. Wenn Sie irgendetwas mitzuteilen haben, reden Sie mit dem Sekretär.

VERSTECKTE QUALITÄTEN Ein amerikanischer Richter benutzt eine Feder, um eine Katze dazu zu ermutigen, sich von ihrer besten Seite zu zeigen.

Die Katze wird von dem Richter aus dem Käfig genommen und für die Bewertung auf das Podest auf seinem Tisch gestellt. Die Richter verwenden oft eine Feder, um die Katze in bestimmte Richtungen zu dirigieren. In Amerika öffnen die Richter die Kiefer der Katze nicht, um das Gebiss zu kontrollieren (die Anordnung der Zähne). Manchmal wird der Besitzer gerufen, damit er die Katze aus dem Käfig nimmt, auf den Tisch stellt und in den Käfig zurückbringt, um zu vermeiden, dass sie den Richter beißt. Geschieht dies trotzdem, kann der Richter sie disqualifizieren.

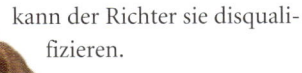

DEUTSCHE AUSSTELLUNGEN

Jede Ausstellungskatze muss zu Beginn einer tierärztlichen Kontrolle unterzogen werden. Es werden nur gesunde Tiere, die auch frei von Parasiten sind, angenommen.

Die Ausstellungskäfige, in welche die Tiere vom Besitzer gesetzt werden, dürfen ausgeschmückt werden. Die Katze bekommt die gleiche Nummer wie der Käfig. Zur Bewertung nimmt ein Steward die Katze aus dem Käfig und bringt sie auf die Bühne zum Richter. Dort findet eine öffentliche Bewertung statt, bei der alle zuschauen können. Die Bewertung wird in ein Buch eingetragen, und in der Regel begründet der Richter seine Entscheidung auch. Als Preise werden Kokarden und Pokale verliehen.

Anmeldungen für Ausstellungen sind nur für Mitglieder von Edelkatzenzuchtverbänden möglich. In den jeweiligen Mitgliederzeitschriften, z.B. *die edelkatze*, befinden sich entsprechende Anmeldeformulare. Sie können diese auch direkt beim 1. Deutschen Edelkatzenzüchterverband (1. DEKZV) anfordern. Anmelde- und Käfiggebühren fallen pro Katze an und sind meistens im Voraus zu bezahlen. Der Kauf und Verkauf von Ausstellungstieren ist erlaubt, und oft wechselt eine Zuchtkatze am Ende der Ausstellung ihren Besitzer.

DIE PREISRICHTER Auf einer amerikanischen Ausstellung: Die Katze wird, wenn ihre Nummer aufgerufen wird, zum Ring des betreffenden Richters gebracht, wo dieser sie öffentlich prüft und bewertet.

VON KÄFIG ZU KÄFIG Bei der National Cat Club Show in Großbritannien gehen die Richter von Käfig zu Käfig, um jeden Bewerber zu bewerten, wobei sie einen fahrbaren Tisch mit sich führen. Die Ergebnisse werden auf einer Anschlagtafel bekannt gegeben.

Die Katze und das Gesetz

Es ist ein großes Privileg, von einer Katze als Besitzer akzeptiert zu werden, aber es bedeutet auch Verantwortung. Obwohl Hauskatzen oft unerwünscht sind und von verständnislosen sowie uninteressierten Menschen für wertlos gehalten werden, ist jedes Leben wertvoll und der Achtung würdig, die wir allen Lebewesen schuldig sind. Das Gesetz gesteht den Katzen zwar weniger Schutz zu als den Hunden, aber auch Katzen besitzen unveräußerliche Rechte, und wir nehmen auch als Besitzer rechtswirksame Verantwortung auf uns, wenn wir unser Leben mit Katzen teilen.

In Deutschland gibt es ein Gesetz gegen Tierquälerei, das bei Aussetzen einer Katze Geldstrafen vorsieht; vernachlässigte oder schlecht gehaltene Katzen können dem Tierschutzverein übergeben werden.

In Großbritannien können die Vernachlässigung einer Katze oder das Zufügen von Leiden zu einer gesetzlichen Verfolgung führen, da es ein Gesetz gegen Grausamkeit an Tieren gibt. Unter Vernachlässigung und Zufügen von Leiden versteht man z. B. auch die unterlassene medizinische Behandlung eines kranken oder verletzten Tieres, die fehlende Vorsorge für eine Katze, wenn man in Urlaub fährt und die nicht verhaltensgerechte Haltung von Katzen. Es lohnt sich, immer wieder darauf hinzuweisen, dass das Ertränken von unerwünschten neugeborenen Kätzchen keine zu akzeptierende humane Methode der Euthanasie ist, sondern eher ein Akt schuldhafter Tierquälerei.

KAUF UND VERKAUF

In Deutschland ist gegenwärtig keine Lizenz für das Züchten, Verkaufen und Kaufen von Katzen erforderlich. Es gibt jedoch einige Vorschriften für den Verkauf von Katzen: Zuchtkatzen müssen der Beschreibung in ihren Registrierungsunterlagen entsprechen und dürfen zum Zeitpunkt des Verkaufs keine ernsten Krankheiten haben, sonst kann der Käufer vom Verkäufer Schadenersatz verlangen.

Beim Kauf eines Kätzchens, das aus dem Ausland importiert wird, ist der Verkäufer verpflichtet, Ihnen folgende Bescheinigungen auszuhändigen:
• Eintragungsbescheinigung ins Zuchtbuch,
• Transferbescheinigung,
• einen vier Generationen aufweisenden Stammbaum,
• den Impfausweis.

Beim Kauf einer Rassekatze sollte man einen Kaufvertrag abschließen und auf keine mündlichen Sondervereinbarungen eingehen. In Deutschland muss man einem anerkannten Züchterverband angehören, wenn man eine Katze mit Stammbaum verkaufen will. Züchter, die an Tierhandlungen Katzen verkaufen, werden vom 1. Deutschen Edelkatzenzüchterverband ausgeschlossen.

VON KATZEN VERURSACHTE SCHÄDEN

In Deutschland können Sie für die von Ihrer Katze verursachten Schäden haftbar gemacht werden. Für Personen- und Sachschäden wie Beißen, Zerreißen von Kleidern, Verletzen oder Töten anderer Tiere, z. B. von Hühnern, Hunden, Tauben kommt Ihre private Haftpflichtversicherung auf.

UNFÄLLE AUF DER STRASSE

Je nach Größe des entstandenen Schadens sollte man bei Unfällen auf der Straße die Polizei verständigen.

Unterlässt man nachweislich die Hilfeleistung bei einer verletzten Katze, so kann dafür eine Geldstrafe verhängt werden.

REISEN MIT EINER KATZE

Falls Sie vorhaben, mit Ihrer Katze im Auto zu verreisen, so muss sie dort sicher untergebracht werden, da Sie sonst gegen die Straßenverkehrsordnung verstoßen. Für Reisen mit allen anderen Verkehrsmitteln gelten die Vorschriften der jeweiligen Unternehmer. Die Aus- und Einfuhr von Katzen verlangt die strikte Einhaltung der Gesundheitsbestimmungen und Quarantäne-Regelungen der jeweiligen Länder. In Deutschland genügt ein gültiger EU-Heimtierausweis.

KATZENDIEBSTAHL

Der Diebstahl von Katzen und der Erwerb von gestohlenen Katzen ist strafbar. Selbst »die Adoption« einer Katze kann als Diebstahl betrachtet werden, deshalb seien Sie vorsichtig, wenn Sie sich entschließen, eine Katze zu behalten, die Sie regelmäßig besucht – sie kann das legale Eigentum eines anderen sein. Der Besitzer kann eine solche Katze bis zu einem halben Jahr nach ihrem Verschwinden wieder zurückverlangen. Erkundigen Sie sich deshalb gründlich in der Nachbarschaft, bevor Sie eine »streunende« Katze aufnehmen.

Katzen werden aus verschiedenen Gründen gestohlen, wobei Tierversuche und europäischer Fellhandel zu den häufigsten Motiven zählen. Eine vom Tierarzt durchgeführte Ohrtätowierung bietet einen gewissen Schutz gegen Diebstahl, denn Labore sind verpflichtet, keine solcherart registrierten Tiere zu verwenden.

Nützliche Adressen

VERBÄNDE/VEREINE

Fédération Internationale Féline (F.I.F.é)
Little Dene, Lanham Heath Maidstone
Kent ME 17 2BS
Großbritannien
www.fifeweb.org

**Deutsche Edelkatzenzüchterverband e.V.
(1. DEKZV e.V.)**
Berliner Straße 13
35614 Aßlar
www.dekzv.de

Deutsche Rassenkatzen-Union e.V. (D.R.U)
Hauptstraße 56
56814 Landkern
www.dru.de

Österreichischer Verband für Zucht und Haltung von Edelkatzen (ÖVEK)
Liechtensteinstraße 126
A-1090 Wien
www.oevek.org

Fédération Féline Helvétique (FFH)
Alfred Wittich
CH-5626 Hermetschwil
www.ffh.ch

REFERENZLABORS FÜR TOLLWUT

Deutschland
Institut für Virologie
Frankfurter Straße 107
35393 Gießen

Österreich
Bundesanstalt für Tierseuchen-Bekämpfung
Rober-Koch-Gasse 17
A- 2340 Mödling

Schweiz
Schweizerische Tollwutzentrale
Länggass-Straße 122
CH-3012 Bern

REGISTRIERUNG VON KATZEN

TASSO-Haustierzentralregister e.V.
Frankfurter Straße 20
65795 Huttersheim
www.tiernotruf.org

Internationale Zentrale Tierregistrierung (IFTA)
Weiherstraße 8
88145 Maria Thamm
www.tierregistrierung.de

VERSICHERUNG

AGILA Haustier-Krankenversicherung AG
Breite Straße 6-8
30159 Hannover
www.agila.de

Uelzener Allgemeine Versicherunggesellschaft AG
Postfach 2163
29511 Uelzen
www.uelzener.de

Anschriften von Katzenklubs und -vereinen können Sie bei den oben genannten Verbänden erfragen.

Register

A

Abessinier 9, 31, 118–119, 157, 169
  Blau 118 f.
  Rot (Sorrel) 118
  Silber Blau 118
  Silber Sorell 118–119
  Wildfarben 118–119
Abführmittel 184
Abszess 180, 183
Ägypten 9, 96, 100, 138
Ägyptische Mau 9, 138
  Rauchfarben (Smoke) 138
  Schwarz 138
  Silber 138
  Zinnfarben (Pewter) 138
Afghanistan 9
Afrikanische Wildkatze 8–9, 20
Aggression 25–26
Albinokatzen 32
Alter 184–185
American Bobtail 148–149
Amerikanisch Drahthaar 30, 110–111
  Braun-Tabby mit Weiß 111
  Rot-Tabby 111
  Schildpatt mit Weiß 110
  Schwarz-Weiß-Bicolour 111
  Silber-Tabby mit Weiß 111
  Weiß 11
Amerikanische Ausstellungen 208
Amerikanische Burmakatze Braun 123
Amerikanisch Kurzhaar 86, 108–109
  Blau 109
  Blau Creme 109
  Blau Smoke 109
  Blau-Tabby 109
  Braun-Tabby 109
  Calico 109

Cameo schattiert 109
Cameo Smoke 109
Cameo-Tabby 109
Chinchilla Silber 109
Cream-Tabby 109
ohne Stammbaum 152
Rot-Tabby 109
Schildpatt Smoke 109
Schildpatt-Tabby 109
Schwarz Smoke 109
Shell Cameo 109
Silberschattiert 109
Silber-Tabby 109
Van-Pattern Tabby 108–109
Weiß 109
Aminosäuren 162
Anatomie (Körperbau) 10–11
Anfassen 168
  bei Ausstellungen 207
  Kätzchen 157, 201
  kranke Katzen 184–185
  Weibchen 191
Angorakatze 9, 30–31, 34, 36, 72
Asiatische Wüstenkatze 8 f.
Aspirin 178
Aufzucht 178 f.
Augen 13, 16–17, 31–32
Augenerkrankungen 179
Augenfarbe 32, 38, 90, 199
Augenformen 32
Augenpflege 178–179
Augentypen 32
Ausfluss 156, 179–180, 182
Ausstellungen 206–209
Autoreisen 171, 207

B

Baden 177
Bahnreisen 172
Balance 12–13, 179
Balinese 34, 68–69
  Blue-Point 68
  Chocolate Tabby-Point 69
  Lilac Tabby-Point 68–69
  Seal-Point 68

Ballaststoffe 162–163, 181
Bandwürmer 183
Bengal 87, 140–141
  Braun-Schwarz-Getupft 140
  Braun-Schwarz-Marmoriert 140
  Schneegetupft 140
  Schneemarmoriert 140
Beruhigungsmittel 171, 185
Beweglichkeit 10
Bewegung 14–15, 169
Birmakatze 9, 64–65, 170, 205
  Blue-Point 65
  Chocolate-Point 64–65
  Cream-Point 64
  Red-Pont 64
  Schildpatt Blau 122–123
  Seal-Point 64–65
Bisswunden 183
Blaue Augen 32, 205
Blindheit 184
Blue Persian Society 40
Blutungen 185
Bombaykatze 31, 128
Britisch Kurzhaar 88–105
  Blau 92–93
  Blaucreme 94–95
  Blau-Schildpatt mit Weiß 99
  Braun-Tabby 96
  Creme 91
  Getupft 100–101
  Rotgetupft 101
  Rot-Tabby 96
  Schildpatt 98–99
  Weiß 99
  Smoke (Rauchfarben) 104
  Schwarz 88–89
  Getippt 105
  Silbergetupft 100–101
  Silber-Tabby 97
  Smoke 104
  Smoke in Schwarz 93
  Tabby 96–97
  Tipped mit schwarzer Spitzenfärbung 105
  Weiß 90

zweifarbig 102–103
  Blau mit Weiß 102
  Creme mit Weiß 102
  Rot mit Weiß 103
Britische Ausstellungen 206
Bronchitis 180
Brustraumerkrankungen 180
Burma 9, 64, 122
Burmakatze 9, 18, 122–123
  Blau 123
  Schildpatt 123
  Braun 123
  Schildpatt 123
  Creme 123
  Lilac 122
  Rot 123
Burmilla 132–133
  mit braunem Tipping 133
  mit schwarzem Tipping 132–133

C

Carnivoren 6, 8, 10
Cat Fanciers Association (CFA) 29
Chinchilla Langhaar 44–45
Chinchilla-Perser siehe Chinchilla Langhaar
Chromosomen 204–205
Cornish Rex 30–31, 134, 205
  Blau 134
  Chocolate-Schildpatt 134
Creodonten 8
Cymric 83

D

Desinfektionsmittel 168, 208
Devon Rex 19, 30, 134–135, 205.
  Weiß 135
Diabetes 181, 188
Domestizierung 9
Dominante Gene 204
Doppelfell 34
Dosenfutter 166
Dschungelkatzen 8
Durchfall 180–181

E

Eckzähne 11
Eingeweide 11
Eisprung 190
Entwöhnung 195, 198, 201
Entwurmen 183, 201
Erbrechen 180–181
Ergänzungen 163
Ernährung 17–18, 22, 162–167, 184, 191, 198, 201
Erste Hilfe 185
Erster Deutscher Edelkatzenzüchterverband (1. DEKZV) 209
Ersticken 185
Ertrinken 185
Erziehung 168–169
Euthanasie 200
Evolution 8–9
Exotisch Kurzhaar 112–113
  Blau 113
  Blau Tabby 112
  Colourpoint 112

F

Faltohren 144
Fangzähne 11, 21
Farbensehen 17
Fédération Internationale Féline (F.I.Fé) 206
Feline Enteritis (Katzenseuche) 158, 180–181, 198–199
Feline Infektiöse Peritonitis (FIP) 181
Felines Immunschwäche Syndrom (FIV) 178, 181
Felines Leukämievirus (FeLV; Katzenleukämie) 158, 181, 189, 198–199
Felis catus 8–9, 29
Felis planiceps 18
Felis silvestris 8–9
Felis silvestris libyca 8
Fells silvestris ornata 8
Fell 25, 30–31, 34, 86, 134–136, 139, 150–151, 156, 158

Fellfarbe 31
Fellmuster 31
Fellpflege 34, 86, 174–177, 184, 207
FeLV *siehe* Felines Leukämievirus
Fette 162
FIP *siehe* Feline Infektiöse Peritonitis
»Fisch-Ekzem« 182–183
FIV *siehe* Felines Immunschwäche Syndrom
Flachkopfkatze 18, 22
Flehmen 17
Fliegen 22, 163
Flöhe 175, 183
Flugreisen 172–173
Foreign Kurzhaar (Orientalisch Kurzhaar) 130–131
  Blau 130
  Blau Tabby 131
  Chocolate-Tabby 131
  Lilac 130–131
  Schwarz 130
  Tabby 131
  Tabby mit Ticking 131
Fortpflanzung 187–193
Fossilien 8–9
Frankreich 9, 64
Fremdkörper 178–179
Freundschaft 6, 20, 25, 168
Füße 8, 14–15, 205
Fütterung 17–18, 162–167, 184, 191, 207
Futterschale 163, 167, 172

G

Gang 14
Gastritis 180
Gebärmuttererweiterung (Pyometra) 182
Gebiss 11, 21, 158, 174, 178–179, 184
Geburt 191–193
Geburtenkontrolle 187–188
Gedächtnis 24

Gefahren 159, 208
Gehirn 11–12, 20, 24
Gehör 11, 18–19, 38, 70, 90, 184, 205
Gehorsam 168–169
Gelenke 10, 14
Gelocktes Fell 134–136, 150–151
Gemüse 167, 184
Genetik (Vererbung) 204–205
  Augenfarbe 32
  Kurzhaarkatzen 80
  Missbildung 19
  Mutationen 29, 34, 106, 139, 146, 204
  Schildpatt 98
Genitalien 182
Geoffroys Katze 8
Gepard 8, 12, 15, 22
Geruchssinn 17, 24–27
Geschmack 17–18
Gesetzgebung 210
Gesichtsausdruck 24
Gesichtsfeld 16
Gesichtssinn 16–17, 184, 205
Gesundheit 156–159, 172, 178–185, 189, 199, 208
Gesundheitszeugnis 158, 172, 189, 199, 208
Gewicht 10, 181, 184, 191, 197–198
Gewürze 164
Giftige Pflanzen 159
Golden Chinchilla Langhaar 62
Governing Council of the Cat Fancy (GCCF) 206
Grasessen 163
Grüne Augen 32

H

Haarbällchen 163, 180
Haarlose Katzen 31, 139, 205
Halsband 160, 169
Hämatom 180, 183
Harnwegserkrankungen 181–182, 184

Hauterkrankungen 182–183
Hautparasiten 182
Havana 86, 121
Herzerkrankungen 180
Hierarchie 26
Hormone 26, 184
Husten 180
Hyperthermie (Überhitzung) 171
Hysterektomie 182

I

Impfungen 158
  Kätzchen 198–199
  Katzenausstellungen 207–208
  Katzenschnupfen 180
  Katzenleukämie 181, 189
  Reisebestimmungen 173
Indien 9
Inertia uteri 192
Infektionskrankheiten 181
Injektionen 185, 188
Intelligenz 11, 24
Iran 9, 34
Italien 9, 40

J

Jacobson'sches Organ 17
Jagd 6, 14, 20–23, 24, 163, 196
Jaguar 8–9, 22
Japan 9, 124
Japanese Bobtail (Japanische Stummelschwanzkatze) 9, 124
  Rot mit Weiß 124
  Schwarz mit Weiß 124
Japanische Stummelschwanzkatze *siehe* Japanese Bobtail

K

Kämpfe 26, 183, 196
Kanada 139
Kartäuserkatze 31, 92, 137
Kastration 26, 157, 181–182, 187–188, 199
Kater 26–27, 156, 188, 190, 199

Katzenausstellungen 203, 205, 206–207

Kätzchen
 aufziehen 200–201
 Bewegung 14
 Entwicklung 13, 195–199
 füttern 17–18, 162, 165
 Geburt 192–193
 Gewicht 197
 halten 168
 jagen 21–23
 Kastration 199
 mütterliches Verhalten 194–195
 Pflege 192–193
 Registrierung 29
 Spiel 22–23
 Wurfgröße 191

Katzenbett 159, 161, 169
Katzendiebstahl 210
Katzenheim 169, 171
Katzenkauf 157–159
Katzenklo 24, 159–160, 168, 197
»Katzen-Kratz-Fieber« 183
Katzenleukämie siehe Felines Leukämievirus
Katzenminze 17
Katzen mit Stammbaum 9, 29
 Kauf 158
 Transport 172
 züchten 189
Katzenschnupfen 158, 179–180, 198–199
Katzenseuche siehe Feline Enteritis
Katzentürchen 168
Katzenverbände 206
Katzenverkauf 210
Katzenzubehör 160–161, 175–176, 191, 200–201, 207
Klettern 15
Knochenbrüche 13
Körperbau siehe Anatomie
Körperformen 11
Körpersprache 24–25
Kohlehydrate 162

Koratkatze 9, 31, 86, 120
Korrekturreflex 13
Kragen 183
Krallen 169, 175
Kratzbrett, Kratzpfosten 160
Künstliche Aufzucht 200–201
Kurzhaarkatzen 9, 86–153
 Fell 31
 ohne Stammbaum 152–153
 Pflege 175, 207

L
Läuse 182
Langhaarkatzen 9, 30, 34–85, 157, 174, 176, 207
 Bicolor (Perser Bicolor) 49
  Blau und Weiß 49
  Creme mit Weiß 49
  Schwarz mit Weiß 49
 Blau (Perser Blau) 40–41
 Blaucreme (Perser Blaucreme) 43
 Cameo (Perser Cameo) 46–47
  Cremeschattiert 47
 Chinchilla (Chinchilla-Perser) 44–45
  Silberschattiert 45
 Chocolate 60– 61
 Creme (Perser Creme) 39
 Colourpoint (Perser Colourpoint) 56–57
  Blue-Point 57
  Lilac 56
  Seal-Point 56
  Seal Tabby-Point 57
 Golden 62–63
 Pewter (Zinnfarben) 58–59
 Red-Pont Colourpoint 56
 Rot (Perser Rot) 42
 Schildpatt (Perser-Schildpatt) 52–53
 Schildpatt Cameo 46
 Schildpatt mit Weiß (Perser Schildpatt mit Weiß) 54–55
  Blau-Schildpatt mit Weiß 55

Schwarz (Perser Schwarz) 36–37
 Smoke (Perser Smoke) 48
  Smoke Schwarz 48
 Tabby (Perser gestromt oder getigert) 50–51
  Blau-Tabby 51
  Braun-Tabby 50
  Silber-Tabby 51
 Weiß (Perser Weiß) 38
  Weiß mit blauen Augen 38
  Weiß mit orangefarbenen Augen 38
LaPerm 150–151
Laufen 14
Laufstall 160–161
Lautäußerung 24
Lebenserwartung 183
Lebensmittelvergiftung 180
Leine 160, 169
Leopard 8, 12, 20, 23, 196
Lernen 20–24, 168, 196
Löwe 8, 10, 20, 22
Luchs 8–9, 12
Lungenentzündung 130

M
Mäusefang 163
Magen-Darm-Erkrankungen 180–181
Maine Coon 30–31, 34–35, 76–77
 Braun-Tabby 76
 Schildpatt mit Weiß 77
 Weiß 77
Mandarin 72
Manul (Pallaskatze) 8–9, 34, 87
Manxkatzen 9, 12, 83, 106–107, 205
 Stumpy Manx Rot-Tabby 107
 Stumpy Manx Blau 107
Markieren 24, 27
Martellis Wildkatze 9
Maskierung 205
Microchip/Transponder 173

Milch 165, 167
Mimikry-Gen 205
Mineralstoffe 163
Mittelohrerkrankung 179
Munchkin 146–147
 Weiß 147
 Schwarz und Weiß 146–147
Mund 157, 178, 184
Muskeln 15
Mutationen siehe Genetik
Mythen 88, 100,106, 116, 118, 138, 163

N
Nachtsicht 16, 33
Nasenerkrankungen 179
Nebelung 31, 82
Nervensystem 11–12, 20–21
Netzhaut 16
Nickhaut-Vorfall 179
Nierenerkrankungen 181–182
Niesen 180
Norwegische Waldkatze 34, 78–79
 Blau Smoke (Rauchblau) 78–79
 Tabby 78

O
Obst 167, 184
Ocicat 31, 142–143
 Chocolate 122–123
Ohren 18–19, 25, 144, 156, 158, 174, 179–180, 205
Ohrenerkrankungen 179–180
Ohrräudemilben 180
Orientalisch Kurzhaar siehe Foreign Kurzhaar
Orientalische Langhaar siehe Türkische Angora
Ozelot 8

P
Paarung 189–190
Paarungszyklus 188–189, 191
Pasteurella septica 183

Perser *siehe* Langhaar
Persische Van-Katze 49
Pheromone 170
Plazenta 192
Pflegeutensilien 160, 175–176, 207
Preisrichter 207–209
Proailurus 8
Proteine 162, 167, 184
Pseudoailurus 8
Puma 16, 20
Pupille 16
Pyometra *siehe* Gebärmutter-erweiterung

Q
Quarantäne 172

R
Ragdoll 19, 35, 66–67
  Chocolate-Point 67
  Lilac-Point 66
  Seal-Point Colourpoint 67
  zweifarbig 66
Rassen 28–153
Registrierung 29, 158, 198, 206
Reisen 170–171, 210
Reisekrankheit 171
Retina 16
Rexkatze 134–136
Ringflechte 183
Rippenfellentzündung 180
Rückgrat 10, 14
Russisch Blau 9, 31, 87, 116–117, 157, 169
Russland 9, 116

S
Säugen 194–195
Schädel 11, 18
Schottische Faltohrkatze *siehe* Scottish Fold
Schneeleopard 8
Schneeschuh *siehe* Snowshoe
Schnurrhaare 19, 25

Schwanz 12, 25, 106, 148, 205
Schwanzlosigkeit 205
Scottish Fold 144–145
  Schwarz und Weiß 145
  Schwarz-Smoke und Weiß 144–145
Sechster Sinn 24
Seereisen 172–173
Selkirk Rex 136
  Weiß-Tabby 136
Siam 9, 18, 31, 86, 114–115, 157, 169, 189, 205, 207
  Blau-Point 115
  Chocolate-Point Tabby 115
  Chocolate-Tortie-Point 115
  Cream-Point 115
  Lilac-Point 114–115
  Lilac-Tortie-Point 115
  Red-Point 115
  Seal-Point 115
  Seal-Point Tabby 114–115
  Seal Tortie-Point 115
Sibirische Katze 80–81
  Braun-Tabby mit Weiß 80
  Tabby braungetupft mit Weiß 80–81
  Tabby rotschattiert 81
Singapur 9, 125
Singapura 9, 125
Sinne 16–19
Skelett 10, 14
Snowshoe (Schneeschuh) 129
  Blue-Point 129
  Seal-Point 129
Somali 31, 74–75, 157, 169
  Silber Sorrel 74–75
  Sorrel 74–75
  Wildfarben 74
Soziales Verhalten 24–25, 196
Soziale Hierarchie 26
Sphinx 30–31, 139, 157
  Blau mit Weiß 139
  Harlekin 139
  Schwarz mit Weiß 139
Spiel 22–23, 169, 196

Spielzeug 160, 197–198.
Spulwürmer 183
Springen 12, 14–15
Stummelschwanzkatzen 148

T
Tabbyzeichnung 31, 205
Tapetum lucidum 16
Tastsinn 17–18
Taubheit 18–19, 38, 70, 90, 144, 184, 205
Temperaturmessen 185
Territorium 24, 26–27
Thailand 9, 114, 120
Tierärztliche Behandlung 178–185, 193
Tierhandlung 157–158
Tiffany-Katze 73
Tiger 8–10, 17–18, 20–22, 27, 196
Tipping 30
Tonkanese 31, 126–127
  Naturnerz 127
  Platinnerz 127
  Red-Point 126
Töten von Beutetieren 21
Trächtigkeit 165, 191
Transportbehälter 159, 161, 170–172
Trockenfutter 166
Türkei 9, 34, 70–72
Türkische Angora 72
  Blau 72
  Blau Smoke 72
  Blau-Tabby 72
  Braun-Tabby 72
  Calico 72
  Chocolate-Tabby 72
  Rot-Tabby 72
  Schwarz 72
  Smoke 72
  Silber-Tabby 72
  Weiß 72
  zweifarbig 72
Türkische Katzen 9

Türkische Van-Katze 70–71
  Creme mit Weiß 70
  Kastanienbraun mit Weiß 70–71
Tumor 180, 183

U
Übergewichtige Katzen 165
Überhitzung *siehe* Hyper-thermie
Umzug 27, 170
Unfälle 185
Urin verspritzen 27
Urlaubsvorsorge 156, 169, 171

V
Verdauungstrakt 11, 180–181
Vererbung *siehe* Genetik
Verhalten 20–27, 170, 190–191, 194–196
Verhütung 164, 166
Verständigung 24–25, 195
Verstopfung 180–181, 184
Virusinfektionen 181
Vitamine 163, 179
Vögel fangen 20, 22

W
Waldwildkatze 8
Wehen 192–193
Wildkatze 9
Wasser 163–165, 184
Wunden 183, 185
Wüstenluchs 14
Würmer 163, 173, 183, 201

Z
Zahnfleischentzündung 178, 184
Zahnstein 174, 178, 184
Zecken 180–182
Zimmerpflanzen 159
Zucht 9, 30, 52, 84, 86, 106, 187–193, 204–205
Zystitis 181, 184

Dank

DANK DES AUTORS

Vielen Dank an die Lektorin Maria Pal, die Designerin Liz Black und an die hervorragenden Mitarbeiter des Dorling-Kindersley-Verlages. Sie müssen nach der Monate dauernden Arbeit an diesem Buch alles, was mit Katzen zu tun hat, verinnerlicht haben. Meinen Dank auch an Diane Wilkins, meine beste und geduldigste Sekretärin, meine Kollegen von der tierärztlichen Abteilung des International Zoo, die mir oft mit wertvollem Rat zur Seite standen, und an meine Familie, die mit mir zusammen schon früh morgens an die Arbeit für dieses Buch ging. Dank gebührt auch allen Katzenliebhabern, die ich kenne – und das sind mehrere Hundert – und die mich ermutigten. Ihre Anforderungen zu erfüllen, stellte für mich eine Aufgabe dar, die die Mühe wert war. Dank auch an alle Katzen, mit denen ich die Ehre hatte, zusammenzuarbeiten - von »Buck Tooth«, der tragisch in einem Feuer im Hinterhof meiner alten Praxis in Rochdale umkam, bis zu den Tigern im Windsor Safari Park und den Berberlöwen im Zoo de la Casa de Campo in Madrid.

DANK DES VERLAGS

Der Verlag Dorling Kindersley dankt Daphne Negus, Herausgeberin von Cat World™ International, für die sachkundige Beratung über die amerikanische Katzenszene, Margaret Stephenson, stellvertretender Vorstand der Royal Agricultural Society Cat Control, für ihre Informationen über den australischen Bereich, Karen Tanner von Intellectual Animals für ihre Hilfe im Fotostudio und ihre Sachkenntnis, Jan Beaumont, Eileen Fryer, Kim Taylor, Carolyn Woods, Ann und Arabella Grinsted, Georgina Parker und ihrer Familie, dem Covent Garden Pat Centre und P. E. Hatch für die Bereitstellung des Katzenzubehörs, Jan Croot und Anne Lyons für die Bildbeschaffung und Ella Skene für das Erstellen des Registers.

Sands Publishing Solutions dankt Hilary Bird für die Überarbeitung des Registers, David Roberts in der Kartographie des Dorling Kindersley Verlags für die Erstellung der Karte auf Seite 9.

BILDNACHWEIS

l = links, m = Mitte, o = oben, r = rechts, u = unten

Agence Nature/NHPA: S. 13 r
Animals Unlimited/Paddy Cutts: S. 17 o, 18 r, 21 o, 45 ur, 52 l, 60 o, 63 ur, 64 ul, 67 or, 6 ur,74 o, 75 Mr, 93 ur, 113 ur, 114 or, 115 ol, 119 oM, 123 or, 125 o, 125 u 171 o, 208 l Ardea London: S. 159 o, 164 o, 178 l; mit freundlicher Genehmigung der British Library: S. 206
Jane Burton: S. 101, o, u, 11 or / 12, 131, u, 14, 15, 17 r, u, 18 l, o, 19 l, 20 ul, ur, 21 u, 22 o, 23, 25, 26, 27 o, 156-158, 162, 163 u, 166 o, 168 o, 174 or, 178 r, 179 u, 180 o, 182, 188-201, 204, 205 u
Chanan Photography: S. 82 o, u151 ol, or, 208 u, 209 ul
Bruce Coleman: S. 8 (außer uM), 124 u; Jane Burton/Bruce Coleman: S. 11 ol, 16 o, 24 l, 167 o, 179 o, 184 u, Hans Reinhard/Bruce Coleman: S. 22 u, 24 r, 26 o, 55 or, 78 Mr, o, 90 ur, 135 M, 169 ur, 183 u
Kim Taylor und Jane Burton/Bruce Coleman: S. 16 r
Corbis: Yann Arthur-Bertrand: S. 28 ol, or, ul, ur, 29 ol, ul, 86 M; Darrel Gulin: S. 35Mr, 202; Jule Habel: S. 34 M; Lester Lefkowitz: S. 33; Dan Mason: S. 2, 87 or; Roy Morsch: S. 5; PBNJ Production: S. 6; Dale C. Spartas: S. 35 ol

Geoscience Features Picture Library: S. 168u
Getty Images/Walter Hodges: S. 154
Marc Henrie ASC (London): S. 26 l, 49 ul, 51 Mr, 66 ul, 67 or, 68 ul, 78 or, 85 ur, 96 o, 97 ur, 101 ur, 103 ol, 107 or, 114 ul, 119 ol, 123 Mr, 130 M, ul, 131 ol, 183 o, 184 o, 205 M
Dorothy Holby: S. 109 u, 110 ul, 127 ur, 152 or
Pete Turner/Image Bank: S. 27 u
Vicky Jackson: S. 111 ol
Eric Jenkins: S. 70 ul, ur, 122 ul
Larry Johnson: S. 129 ul, 209 o, ur
Dave King: S. 1, 8 uM, 16 r, 19 r, 25 or, 31 o, 32, 36-48, 49 o, 50, 51 o, ul, 52 r, 53, 54, 55 l, 56-59, 61, 62, 63 ol, 64 r, 65, 66 o, 67 l, 68 o, 69 l, or, 70 o, 71-73, 74 u, 75 o, u 77 ol, 79 o, 85 l, or, 88, 89, 90 o, ul, 91, 92, 93 o, 94, 95, 96 u, 97 o, 99-100, 101 or, 102, 103 M, r, 104, 105, 106, 107 ol, u, 108, 112, 113 ul, o, 114 Mr, 115 or, 116-118, 119 u, or, 120 l, 121 o, ur, 122, 123 ol, 126 l. or, 127 ul, or, 128, 129, 130 or, ur, 131 or, Mr, ur, 132-134, 138, 152 u, 153, 159, 160 ol, ul, 161 ol, 163 o, 165 o, 170 l, 171 u, 174 oM, ol, u, 175 o, l, 176, 177, 205 o, l, 207
Simon Murrell: S. 175 ur
Robert Pearcy: S. 85 Mr, 109 o, 121 ul, 123 ur
Spectrum Colour Library: S. 168 l, 170 r
Warren Photographic/Jane Burton: S. 30 ur, 87 Mr, 173 or
Tetsu Yamazaki: S. 30 uM, 80 ul, 81 ul, 83 u, 110 M, 11 or, Mr, 137 or, u, 146 u, 147 ol, ur, 148 u, 149 ol, M 150 M
Zefa: S. 20 o, 84 o, 124 or

Alle anderen Bilder © Dorling Kindersley
Weitere Informationen: www.dkimages.com

ABGEBILDETE KATZEN

S. 1
Birmakätzchen
Aus dem Wurf von Kamasaki Midnight's Child
Besitzerin: Karen Tanner

S. 36-37
Langhaar Schwarz
Ryshworth Inky Dink
Besitzerin: Rose Cook

S. 38
Langhaar Weiß
Doleygate Clarino und Doleygate Chaconne
Besitzer: Fred und Freda Greenhill

S. 39
Langhaar Creme
Downswood Emily
Besitzerin: Coral Allam

S. 40-41
Langhaar Blau
Grand Premier Doleygate Pacesetter
Besitzer: Fred und Freda Greenhill

S. 42
Langhaar Rot
Premier Downswood Red Baron
Besitzer: Fred und Freda Greenhill

S. 43
Langhaar Blaucreme

Gablemist Ophelia
Besitzerin: Janet Fagg

S. 44-45
Chinchilla Langhaar
Ginaliza Eaton Princess
Besitzerin: Mrs. E. Charles

S. 46-47
Langhaar Cremeschattiert Cameo
Premier Jandora Casino Royale
Langhaar Schildpatt Cameo
Jandora Caleidoscope
Besitzerin: Mrs. Jan Beaumont

S. 48 Langhaar Smoke Schwarz
Nosredna Excalibur
Besitzerin: Mrs. P. Craven

S. 49
Langhaar Bicolor, Schwarz mit Weiß
Amilynd Rastend Wicksie
Besitzerin: Janet Fagg

S. 50-51
Langhaar Blau-Tabby
Jindivik Ferniste
Besitzerin: Mrs. Burgess
Langhaar Braun-Tabby
Jindivik Cala Manda
Besitzerin: Mrs. H. Howe

S. 52-53
Langhaar Schildpatt

Llegamos Dixie
Besitzerin: Mrs. Burgess

S. 54-55
Langhaar Schildpatt mit Weiß
Pergoda Lotus Blossom
Besitzer: Rose Cook und Gordon Cady

S. 56-57
Langhaar Seal-Point Colourpoint
Samoto Louise
Besitzer: Fred und Freda Greenhill
Langhaar Blue-Point Colourpoint
Grand Premier Omicron Prima Donna
Besitzerin: Eileen Fryer
Langhaar Seal Tabby-Point Colourpoint
Zibaroue Gizzamo
Besitzerin: Janet Fagg

S. 58-59
Pewter Langhaar
Premier Jandora Silver Crusader
Besitzerin: Mrs. Anna Lodwig

S. 60-61
Langhaar Lilac
Champion Catricat Lilac Limerick
Besitzerin: Mrs. Carol Noel

S. 62-63
Golden Chinchilla
Catricat Golden Charm
Besitzerin: Mrs. Carol Noel

S. 64-65
Birma Blue-Point
Gazella Everso Chumley
Besitzerin: Karen Tanner
Birmakätzchen
Aus dem Wurf von Kamasaki Midnight's Child
Besitzerin: Karen Tanner

S. 66-67
Ragdoll Seal-Point
Grand Champion Pandapaws Rag Fearless Fred
Besitzerin: Mrs. Sue Warde-Smith

S. 68-69
Balinese Lilac Tabby-Point
Northstar Minkey
Besitzerin: Anne Heslop

S. 70-71
Türkische Van-Katze
Champion Cheratons Antigone
Besitzer: Mr. und Mrs. Brett Hassel

S. 72
Angora Chocolate-Tabby
Rocques Wotinelizat
Besitzerin: Mrs. R. Beauhill

S. 73
Tiffany-Katze
Kartush Abeche
Besitzerin: Mrs. Southwell

S. 74-75
Somali Silber Sorrel
Pandapaws Peach Melba
Besitzerin: Mrs. Dawn Lingley

S. 76-77
Maine Coon Braun-Tabby
Majanco Moshatel
Besitzer: Mr. und Mrs. Tex Morgan

S. 78-79
Norwegische Waldkatze Rauchblau
Saqqara Fleur
Besitzerin: Mrs. Pamela Wallsgrove

S. 84-85
Langhaar Tabby ohne Stammbaum
Suki
Besitzerin: Mrs. Melanie Munns

S. 88-89
Britisch Kurzhaar Schwarz
Tapestry Moon Shadow
Besitzerin: Mrs. Julie Avery

S. 90
Britisch Kurzhaar Weiß
Cherubin Snowberry
Besitzerin: Mrs. Julie Avery

S. 91
Britisch Kurzhaar Creme
Millcoombe New Moon Rits
Besitzerin: Mrs. Pat Richards
Britisch-Kurzhaar-Kätzchen in Creme
Cherubin Honey
Besitzerin: Mrs. Julie Avery

S. 92-93
Britisch Kurzhaar Blau
Adiuesh Malletts Mallett
Besitzerin: Mrs. Christine Mainstone

S. 94-95
Britisch Kurzhaar Blaucreme
Camille
Besitzerin: Mrs. Julie Avery

S. 96-97
Britisch Kurzhaar Rot-Tabby
Dubolly Raymor Red
Besitzerin: Miss E. Button

S. 98-99
Britisch Kurzhaar Schildpatt
Champion und Grand Premier Czarist Cascade
Besitzerin: Mrs. Joan Walls

S. 100-101
Britisch Kurzhaar Silbergetupft
Premier Khaffra Silver Bojangles
Khaffra Burlington Bertie
Besitzerin: Mrs. Rosemary Evans

S. 102-103
Britisch Kurzhaar Bicolor, Blau mit Weiß
Champion Cherubin Arlene
Britisch-Kurzhaar-Kätzchen Bicolor, Creme mit Weiß
Cherubin Sherlock
Britisch-Kurzhaar-Kätzchen Bicolor, Blau mit Weiß
Cherubin Sugarberry
Besitzerin: Mrs. Julie Avery

S. 104
Britisch Kurzhaar Smoke in Schwarz
Premier Tolray Phoenix
Besitzerin: Mrs. Joan Carthy

S. 105
Britisch Kurzhaar Tipped mit schwarzer
Spitzenfärbung
Champion Brocton's Macgowan
Besitzer: Mr. und Mrs. Tex Morgan

S. 106-107
Manx Schildpatt mit Weiß
Grand Champion Jindivik Rainbow's End
Besitzerin: Mrs. Burgess
Manx-Kätzchen
Manninagh King
Besitzerin: Melinda Rowe

S. 108-109
Amerikanisch Kurzhaar Van-Pattern
Linkret Tequila Sunrise
Besitzerin: Mrs. Maureen Trompetto

S. 112-113
Exotisch Kurzhaar Blau-Tabby
Jindivik Davallia
Besitzer: Mr. und Mrs. McGuire
Exotisch Kurzhaar Colourpoint
Boadicat Gypsy Love
Besitzerin: Mrs. Julie Avery

S. 114-115
Siam Lilac-Point
Tsuchiya Kumo
Besitzerin: Sue Roy

S. 116-117
Russisch Blau
Mirakhan Afternoon Delight
Besitzerin: Karen Tanner

S. 118-119
Abessinier
Grand Champion Iolas Akhenaten
Abessinier-Kätzchen
Iolas Iolana
Besitzer: Angel und John Wolfenden

S. 120
Koratkatzen
Keiko Acrabat
Keiko Elvis
Besitzer; Sandra Collicot

S. 121
Havana
Khaffra Chocolate Truffle
Besitzer: Mr. und Mrs. Morris Dean

S. 122-123
Burmakatze
Grand Champion Rumba Edelweiß
Besitzerin: Karen Tanner

S. 126-127
Tonkanese Red-Point
Windermere High Noon
Besitzer: Cherry Young

S. 128
Bombaykatze
Astahazy Prospero
Besitzer: Billie Davis

S. 129
Snowshoe
Linkret Arctic Slippers
Besitzerin: Mrs. Trompetto

S. 130-131
Foreign Kurzhaar Lilac
Premier Khaffra Silveroberon
Besitzerin: Mrs. Caroleen Iremonger
Orientalisch Kurzhaar Chocolate-Tabby
Chocind Marbled Solitaire
Besitzerin: Mrs. P. Wallsgrove
Orientalisch Kurzhaar Blau-Tabby
Khaffra Blueberry Pi
Besitzerin: Mrs. P. Wallsgrove

S. 132-133
Burmilla mit schwarzem Tipping
Astahazy Jacynth of Kartush
Besitzerin: Karen Tanner
Burmilla mit braunem Tipping
Kamasaki Nice Nigel
Besitzerin: Mrs. Nicola Cane

S. 134
Cornish Rex Chocolate-Schildpatt
Lohteyn Swansong
Besitzerin: Mrs. Leo Heath

S. 135
Devon Rex Weiß
Grand Champion Chantrymere Lotus
Besitzer: Mr. und Mrs. Morris Dean

S. 138
Ägyptische Mau
Khaffra Con Amore
Besitzerin: Mrs. P. Wallsgrove

S. 152-153
Britisch Kurzhaar Ginger mit Weiß ohne Stammbaum
Baldrick
Besitzerin: Mrs. Trompetto
Britisch Kurzhaar Tabby ohne Stammbaum
Kremlin
Besitzerin: Lucy Alexander

S. 174
Britisch Kurzhaar Blaucreme
Pretty Paws Crystal
Besitzerin: Mrs. Eileen Fryer

S. 176
Langhaar Blau
Champion Sopajou Jolee
Besitzerin: Mrs. Eileen Fryer

S. 177
Langhaar Creme
Champion Pretty Paws Candy Kisses
Besitzerin: Mrs. Eileen Fryer